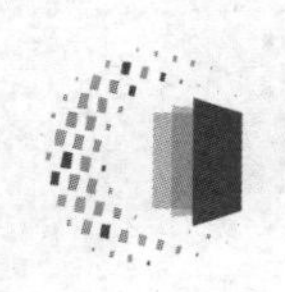

"国家级一流本科课程"配套教材系列

软件工程

张晓龙　刘茂福　主　编

高　峰　王　磊　副主编

清华大学出版社

北京

内容简介

本书是国家级线上线下混合式一流本科课程"软件工程"的指定教材，主要介绍软件过程、面向对象软件分析与设计、软件质量与项目管理三大部分内容。全书共14章，内容包括软件工程概述、软件过程、敏捷软件过程、软件过程改进、面向对象软件开发方法、UML建模技术、面向对象分析、面向对象设计、软件复用、软件模式、软件质量、软件测试策略、面向对象的软件测试、软件项目管理。

本书可作为高等院校计算机类和信息类相关专业"软件工程"课程的教材，也可供相关专业师生、科技工作者及软件研发人员学习与参考。

图书在版编目(CIP)数据

软件工程/张晓龙，刘茂福主编. —北京：清华大学出版社，2024.2
"国家级一流本科课程"配套教材系列
ISBN 978-7-302-65603-6

Ⅰ.①软… Ⅱ.①张… ②刘… Ⅲ.①软件工程－高等学校－教材 Ⅳ.①TP311.5

中国国家版本馆CIP数据核字(2024)第045861号

责任编辑：龙启铭
封面设计：刘 键
责任校对：刘惠林
责任印制：丛怀宇

出版发行：清华大学出版社
网 址：https://www.tup.com.cn，https://www.wqxuetang.com
地 址：北京清华大学学研大厦A座 **邮 编**：100084
社 总 机：010-83470000 **邮 购**：010-62786544
投稿与读者服务：010-62776969，c-service@tup.tsinghua.edu.cn
质量反馈：010-62772015，zhiliang@tup.tsinghua.edu.cn
课件下载：https://www.tup.com.cn，010-83470236
印 装 者：三河市君旺印务有限公司
经 销：全国新华书店
开 本：185mm×260mm **印 张**：16.25 **字 数**：399千字
版 次：2024年3月第1版 **印 次**：2024年3月第1次印刷
定 价：49.00元

产品编号：092454-01

前言

成功的计算机软件系统必定是一方面满足用户需求且使用起来得心应手，另一方面能在相当长的时间内无故障运行且容易维护。这样的计算机软件系统必须依照规范、采用工程化方法进行开发与运维。软件工程(Software Engineering)是一门指导计算机软件系统开发和维护的工程学科，主要研究如何应用软件开发的科学理论和工程技术来指导大型软件系统的开发，是涉及计算机科学、工程科学、管理科学、数学等领域的一门综合性的交叉学科。

软件系统开发覆盖软件的问题定义、需求分析、总体设计、详细设计、编码实现、测试等软件开发的各方面。通过软件工程课程学习，可以提高软件开发、测试、维护的效率，降低软件开发成本，保证软件可靠性和安全性。为了国家级一流课程建设与教学的需要，完善软件工程国家级线上线下混合式一流课程教材内容，出版本书。

本书期望达到如下目的。

(1) 为学生提供系统化的软件工程知识框架，帮助其理解软件工程的基本概念、原理，为学生提供实用软件开发技能，培养其高效率开发高质量软件的能力，提高其在就业市场上的竞争力。

(2) 以软件系统开发过程这一复杂工程问题为例，明确该过程中采用的技术方法，包括软件工程在内的专业知识，体现计算机专业课程系统化的同时，培养学生运用专业技术方法分析与解决复杂软件工程问题的能力。

(3) 提升软件开发人员的系统分析设计能力和工程实践能力，培养学生的技术创新能力，使其能够在软件开发过程中提出新的思路和解决方案，创新计算机类人才培养体系改革，培育关键基础软件的后备人才。

(4) 在软件系统开发过程中，促进软件开发团队成员间的交流和合作，使其能够更好地协作和沟通，培养团队精神和团体创新能力。

纵览软件工程已出版教材，编写本书还为了体现如下3方面的特色。

(1) 本书以软件开发过程中的各个活动为主线，不仅强调软件工程内容的整体性，并且通过先行课和后续课凸显软件工程专业知识的系统性。

(2) 本书以面向对象软件工程为主线，介绍面向对象过程模型、面向对象需求分析、面向对象软件设计、面向对象测试等；同时，在技术与工具方面，则以面向对象的UML建模为主。

(3) 在研讨软件工程理论、技术方法与工具的基础上，以实际开发的软件系统“智能居家养老平台”为案例，串联并阐述本书的各部分内容。

本书第1、2和14章由张晓龙编著，第3、4和11章由高峰编著，第5～8章由刘茂福编著，第9和10章由王磊与刘茂福共同编著，第12和13章由王磊与高峰共同编著，全书由刘茂福和张晓龙统稿。

在本书的成稿过程中得到了清华大学出版社和龙启铭编辑的鼎力协助。此外，本书引用了一些专家学者的研究成果，在此一并表示感谢。

编　者

2024年1月

目 录

第1章 软件工程概述

迄今为止，计算机系统已经经历了4个不同的发展阶段，但是，人们仍没有彻底摆脱“软件危机”的困扰，软件已经成为限制计算机系统发展的瓶颈，从而形成了一门新兴的工程学科——软件工程。软件工程是研究和应用如何以系统化的、规范的、可量化的过程化方法去开发、运行和维护软件，以及如何把经过时间考验而证明正确的管理技术和当前能够得到的最好的技术方法结合起来的学科。

本章主要围绕软件工程的概念作相关的描述，包括软件、软件危机、软件工程概念、软件的生命周期和软件工程的目标和原则。

1.1 软件的概念、特点与分类

软件概念

1.1.1 软件的概念

软件(software)是一系列按照特定顺序组织的计算机数据和指令，是计算机中的非有形部分，可以将其理解为：

(1) 指令的集合，通过执行这些指令可以满足预期的特性、功能和性能需求。

(2) 数据结构，使得程序可以合理利用信息。

(3) 软件描述信息，它以硬拷贝和虚拟形式存在，用来描述程序的操作和使用。

计算机中的有形部分称为硬件，由计算机的外壳、各零件及电路所组成。计算机软件需要硬件才能运作，反之亦然，软件和硬件都无法在不互相配合的情形下进行实际的运作。

图1.1描述了硬件的失效率，该失效率是时间的函数。这个名为“浴缸曲线”的关系图显示：硬件在早期具有相对较高的失效率(这种失效通常来自设计或生产缺陷)；在缺陷被逐个纠正之后，失效率随之降低并在一段时间内保持平稳；然而，随着时间的推移，由于灰尘、振动、不当使用、温度超限以及其他环境问题所造成的硬件构件损耗累积的效果，失效率再次提高，这是因为硬件开始磨损了。

而软件是不会被引起硬件磨损的环境问题所影响的。因此，从理论上来说，软件的失效率曲线应该呈现为图1.2的“理想曲线”。未知的缺陷将在程序生命周期的前期造成高失效率。然而随着错误的纠正，曲线将如图中所示趋于平缓。“理想曲线”只是软件实际失效模型的粗略简化。曲线的含义很明显——软件不会磨损，但是软件退化的确存在。但实际上，软件会变更，每次变更可能会引入新的错误，使失效率曲线又一次上升。

软件包括所有在计算机运行的程序，同其架构无关，例如可执行文件、库及脚本语言都属于软件。软件不分架构，有其共通的特性，在运行后可以让硬件运行设计时要求的机能。

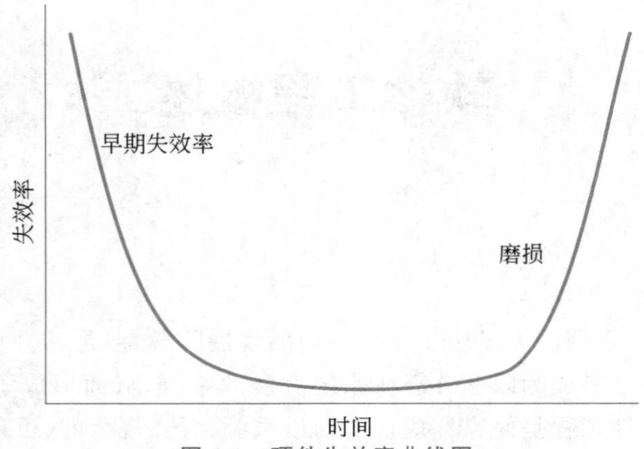

图 1.1　硬件失效率曲线图

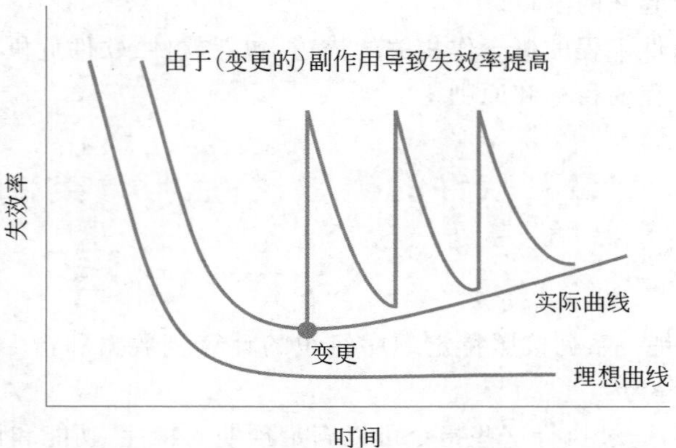

图 1.2　软件失效率曲线图

软件存储在存储器中，软件不是可以碰触到的实体，可以碰触到的都只是存储软件的零件(存储器)或是介质(光盘或磁片等)。

软件并不一定只包括可以在计算机上运行的计算机程序，在有些定义中，与计算机程序相关的文档，一般也被认为是软件的一部分。简单地讲，软件就是程序加文档的集合体。软件被应用于世界的各个领域，对人们的生活和工作都产生了深远的影响。

1.1.2　软件的特点

软件具有以下 7 个特点。

(1) 软件是一种逻辑实体。软件是抽象的、无形的，没有物理实体，但可以记录在介质上。软件必须通过测试、分析、思考、判断去了解它的功能、性能及其他特性。软件正确好坏与否，需要等到在机器上运行之后才能知道。这给软件的设计、生产和管理带来诸多困难。

(2) 软件是人类的智力产品。软件是人们通过智力劳动，依靠知识和技术等手段生产的信息系统产品，是人类有史以来生产的高度复杂、高成本、高风险的工业产品。软件涉及人、社会和组织的行为和需求，涉及几乎所有领域的知识。

(3) 软件开发过程复杂。20 世纪 60 年代末 70 年代初爆发的软件危机，使人们更加清

楚地认识了软件开发的复杂性。所有软件开发必须按照软件工程管理的方法进行，严格管理软件项目进度、质量和成本。有必要使用有效的软件开发环境和工具，以提高软件开发效率。

(4) 软件需要长期维护。软件维护与硬件维修维护有着本质的差别，不能简单地通过更换部件来实现。在软件生命期中，需要随时对暴露出来的故障，即程序员所说的 BUG 进行修改。随着社会及技术的变化进步，人的需求、社会的行为规范、组织的需求和业务流程、国家的法律等也会发生变化，这些变化都导致需要对既有软件进行修改维护。

(5) 软件成本昂贵。由于软件应用范围广泛和需求复杂等原因，许多软件往往是一个巨型系统，需要投入大量的人力、物力和财力进行开发，导致软件成本昂贵。

(6) 软件可以复制。软件一旦开发成功，就不需要再制作，可以无限地复制同一内容的副本。所以软件质量必须在开发阶段得以控制。由于软件功能和性能可以通过修改而改变，因此软件通常有多种版本。

(7) 相当多的软件工作涉及社会因素。许多软件的开发和运行涉及机构、体制及管理方式等问题，它们直接决定项目的成败。

通过以上的介绍，可以对软件的特点有一个更高层面的认知，不会把软件看成一堆程序。从程序员的观点来看，程序＝数据结构＋算法，软件＝程序＋文档，一定意义上来说并没有错。然而，对照上述的内容，可以知道程序员观点只是一个侧面观点。要想全面了解软件，还需要多角度来观察。

1.1.3　软件的分类

对不同类型的工程对象，对其进行开发和维护有着不同的要求和处理方法，因此需要对软件的类型进行必要的划分。软件的分类方法有 5 种，下面分别介绍。

1. 按软件功能

(1) 系统软件。与计算机硬件紧密配合在一起，使计算机系统中的各个部件、相关的软件和数据协调、高效地工作的软件。例如，操作系统、数据库管理系统、设备驱动程序以及通信处理程序等。

(2) 支撑软件。协助用户开发软件的工具性软件，其中包括帮助程序人员开发软件产品的工具，以及帮助管理人员控制开发进程的工具。

(3) 应用软件。在特定领域内开发、为特定目的服务的一类软件，其中包括为特定目的进行的数据采集、加工、存储和分析服务的资源管理软件。

2. 按软件的工作方式

(1) 实时处理软件。指在事件或数据产生时，立即予以处理，并及时反馈信号，控制需要监测和控制的过程的软件，主要包括数据采集、分析、输出 3 部分。

(2) 分时软件。允许多个联机用户同时使用计算机的软件。

(3) 交互式软件。能实现人机通信的软件。

(4) 批处理软件。把一组输入作业或一批数据以成批处理的方式一次运行，按顺序逐个处理完的软件。

3. 按软件的服务对象的范围

(1) 项目软件。也称定制软件，是受某个特定客户（或少数客户）的委托，由一个或多个软件开发机构在合同的约束下开发出来的软件。例如,军用防空指挥系统、卫星控制系统等。

(2) 产品软件。是由软件开发机构开发出来直接提供给市场,或为成百上千个用户服务的软件。例如,文字处理软件、财务处理软件、人事管理软件等。

4. 按使用的频度进行

(1) 一次使用软件。

(2) 频繁使用软件。

5. 按软件失效的影响进行

(1) 高可靠性软件。

(2) 一般可靠性软件。

软件工程概念

1.2 软件危机

1.2.1 软件危机的出现

20 世纪 60 年代以前,计算机刚刚投入实际使用,软件设计往往只是为了一个特定的应用而在指定的计算机上设计和编制,采用密切依赖于计算机的机器代码或汇编语言,软件的规模比较小,文档资料通常也不存在,很少使用系统化的开发方法,设计软件往往等同于编制程序,基本上是个人设计、个人使用、个人操作、自给自足的私人化的软件生产方式。

20 世纪 60 年代中期,大容量、高速度计算机的出现,使计算机的应用范围迅速扩大,软件开发急剧增长。高级语言开始出现;操作系统的发展引起了计算机应用方式的变化;大量数据处理导致第一代数据库管理系统的诞生。软件系统的规模越来越大,复杂程度越来越高,软件可靠性问题也越来越突出。原来的个人设计、个人使用的方式不再能满足需求,迫切需要改变软件生产方式,提高软件生产率,软件危机开始爆发。

1968 年,北大西洋公约组织(NATO)在联邦德国的国际学术会议首提"软件危机"一词。而 20 世纪 60 年代中期开始爆发众所周知的软件危机,为了解决这个问题,在 1968、1969 年连续召开两次著名的 NATO 会议,并同时提出软件工程的概念。

软件危机是指在计算机软件的开发和维护过程中所遇到的一系列严重问题。

软件危机是落后的软件生产方式无法满足迅速增长的计算机软件需求,从而导致软件开发与维护过程中出现一系列严重问题的现象。这些严重的问题阻碍着软件生产的规模化、商品化以及生产效率,让软件的开发和生产成为制约软件产业发展的"瓶颈"。

具体地说,软件危机主要有以下一些典型表现。

(1) 对软件开发成本和进度的估计常常很不准确。这种现象降低了软件开发组织的信誉。而为了赶进度和节约成本所采取的一些权宜之计又往往损害软件产品的质量,从而不可避免地会引起用户的不满。

(2) 用户对"已完成的"软件系统不满意的现象经常发生。软件开发人员和用户之间的信息交流往往很不充分,"闭门造车"必然导致最终的产品不符合用户的实际需要。

(3) 软件质量保证技术(审查、复审和测试)没有坚持不懈地应用到软件开发全过程中。

(4) 软件常常是不可维护的。由于开发过程没有统一的、公认的规范,软件开发人员按

各自的风格工作，各行其是。很多程序中的错误是非常难改正的，实际上不可能使这些程序适应新的硬件环境，难适应用户要求增加的新的功能需求，软件的复用性不高。

(5) 软件通常没有适当的文档资料。计算机软件不仅仅是程序，还应该有一整套文档资料。这些文档资料应该是在软件开发过程中产生出来的，而且应该是"最新式的"(即和程序代码完全一致的)。文档资料的作用是：管理和评价软件开发过程的进展情况，开发者与用户和开发者之间通信的工具及维护工具。

(6) 软件成本在计算机系统总成本中所占的比例逐年上升。由于微电子学技术的进步和生产自动化程度的不断提高，硬件成本逐年下降，然而软件开发需要大量人力，软件成本随着通货膨胀以及软件规模和数量的不断扩大而持续上升。1985年美国软件成本占计算机系统总成本的比例为90%。

(7) 软件开发生产率提高的速度，远远跟不上计算机应用迅速普及深入的趋势。软件产品"供不应求"的现象使人类不能充分利用现代计算机硬件提供的巨大潜力。

以上列举的仅仅是软件危机的一些明显的表现，与软件开发的维护有关的问题远远不止这些。

1.2.2　产生软件危机的原因

软件危机的出现，迫使人们去寻找产生危机的内在原因。其原因可归纳为两方面：一方面与软件本身的特点有关；另一方面也和软件开发与维护的方法不正确有关。

具体地说，软件危机的产生主要有以下原因。

(1) 软件是计算机的逻辑部件而不是物理部件。软件问题是在开发时期引入的而在测试阶段没能测出来的故障，修改软件故障要修改软件原来的设计。

(2) 软件不同于一般程序，它的一个显著特点是规模庞大，且程序复杂性将随着程序规模的增加而呈指数上升。为了在预定时间内开发出规模庞大的软件，必须由许多人分工合作，软件开发工作量随软件规模增大呈非线性增长。

(3) 与早期软件开发个体化特点有关：认为软件开发就是写程序并设法使之运行，轻视需求分析和软件维护。也就是说是和软件开发和维护有关的许多错误认识和做法的形成，可以归因于在计算机系统发展的早期阶段软件开发的个体化特点。

(4) 缺乏正确的理论指导。缺乏有力的方法学和工具方面的支持。由于软件开发不同于大多数其他工业产品，其开发过程是复杂的逻辑思维过程，其产品极大程度地依赖于开发人员高度的智力投入。由于过分地依靠程序设计人员在软件开发过程中的技巧和创造性，加剧软件开发产品的个性化，也是发生软件开发危机的一个重要原因。

1.2.3　消除软件危机的途径

消除软件危机可以从以下几方面进行。

(1) 彻底清除在计算机早期发展阶段形成的"软件就是程序"的观念，认识到软件是程序、数据及相关文档的完整集合。

(2) 认识到软件开发不是个体劳动，而是一种组织良好、管理严密、各类人员分工配合的，共同完成的工程项目。

(3) 吸取和借鉴人类长期以来从事各种工程项目而积累的有效的概念、原理、技术和方法，特别要吸取在该过程中的经验教训。

(4) 推广和使用在实践中总结出来的开发软件成功的技术和方法，探索更好的、更有效的技术和方法，尽快消除在计算机系统早期发展阶段形成的错误概念和方法。

(5) 开发和使用更好的软件工具（把软件工程各个阶段所使用的软件工具有机地集成为一个整体，形成能够连续支持软件开发和维护全过程的软件支撑环境）。

软件工程正是从管理和技术两方面研究如何更好地开发和维护计算机软件的一门新兴学科。

1.3 软件工程

1.3.1 软件工程的定义

软件工程是一门研究用工程化方法构建和维护有效、实用和高质量软件的学科。它涉及程序设计语言、数据库、软件开发工具、系统平台、标准、设计模式等方面。

在现代社会中，软件应用于多个方面。典型的软件有电子邮件、嵌入式系统、人机界面、办公套件、操作系统、编译器、数据库、游戏等。同时，各个行业几乎都有计算机软件的应用，如工业、农业、银行、航空、政府部门等。这些应用促进了经济和社会的发展，也提高了工作效率和生活水平。

软件工程一直以来都缺乏一个统一的定义，很多学者、组织机构都分别给出了自己认可的定义。著名软件工程专家 Barry Boehm 指出软件工程就是运用现代科学技术知识来设计并构造计算机程序及为开发、运行和维护这些程序所必需的相关文件资料。IEEE 在软件工程术语汇编中的软件工程定义是：

(1) 将系统化的、严格约束的、可量化的方法应用于软件的开发、运行和维护，即将工程化应用于软件。

(2) 对(1)中所述方法的研究。

Fritz Bauer 在 NATO 会议上给出的软件工程定义是：建立并使用完善的工程化原则，以较经济的手段获得能在实际机器上有效运行的可靠软件的一系列方法。

《计算机科学技术百科全书》提出软件工程是应用计算机科学、数学、逻辑学及管理科学等原理开发软件的工程。软件工程借鉴传统工程的原则、方法，以提高质量、降低成本和改进算法。其中，计算机科学、数学用于构建模型与算法，工程科学用于制定规范、设计范型、评估成本及确定权衡，管理科学用于计划、资源、质量、成本等管理。

ISO 9000 对软件工程过程的定义是：软件工程过程是输入转化为输出的一组彼此相关的资源和活动。其他定义则认为：①运行时，能够提供所要求功能和性能的指令或计算机程序集合。②程序能够满意地处理信息的数据结构。③描述程序功能需求以及程序如何操作和使用所要求的文档。以开发语言作为描述语言，可以认为：软件＝程序＋数据＋文档。

软件工程是研究和应用如何将系统化的、规范的、可量化的过程化方法应用于软件的开发、运行和维护，以及如何把经过时间考验而证明正确的管理技术和当前能够得到的最好的技术方法结合起来。

1.3.2 软件工程的基本原理

Barry Boehm 综合有关专家和学者的意见并总结了多年来开发软件的经验，于 1983 年在一篇论文中提出了软件工程的 7 条基本原理。

(1) 用分阶段的生存周期计划进行严格的管理。

(2) 坚持进行阶段评审。

(3) 实行严格的产品控制。

(4) 采用现代程序设计技术。

(5) 软件工程结果应能清楚地审查。

(6) 开发小组的人员应少而精。

(7) 承认不断改进软件工程实践的必要性。

Barry Boehm 还指出，遵循前 6 条基本原理，能够实现软件的工程化生产；按照第 7 条原理，不仅要积极主动地采纳新的软件技术，而且要不断总结经验。

1.3.3 软件工程的框架

软件工程的框架可概括为：目标、过程和原则。

(1) **软件工程目标**：生产具有正确性、可用性以及开销合宜的产品。正确性指软件产品达到预期功能的程度。可用性指软件基本结构、实现及文档为用户可用的程度。开销合宜是指软件开发、运行的整个开销满足用户要求的程度。这些目标的实现不论在理论上还是在实践中均存在很多待解决的问题，它们形成了对过程、过程模型及工程方法选取的约束。

(2) **软件工程过程**：生产一个最终能满足需求且达到工程目标的软件产品所需要的步骤。软件工程过程主要包括开发过程、运作过程、维护过程。它们覆盖了需求、设计、实现、确认以及维护等活动。需求活动包括问题分析和需求分析。问题分析获取需求定义，又称软件需求规约。需求分析生成功能规约。设计活动一般包括概要设计和详细设计。概要设计建立整个软件系统结构，包括子系统、模块以及相关层次的说明、每一模块的接口定义。详细设计产生程序员可用的模块说明，包括每一模块中数据结构说明及加工描述。实现活动把设计结果转换为可执行的程序代码。确认活动贯穿于整个开发过程，实现完成后的确认，保证最终产品满足用户的要求。维护活动包括使用过程中的扩充、修改与完善。伴随以上过程，还有管理过程、支持过程、培训过程等。

(3) **软件工程原则**：是指围绕工程设计、工程支持以及工程管理在软件开发过程中必须遵循的原则。

1.3.4 软件工程方法学

通常把在软件生命周期全过程中使用的一整套技术方法的集合称为方法学，也称为范型。在软件工程领域中，这两个术语的含义基本相同。

软件工程是一种层次化的技术，如图 1.3 所示，任何过程方法(包括软件工程)必须构建在质量承诺的基础之上，支持软件工程的根基在于质量关注点。而工具、方法和过程则是软件工程方法学的 3 个要素。

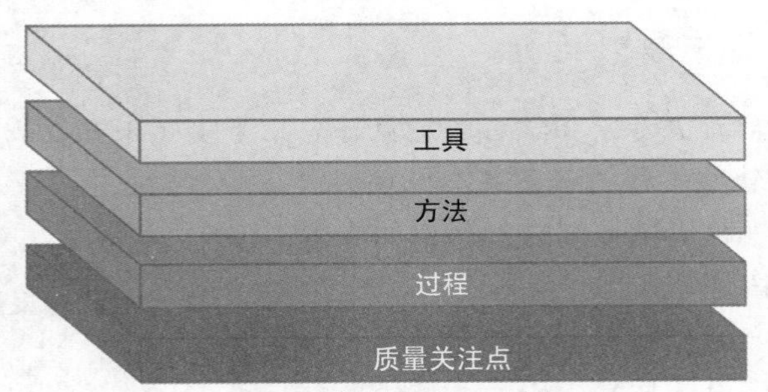

图 1.3 软件工程层次图

软件工程的基础是“过程”，过程是为了获得高质量的软件所需要完成的一系列任务的框架，它规定了完成各项任务的工作步骤。软件工程方法为构建软件提供技术上的解决方案，方法覆盖面很广，包括沟通、需求分析、设计建模、程序构造、测试和技术支持，是完成软件开发的各项任务的技术方法。软件工程工具是为过程和方法提供的自动的或半自动的软件工程支撑环境。

大型软件公司和研究机构一直在研究软件工程方法学，而且也提出了很多实际的软件开发方法。下面简单介绍几种使用得最广泛的软件工程方法学。

1. 结构化方法学

结构化方法(structural approach)也称新生命周期法，是生命周期法的继承与发展，是生命周期法与结构化程序设计思想的结合。结构化方法是应用最为广泛的一种开发方法。按照信息系统生命周期，应用结构化系统开发方法，把整个系统的开发过程分为若干阶段。具有以下特点：

(1) 自顶向下、有明确的阶段和步骤。

(2) 把整个系统的开发过程分为若干阶段，然后一步一步地依次进行。

(3) 前一阶段是后一阶段的工作依据。

(4) 每个阶段又划分详细的工作步骤，顺序作业。

2. 面向对象方法学

面向对象方法(object-oriented approach)是一种把面向对象的思想应用于软件开发过程中，指导开发活动的系统方法，简称 OO(object-oriented)方法，是建立在“对象”概念基础上的方法学。对象是由数据和容许的操作组成的封装体，与客观实体有直接对应关系，一个对象类定义了具有相似性质的一组对象。

面向对象方法学具有下述 9 个特点。

(1) 对象：对象是要研究的任何事物。

(2) 类：类是对象的模板。即类是对一组有相同数据和相同操作的对象的定义，一个类所包含的方法和数据描述一组对象的共同行为和属性。类是在对象之上的抽象，对象则是类的具体化，是类的实例。类可有其子类，也可有其他类，形成类层次结构。

(3) 消息：消息是对象之间进行通信的一种规格说明。一般它由接收消息的对象、消息名及实际变元 3 部分组成。

(4) 继承：继承性(inheritance)是指在某种情况下，一个类会有“子类”。子类比原本的类(称为父类)要更加具体化。子类会继承父类的属性和行为，并且也可包含它们自己的属

性和行为。

(5) 多态：多态(polymorphism)是指由继承而产生的相关的不同的类,其对象对同一消息会做出不同的响应。

(6) 抽象性：抽象(abstraction)是简化复杂的现实问题的途径,它可以为具体问题找到最恰当的类定义,并且可以在最恰当的继承级别解释问题。

(7) 封装性是一种信息隐蔽技术,它体现于类的说明,是对象的重要特性。

(8) 继承性是子类自动共享父类之间数据和方法的机制。

(9) 同一消息为不同的对象接收时可产生完全不同的行动,这种现象称为多态性。利用多态性用户可发送一个通用的信息,而将所有的实现细节都留给接收消息的对象自行决定,如是,同一消息即可调用不同的方法。

3. 后面向对象方法学

经过多年的实践摸索,人们逐渐发现面向对象方法也有其不足,如许多软件系统不完全都能按系统的功能来划分构建,仍然有许多重要的需求和设计决策,无论是采用面向对象语言还是过程型语言,都难以用清晰的、模块化的代码实现。因此,人们在面向对象的基础上发展了更多的新技术,以使面向对象技术能够更好地解决软件开发中的问题。这些建立在面向对象的基础上,并对面向对象做出扩展的新技术被广泛应用的时期,被称为“后面向对象时代”。在后面向对象时代,有许多新型的程序设计思想值得关注。

1) 敏捷开发方法

敏捷开发以用户的需求进化为核心,采用迭代、循序渐进的方法进行软件开发。在敏捷开发中,软件项目在构建初期被切分成多个子项目,各个子项目的成果都经过测试,具备可视、可集成和可运行使用的特征。换言之,就是把一个大项目分为多个相互联系,但也可独立运行的小项目,并分别完成,在此过程中软件一直处于可使用状态。特点如下：①短周期开发。②增量开发。③由程序员和测试人员编写的自动化测试来监控开发进度。④通过口头沟通、测试和源代码来交流系统的结构和意图。⑤编写代码之前先写测试代码,也称为测试先行。

2) 面向切面程序设计

面向切面的程序设计是计算机科学中的一种程序设计思想,旨在将横切关注点与业务主体进行进一步分离,以提高程序代码的模块化程度。通过在现有代码基础上增加额外的通知(advice)机制,能够对被声明为“切点”(pointcut)的代码块进行统一管理与装饰,如“对所有方法名以 set 开头的方法添加后台日志”。该思想使得开发人员能够将与代码核心业务逻辑关系不那么密切的功能(如日志功能)添加至程序中,同时又不降低业务代码的可读性。面向切面的程序设计思想也是面向切面软件开发的基础。

面向切面的程序设计将代码逻辑切分为不同的模块(即关注点,一段特定的逻辑功能)。几乎所有的编程思想都涉及代码功能的分类,将各个关注点封装成独立的抽象模块(如函数、过程、模块、类以及方法等),后者又可供进一步实现、封装和重写。部分关注点“横切”程序代码中的数个模块,即在多个模块中都有出现,它们即被称为横切关注点。

日志功能即是横切关注点的一个典型案例,因为日志功能往往横跨系统中的每个业务模块,即“横切”所有有日志需求的类及方法体。而对于一个信用卡应用程序来说,存款、取款、账单管理是它的核心关注点,日志和持久化将成为横切整个对象结构的横切关注点。

3）面向 Agent 程序设计

随着软件系统服务能力要求的不断提高，在系统中引入智能因素已经成为必然。Agent 作为人工智能研究重要的分支，引起了科学、工程、技术界的高度重视。在计算机科学主流中，Agent 的概念作为一个自包含、并行执行的软件过程能够封装一些状态并通过传递消息与其他 Agent 进行通信，被看作面向对象程序设计的一个自然发展。

4）其他后面向对象程序设计

除了上述两种主流的后面向对象程序设计方法外，还出现了许多值得关注的新的程序设计方法，如泛型程序设计、面向构件的程序设计等。

泛型(generic)程序设计是程序设计语言的一种风格或范式。泛型允许程序员在强类型程序设计语言中编写代码时使用一些以后才指定的类型，在实例化时作为参数指明这些类型。各种程序设计语言和其编译器、运行环境对泛型的支持均不一样。

在面向构件程序设计中构件就是一组业务功能的规格，面向构件针对的是业务规格，不需要源代码，可执行代码或者中间层的编译代码，在这个层面上可以做到代码的集成、封装、多态，做到 AOP，这才是面向构件的精髓。面向构件技术还包括了另外一个重要思想，这就是程序在动态运行时构件的自动装载。

1.4 软件的生命周期

1.4.1 软件生命周期及其各个阶段

软件生命周期又称为软件生存周期或系统开发生命周期，是软件产生直到报废的生命周期，周期内有问题定义、可行性分析、总体描述、系统设计、编码、调试和测试、验收与运行、维护升级到废弃等阶段，这种按时间分段的思想方法是软件工程中的一种思想原则，即按部就班、逐步推进，每个阶段都要有定义、工作、审查、形成文档以供交流或备查，以提高软件的质量。但随着新的面向对象的设计方法和技术的成熟，软件生命周期设计方法的指导意义正在逐步减少。

生命周期的每个周期都有确定的任务，并产生一定规格的文档(资料)，提交给下一个周期作为继续工作的依据。按照软件的生命周期，软件的开发不再只单单强调"编码"，而是概括了软件开发的全过程。软件工程要求每个周期工作的开始只能必须是建立在前一个周期结果"正确"基础上的延续；因此，每个周期都是按"活动-结果-审核-再活动-直至结果正确"循环往复进展的。

下面简要介绍软件生命周期的 7 个阶段。

1. 问题的定义及规划

此阶段是软件开发方与需求方共同讨论，主要确定软件的开发目标及其可行性。

通过问题定义阶段的工作，系统分析员应该提出关于问题性质、工程目标和规模的书面报告。通过对系统的实际用户和使用部门负责人的访问调查，分析员扼要地写出其对问题的理解，并在用户和使用部门负责人的会议上认真讨论这份书面报告，澄清含糊不清的地方，改正理解不正确的地方，最后得出一份双方都满意的文档。

2. 需求分析

在确定软件开发可行的情况下，对软件需要实现的各个功能进行详细分析。需求分析阶段是一个很重要的阶段，这一阶段做得好，将为整个软件开发项目的成功打下良好的基础。"唯一不变的是变化本身"。同样需求也是在整个软件开发过程中不断变化和深入的，因此必须制订需求变更计划来应对这种变化，以保护整个项目的顺利进行。

3. 软件设计

此阶段主要根据需求分析的结果，对整个软件系统进行设计，如系统框架设计，数据库设计等。软件设计一般分为总体设计和详细设计。优秀的软件设计将为软件程序编写打下良好的基础。

4. 程序编码

此阶段是将软件设计的结果转换成计算机可运行的程序代码。在程序编码中必须要制定统一、符合标准的编写规范，以保证程序的可读性、易维护性，提高程序的运行效率。

5. 软件测试

在软件设计完成后要经过严密的测试，以发现软件在整个设计过程中存在的问题并加以纠正。整个测试过程主要分单元测试、组装测试以及系统测试 3 个阶段进行。测试的方法主要有白盒测试和黑盒测试两种。在测试过程中需要建立详细的测试计划并严格按照测试计划进行测试，以减少测试的随意性。

6. 系统转换

将作业由旧系统转换到新系统，也就是说运行系统的方法，转换方法有平行、分批、分发、立即、试验 5 种转换方法。

7. 运行维护

软件维护是软件生命周期中持续时间最长的阶段。在软件开发完成并投入使用后，由于多方面的原因，软件不能继续适应用户的要求。要延续软件的使用寿命，就必须对软件进行维护。软件的维护包括纠错性维护和改进性维护两方面。

1.4.2　软件生命周期模型

任何软件都是从最模糊的概念开始的：为某个公司设计办公的流程处理；设计一种商务信函打印系统并投放市场。这个概念是不清晰的，但却是最高层的业务需求的原型。这个概念都会伴随着一个目的，例如一个"银行押汇系统"的目的是提高工作的效率。这个目的将会成为系统的核心思想和系统成败的评判标准。1999 年政府部门上了大量的 OA 系统（办公自动化系统），学过一点 Lotus Notes 的人都可以有好的工作岗位，但是更普遍的情况是，许多的政府部门原有的处理模式并没有变化，反而又加上了自动化处理的一套流程。提高工作效率的初衷却导致了完全不同的结果。这样的软件究竟是不是成功的呢？

从概念提出的那一刻开始，软件产品就进入了软件生命周期。在经历需求、分析、设计、实现、部署后，软件将被使用并进入维护阶段，直到最后由于缺少维护费用而逐渐消亡。这样的一个过程，称为"生命周期模型"（life cycle model）。

常见的软件生命周期模型有瀑布模型、渐增模型、快速原型模型、螺旋模型、喷泉模型等，将在第 2 章讲解一些常见模型。

1.5 软件工程的目标和原则

1.5.1 软件工程的基本目标

软件工程的目标是：在给定成本、进度的前提下，开发出具有适用性、有效性、可修改性、可靠性、可理解性、可维护性、可重用性、可移植性、可追踪性、可互操作性和满足用户需求的软件产品。追求这些目标有助于提高软件产品的质量和开发效率，减少维护的困难。

(1) **适用性**：软件在不同的系统约束条件下，使用户需求得到满足的难易程度。

(2) **有效性**：软件系统能最有效地利用计算机的时间和空间资源。各种软件无不把系统的时/空开销作为衡量软件质量的一项重要技术指标。很多场合，在追求时间有效性和空间有效性时会发生矛盾，这时不得不牺牲时间有效性换取空间有效性或牺牲空间有效性换取时间有效性。时/空折中是经常采用的技巧。

(3) **可修改性**：允许对系统进行修改而不增加原系统的复杂性。它支持软件的调试和维护，是一个难以达到的目标。

(4) **可靠性**：能防止因概念、设计和结构等方面的不完善造成的软件系统失效，具有挽回因操作不当造成软件系统失效的能力。

(5) **可理解性**：系统具有清晰的结构，能直接反映问题的需求。可理解性有助于控制系统软件复杂性，并支持软件的维护、移植或重用。

(6) **可维护性**：软件交付使用后，能够对它进行修改，以改正潜伏的错误，改进性能和其他属性，使软件产品适应环境的变化等。软件维护费用在软件开发费用中占有很大的比重。可维护性是软件工程中一项十分重要的目标。

(7) **可重用性**：把概念或功能相对独立的一个或一组相关模块定义为一个部件。可组装在系统的任何位置，降低工作量。

(8) **可移植性**：软件从一个计算机系统或环境搬到另一个计算机系统或环境的难易程度。

(9) **可追踪性**：根据软件需求对软件设计、程序进行正向追踪，或根据软件设计、程序对软件需求的逆向追踪的能力。

(10) **可互操作性**：多个软件元素相互通信并协同完成任务的能力。

1.5.2 软件工程的原则

为达到以上软件工程的目标，在软件开发过程中必须遵循如下 4 个基本原则。

(1) **选取适宜开发范型**。该原则与系统设计有关。在系统设计中，软件需求、硬件需求以及其他因素之间是相互制约、相互影响的，经常需要权衡。因此，必须认识需求定义的易变性，采用适宜的开发范型予以控制，以保证软件产品满足用户的要求。

(2) **采用合适的设计方法**。在软件设计中，通常要考虑软件的模块化、抽象与信息隐蔽、局部化、一致性以及适应性等特征。合适的设计方法有助于这些特征的实现，以达到软件工程的目标。

(3) **提供高质量的工程支持**。"工欲善其事，必先利其器"。在软件工程中，软件工具与

环境对软件过程的支持颇为重要。软件工程项目的质量与开销直接取决于对软件工程所提供的支撑质量和效用。

(4) 重视开发过程的管理。软件工程的管理，直接影响可用资源的有效利用，生产满足目标的软件产品，提高软件组织的生产能力等问题。因此，仅当软件过程得以有效管理时，才能实现有效的软件工程。

1.6　本章小结

本章作为学习软件工程的基础，介绍了软件工程的一些基本概念，主要介绍了什么是软件、软件危机、软件工程、软件过程、软件生命周期和软件工程的目标和原则。软件系统的开发需要采用相适应的软件过程，完成可满足用户需求的高质量软件产品。这些基本概念和理念都为后续的软件工程的学习打下了基础。

习　题　1

1. 软件的概念是什么？
2. 软件有哪些特点？
3. 什么是软件危机？为什么会出现软件危机？
4. 怎样消除软件危机？
5. 什么是软件工程？软件工程有哪些基本原理？
6. 什么是软件工程方法学？目前有哪几种方法学？
7. 什么是软件生命周期？它有哪几个阶段？
8. 软件生命周期有哪几种常见的模型？
9. 软件工程的基本目标是什么？

第2章 软件过程

在开发产品或构建系统时，遵循一系列可预测的步骤（路线图）是非常重要的，它有助于及时交付高质量的产品。软件开发过程中所遵循的路线图就称为“软件过程”。软件过程提高了软件工程活动的稳定性、可控制性和有组织性，如果不进行控制，软件活动会变得混乱。但是，现代软件工程方法必须是“灵活的”，也就是要求根据产品构建的需要和市场需求来选取成熟的软件过程。

软件过程与模型

2.1 软件过程概述

软件过程（software process）的定义是为创建高质量软件所需要完成的活动、动作和任务的框架。活动主要实现宽泛的目标（如与利益相关者进行沟通），与应用领域、项目大小、结果复杂性或者实施软件工程的重要程度没有直接关系。动作（如体系结构设计）包含主要工作产品（如体系结构设计模型）生产过程中的一系列任务。任务关注小而明确的目标，能够产生实际产品（如构建一个单元测试）。

软件过程规定了完成各项任务的工作步骤。软件过程描述了开发出客户需要的软件，什么人（who）、在什么时候（when）、做什么事（what）以及怎样（how）做这些事以实现某个特定的具体目标。

软件过程主要针对软件生产和管理进行研究。为了获得满足工程目标的软件，不仅涉及工程开发，而且还涉及工程支持和工程管理。对于一个特定的项目，可以通过剪裁过程定义所需的活动和任务，并可使活动并发执行。与软件有关的单位，根据需要和目标，可采用不同的过程、活动和任务。

软件过程可概括为3类：基本过程类、支持过程类和组织过程类。

（1）基本过程类包括获取过程、供应过程、开发过程、运作过程、维护过程和管理过程。

（2）支持过程类包括文档过程、配置管理过程、质量保证过程、验证过程、确认过程、联合评审过程、审计过程以及问题解决过程。

（3）组织过程类包括基础设施过程、改进过程以及培训过程。

软件过程是指软件整个生命周期中，从需求获取、需求分析、设计、实现、测试，到发布和维护的一个过程模型。软件过程定义了软件开发中采用的方法，但软件过程还包含该过程中应用的技术——技术方法和自动化工具。过程定义一个框架，为有效交付软件工程技术，这个框架必须创建。软件过程构成了软件项目管理控制的基础，并且创建了一个环境以便技术方法的采用、工作产品（模型、文档、报告、表格等）的产生、里程碑的创建、质量的保证、正常变更的正确管理。

有效的软件过程可以提高组织的生产能力：

(1) 可以使工作标准化，提高软件的可重用性和团队间的协作。

(2) 我们所采用的这种机制本身是不断提高的，因此可以跟上潮流，使自己不断接收新的、最好的软件开发经验。

(3) 有效的软件过程可以改善我们对软件的维护。

(4) 有效地定义如何管理需求变更，在未来的版本中恰当分配变更部分，使之平滑过渡。

在软件项目开发过程中，应该能够识别、分析不同软件项目的特点，采用相对适合的开发实践来适应软件开发过程，保证对软件开发的有效支持。

2.2 通用过程模型

2.2.1 过程框架

过程框架(process framework)定义了若干框架活动(framework activity)，为实现完整的软件工程过程建立了基础。这些活动可广泛应用于所有软件开发项目，无论项目的规模和复杂性如何。此外，过程框架还包含一些适用于整个软件过程的普适性活动(umbrella activity)。通用的软件过程框架通常包含以下5个活动。

(1) **沟通**：在技术工作开始之前，与客户(及其利益相关者)的沟通与协作是极其重要的，其目的是理解利益相关者的项目目标，并收集需求以定义软件功能和特性。

(2) **策划**：策划活动就是一个“地图”，指导团队的项目过程，它定义和描述了软件工程工作，包括需要执行的技术任务、可能的风险、资源需求、工作产品和工作进度计划。

(3) **建模**：与建造者、服装设计师画草图类似，草图可以辅助理解整个项目大的构想，软件工程师也许需要利用模型更好地理解软件需求，并完成符合这些需求的软件设计。

(4) **构建**：软件设计师实现“草图”的过程，包括编码和测试。

(5) **部署**：软件(全部或者部分增量)交付给用户，用户对其进行评测并基于评测给出反馈意见。

在不同的应用案例中，软件过程的细节可能差别很大，但是框架活动都是一致的。对许多软件项目来说，随着项目的开展，框架活动可以迭代应用。也就是说，在项目的多次迭代过程中，沟通、策划、建模、构建、部署等活动不断重复。每次项目迭代都会产生一个软件增量(software increment)，每个软件增量实现了部分的软件特性和功能。随着每一次增量的产生，软件将逐步完善。

2.2.2 普适性活动

软件工程过程框架活动由很多普适性活动来补充实现。通常，这些普适性活动贯穿软件项目始终，以帮助软件团队管理和控制项目进度、质量、变更和风险。典型的普适性活动包括如下活动。

(1) **软件项目跟踪和控制**：项目组根据计划来评估项目进度，并且采取必要的措施来保证项目按进度计划进行。

(2) 风险管理：对可能影响项目成果或者产品质量的风险进行评估。

(3) 软件质量保证：确定和执行保证软件质量的活动。

(4) 技术评审：评估软件工程产品，尽量在错误传播到下一个活动之前发现并清除错误。

(5) 测量：定义和收集过程、项目以及产品的度量，以帮助团队在发布软件时满足利益相关者的要求。同时，测量还可与其他框架活动和普适性活动配合使用。

(6) 软件配置管理：在整个软件过程中管理变更所带来的影响。

(7) 可复用性管理：定义工作产品(包括软件构件)复用的标准，并且建立构件复用机制。

(8) 工作产品的准备和生产：包括生成产品(如建模、文档、日志、表格和列表等)所必需的活动。

2.2.3 过程的适应性调整

软件过程不是教条的法则，也不要求软件团队机械地执行；而应该是灵活、可适应的(根据软件所需解决的问题、项目特点、开发团队和组织文化等进行适应性调整)。因此，不同项目所采用的项目过程可能有很大不同。这些不同主要体现在以下几方面。

(1) 活动、动作和任务的总体流程以及相互依赖关系。

(2) 在每个框架活动中，动作和任务细化的程度。

(3) 工作产品的定义和要求的程度。

(4) 质量保证活动应用的方式。

(5) 项目跟踪和控制活动应用的方式。

(6) 过程描述的详细程度和严谨程度。

(7) 客户和利益相关者对项目的参与程度。

(8) 软件团队所赋予的自主权。

(9) 队伍组织和角色的明确程度。

2.2.4 过程流

软件工程的通用过程框架定义了5种框架活动(沟通、策划、建模、构建以及部署)。此外，一系列普适性活动(项目跟踪和控制、风险管理、质量保证、配置管理、技术评审)以及其他活动贯穿软件过程始终。

过程流描述了在执行顺序和执行时间上如何组织框架中的活动、动作和任务，如图2.1所示。

线性过程流从沟通到部署顺序执行5个框架活动，如图2.1(a)所示。迭代过程流在执行下一个活动前重复执行之前的一个或多个活动，如图2.1(b)所示。演化过程流采用循环的方式执行各个活动，每次循环都能产生更为完善的软件版本，如图2.1(c)所示。并行过程流将一个或多个活动与其他活动并行执行，如图2.1(d)所示。

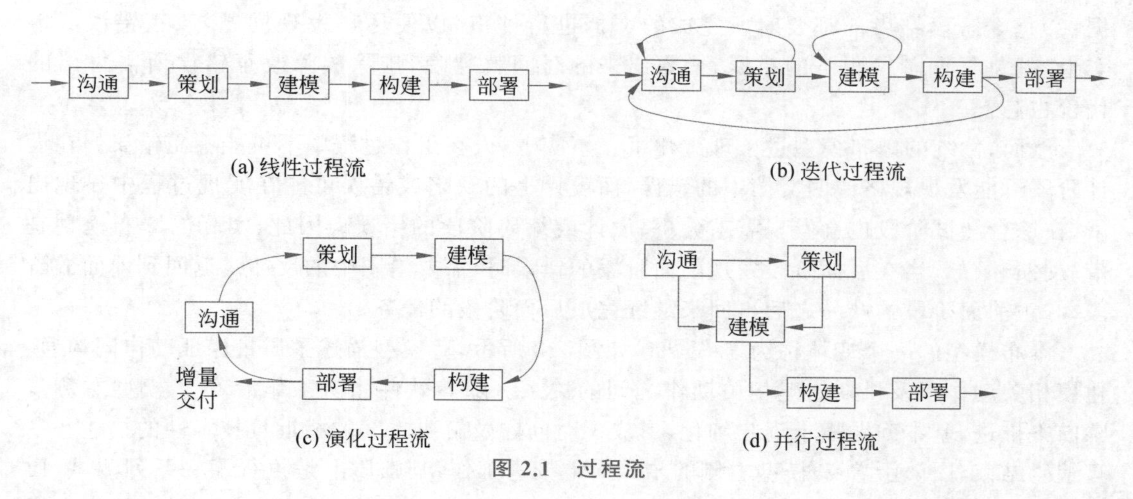

图 2.1 过程流

2.3 惯用过程模型

2.3.1 瀑布模型

在 20 世纪 80 年代之前，瀑布模型一直是唯一被广泛采用的生命周期模型，现在它仍然是软件工程中应用得最广泛的过程模型。传统软件工程方法学的软件过程，基本上可以用瀑布模型来描述。

瀑布模型(waterfall model)又称为线性顺序模型(linear sequential model)，它提出了一个系统的、顺序的软件开发方法，从沟通到部署都采用合理的线性工作流方式，最终提供完整的软件支持(图 2.2)。

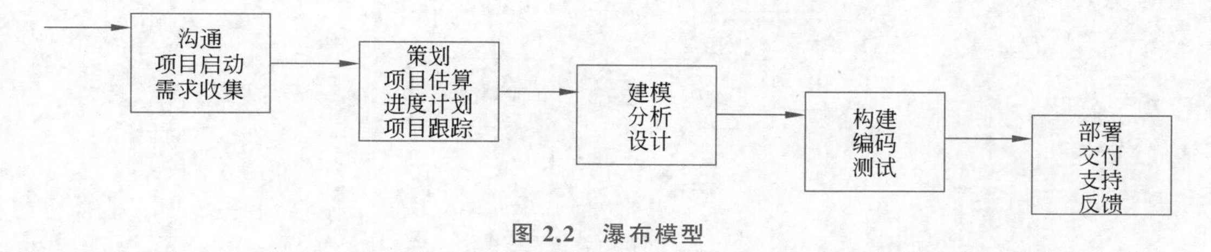

图 2.2 瀑布模型

图 2.2 所示为传统的瀑布模型。按照传统的瀑布模型开发软件，有下述几个特点。

(1) 阶段间具有顺序性和依赖性。这个特点有两重含义：①必须等前一阶段的工作完成后，才能开始后一阶段的工作；② 前一阶段的输出文档就是后一阶段的输入文档。

(2) 推迟实现的观点。对于规模较大的软件项目来说，往往编码开始得越早，最终完成开发工作所需要的时间反而越长。这是因为，前面阶段的工作没做或做得不扎实，过早地考虑进行程序实现，往往导致大量返工，有时甚至发生无法弥补的问题，带来灾难性后果。

(3) 质量保证的观点。软件工程的基本目标是优质、高产。为了保证所开发的软件的质量，在瀑布模型的每个阶段都应坚持两个重要做法：①每个阶段都必须完成规定的文档，没有交出合格的文档就是没有完成该阶段的任务。完整、准确、合格的文档不仅是软件开发时期各类人员之间相互通信的媒介，也是运行时期对软件进行维护的重要依据；②每个阶段结束前都要对所完成的文档进行评审，以便尽早发现问题，改正错误。事实上，越是早期阶段犯下的错误，暴露出来的时间就越晚，排除故障改正错误所需付出的代价也越高。

然而，传统的瀑布模型过于理想化了。事实上，人在工作过程中不可能不犯错误。在设计阶段可能发现规格说明文档中的错误，而设计上的缺陷或错误可能在实现过程中显现出来，在综合测试阶段也会发现需求分析、设计或编码阶段的错误。因此，实际的瀑布模型是带“反馈环”的，当在后面阶段发现前面阶段的错误时，需要沿图中的反馈线返回到前面的阶段，修正前面阶段的产品之后再回来继续完成后面阶段的任务。

瀑布模型的一个变体称为V模型。如图2.3所示，V模型描述了质量保证动作同沟通、建模相关动作以及早期构建相关动作之间的关系。随着软件团队工作沿着V模型左侧步骤向下推进，基本问题需求逐步细化，形成了对问题及解决方案的相近且技术性的描述。一旦编码结束，团队沿着V模型右侧的步骤向上推进工作，其本质上是执行了一系列测试（质量保证动作），这些测试验证了团队沿着V模型左侧步骤向下推进过程中所生成的每个模型。实际上，经典生命周期模型和V模型没有本质区别，V模型提供了一种将验证和确认动作应用于早期软件工程工作中的直观方法。

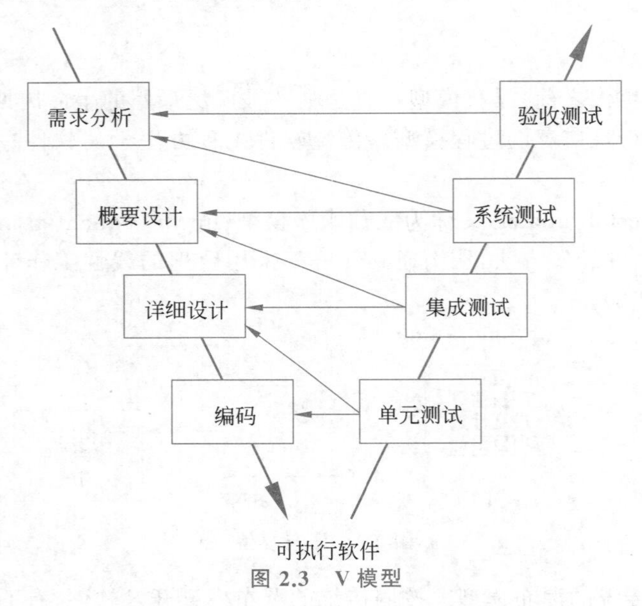

图2.3 V模型

V模型大体可以划分为下面几个不同的阶段步骤，即需求分析、概要设计、详细设计、编码、单元测试、集成测试、系统测试和验收测试。

（1）需求分析：即先要明确客户需要的是什么，需要软件做成什么样子，需要有哪几项功能，这一点上比较关键的是分析师和客户沟通时的理解能力与交互性。要求分析师能准确地把客户所需要达到的功能、实现方式等表述出来，给出分析结果，写出规格文档说明书。

（2）概要设计：主要是架构的实现，指搭建架构、表述各模块功能、模块接口连接和数据传递的实现等事务。

（3）详细设计：对概要设计中表述的各模块进行深入分析，对各模块组合进行分析等，这一阶段要求达到伪代码级别，已经把程序的具体实现的功能、现象等描述出来。

(4) 编码：按照详细设计好的模块功能表，编程人员编写出实际的代码。

(5) 单元测试：按照设定好的最小测试单元进行按单元测试，主要是测试程序代码，为的是确保各单元模块被正确地编译，单元的具体划分依据不同的单位与不同的软件有所不同，比如有具体到模块的测试，也有具体到类、函数的测试等。

(6) 集成测试：经过了单元测试后，将各单元组合成完整的体系，主要测试各模块间组合后的功能实现情况，以及模块接口连接的成功与否、数据传递的正确性等。是软件系统集成过程中所进行的测试，其主要目的是检查软件单位之间的接口是否正确。它根据集成测试计划，一边将模块或其他软件单位组合成越来越大的系统，一边运行该系统，以分析所组成的系统是否正确，各组成部分是否合拍。

(7) 系统测试：经过了单元测试和集成测试以后，要把软件系统搭建起来，按照软件规格说明书中所要求，测试软件功能是否和用户需求相符合，在系统中运行是否存在漏洞等。

(8) 验收测试：主要就是用户在拿到软件的时候，会根据前文提到的需求，以及规格说明书来做相应测试，以确定软件达到符合的效果。

对于软件测试过程来说，所有的测试都应追溯到用户需求。软件测试的目标在于揭示错误。而最严重的错误(从用户角度来看)是那些导致程序无法满足需求的错误。所以，V模式要求在测试工作真正开始前的较长时间内就进行测试计划。测试计划可以在需求模型一完成就开始或者说应该和需求分析一起进行，在进行需求分析的时候，就把系统测试用例根据需求文档说明书制作出来，详细的测试用例定义可以在概要设计模型被确定后立即开始。因此，所有测试应该在任何代码产生前就进行计划和设计。这其实是V模型占软件开发测试模型中重要地位的原因。

从这个角度上来说，可以这样来考虑：单元测试所对应的是详细设计环节，也就是说，单元测试的测试用例是和详细设计一起出现的，在研发人员做详细设计的时候，相应的测试人员也就把测试用例写了出来。集成测试对应的为概要设计，在进行模块功能分析及设计模块接口、数据传输方法的时候，就把集成测试用例根据概要设计中模块功能及接口等实现方法编写出来，以备以后做集成测试的时候可以直接引用。而系统测试，就是根据需求分析而来，在系统分析人员做系统分析、编写需求说明书的时候测试人员就根据客户需求说明书，把最后能实现系统功能的各种测试用例写出来，为最后系统测试做准备。

就是说，当开发软件的时候，研发人员和测试人员就会同时工作，这样，软件开发周期就会缩短，而因为测试在软件做需求分析的同时就会有测试用例的跟踪，这样，可以尽快找出程序错误，从而更高效地提高程序质量，最大可能地减少成本。

瀑布模型是软件工程最早的范例，在运用瀑布模型的过程中，人们遇到了许多问题。

实际项目很少遵守瀑布模型提出的顺序。虽然线性模型可以加入迭代，但是它是用间接的方式实现的，结果是，随着项目组工作推进，变更可能造成混乱。

客户通常难以清楚地描述所有的需求。而瀑布模型却要求客户明确需求，这就很难适应在许多项目开始阶段必然存在的不确定性。

客户必须要有耐心，因为只有在项目接近尾声的时候，其才能得到可执行的程序。对于系统中存在的重大缺陷，如果在可执行程序评审之前没有发现，将可能造成惨重损失。

经典生命周期模型的线性特性在某些项目中会导致“阻塞状态”，由于任务之间的依赖性，开发团队的一些成员要等待另一些成员工作完成。事实上，花在等待上的时间可能超过花在生产性工作上的时间。在线性工程的开始和结束，这种阻塞状态更容易发生。

目前，软件工作快速发展，经常面临永不停止的变更流，特性、功能和信息内容都会变更，瀑布模型往往并不适合这类工作。尽管如此，在需求已确定的情况下，且其工作为线性过程流时，瀑布模型是一个很有用的过程模型。

2.3.2 增量过程模型

在许多情况下，初始的软件需求有明确的定义，但是整个开发过程却不宜单纯运用线性模型。同时，可能迫切需要为用户迅速提供一套功能有限的软件产品，然后在后续版本进行细化和扩充功能。在这种条件下，需要运用一种增量的形式生产软件产品的过程模型。

增量模型(也称渐增模型)综合了线性过程流和并行过程流的特征。增量模型在每次需求的改变或增加时运用线性过程流，每次生产出软件的可交付增量，如图 2.4 所示。

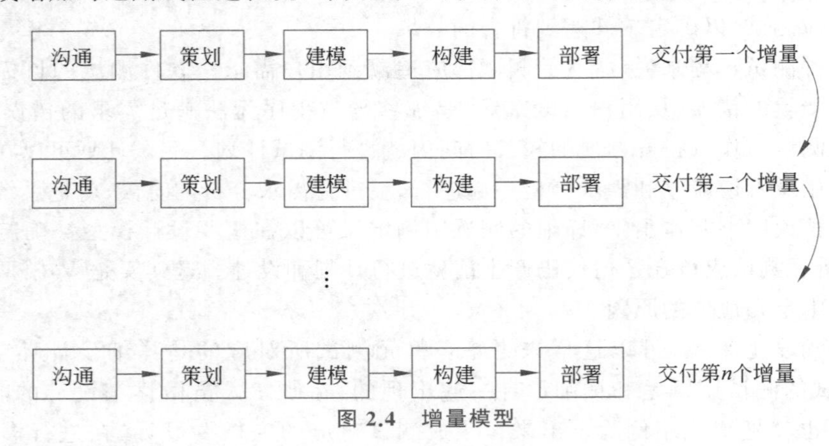

图 2.4 增量模型

采用瀑布模型或快速原型模型开发软件时，目标都是一次就把一个满足所有需求的产品提交给用户。增量模型则与之相反，它分批地逐步向用户提交产品，整个软件产品被分解成许多个增量构件，开发人员根据构件逐步地向用户提交产品。从第一个构件交付之日起，用户就能做一些有用的工作。显然，能在较短时间内向用户提交可完成部分工作的产品，是增量模型的一个优点。

运用增量模型的时候，第一个增量往往是核心产品，也就是满足了基本的需求，但是许多附加的特性没有提供，客户使用核心产品并进行仔细评估，然后根据评估结果制订下一个增量计划。这份计划说明需要对核心产品进行修改，以便更好地满足客户的要求，也应说明需要增加的特性和功能。每个增量的交付都会重复这一过程，直到最终产品的产生。

增量式开发较瀑布模型有 3 个优点。

(1) 降低了适应用户需求变更的成本。重新分析和修改文档的工作量比瀑布模型少得多。

(2) 在开发过程中更容易得到用户对于已做的开发工作的反馈意见。用户可以评价软件的现实版本，并可以看到已经实现了多少。

(3) 使更快地交付和部署有用的软件到客户方变成了可能，虽然不是所有的功能都已经包含在内。相比于瀑布模型,用户可以更早地使用软件并创造商业价值。

使用增量模型的困难是,在把每个新的增量构件集成到现有软件体系结构中时,必须不破坏原来已经开发出的产品。此外,必须把软件的体系结构设计得便于按这种方式进行扩充,向现有产品中加入新构件的过程必须简单、方便,也就是说,软件体系结构必须是开放的。

但是,从长远观点看,具有开放结构的软件拥有真正的优势,这样的软件的可维护性明显好于封闭结构的软件。因此,尽管采用增量模型比采用瀑布模型和快速原型模型需要更精心的设计,但在设计阶段多付出的劳动将在维护阶段获得回报。如果一个设计非常灵活而且足够开放,足以支持增量模型,那么,这样的设计将允许在不破坏产品的情况下进行维护。事实上,使用增量模型时开发软件和扩充软件功能(完善性维护)并没有本质区别,都是向现有产品中加入新构件的过程。

2.3.3 演化过程模型

软件类似于其他复杂的系统,会随着时间的推移演化。在开发过程中,由于用户对功能的实现细节等需求经常发生变化(如界面布局细节),经常导致开发团队在短时间内不能圆满完成任务,但是必须交付功能有限的版本以应对竞争和商业压力,这时就需要一种专门应对不断演变的软件产品的过程模型。接下来,将介绍两种常用的演化过程模型。

1. 原型开发模型(快速原型模型)

很多时候,客户定义了软件的一些基本任务,但是没有详细定义功能和特性需求。另一种情况下,开发人员可能对算法的效率、操作系统的适用性和人机交互的形式等情况并没有把握。在这些情况和类似情况下,采用原型开发模型(图 2.5)是最好的解决办法。

从结构上看,快速原型模型是不带反馈环的,使得采用这种模型的软件产品的开发基本上是线性顺序的。只有在产品发布运行之后才需要再来维护。它克服了瀑布模型的缺点,减少由于软件需求不明确带来的开发风险。

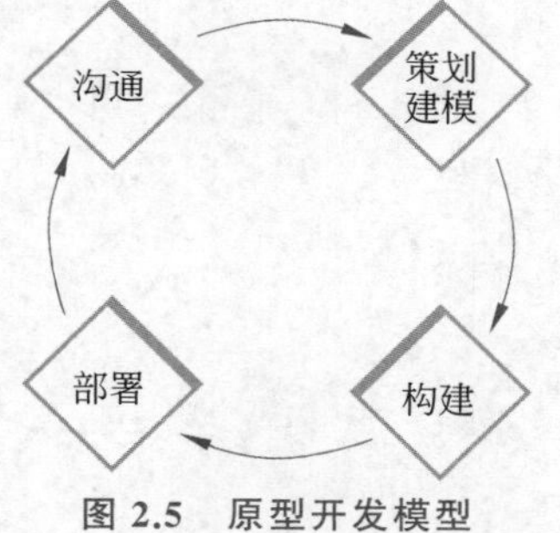

图 2.5 原型开发模型

原型开发模型开始于沟通,软件开发人员与其他利益相关者进行会晤,定义软件的整体目标,明确已知的需求,并大致勾画出以后再进一步定义的东西。随后迅速策划一个原型开发迭代并进行建模,快速设计要集中在那些最终用户能够看到的方面(如输出显示格式),快速设计产生了一个原型,对原型进行部署。最后由利益相关者进行评估,根据利益相关者的反馈信息,进一步精炼软件的需求。

利益相关者和软件工程师都喜欢原型开发范型。客户对实际的系统有了直观的认识,开发者也迅速建立了一些东西。但是,原型开发也存在一些问题,原因如下。

(1) 利益相关者看到了软件的工作版本,却未察觉到整个软件是随意搭成的,也未察觉到为了尽快完成软件,开发者没有考虑整体软件质量和长期的可维护性。当开发者告诉客户整个系统需要重建以提高软件质量的时候,利益相关者会不愿意,并且要求对软件稍加修改使其变为一个可运行的产品。在绝大多数情况下,软件开发管理层会做出妥协。

(2) 作为软件工程师,为了一个原型快速运行起来,往往在实现的过程中采用折中的手段，他们经常会使用不适合的操作系统或程序设计语言，仅仅因为当时可用或他们比较熟悉。他们也经常会采用一种低效的算法证明系统的能力。时间长了，软件开发人员可能会适应这些选择，而忽略了这些选择其实并不合适的理由，结果使并不完美的选择成了系统的组成部分。

尽管问题会发生，但原型开发对于软件工程来说仍是一个有效的范型。

2. 螺旋模型

螺旋模型最早由 Barry Boehm 提出，是一种演进式软件过程模型。它结合了原型的迭代性质和瀑布模型的可控性和系统性特点。它具有快速开发越来越完善的软件版本的潜力。Barry Boehm 这样描述螺旋模型：

螺旋模型是一种风险驱动型的过程模型生成器，对于软件集中的系统，它可以指导多个利益相关者的协同工作。它有两个显著的特点：一是采用循环的方式逐步加深系统定义和实现的深度，同时降低风险。二是确定一系列里程碑作为支撑点，确保利益相关者认可是可行的且可令各方满意的系统解决方案。

螺旋模型将软件开发为一系列演进版本。在早期的迭代中，软件可能是一个理论模型或是原型。在后来的迭代中，会产生一系列逐渐完整的版本。

螺旋模型被分割为一系列由软件工程团队定义的框架活动。如图 2.6 所示，每个框架活动代表螺旋上的一个片段。随着演进过程开始，从圆心开始顺时针方向，软件团队执行螺旋上的一圈所表示的活动。在每次演进的时候，都要考虑风险。每个演进的过程还要标记里程碑——沿着螺旋路径达到的工作产品和条件的结合体。

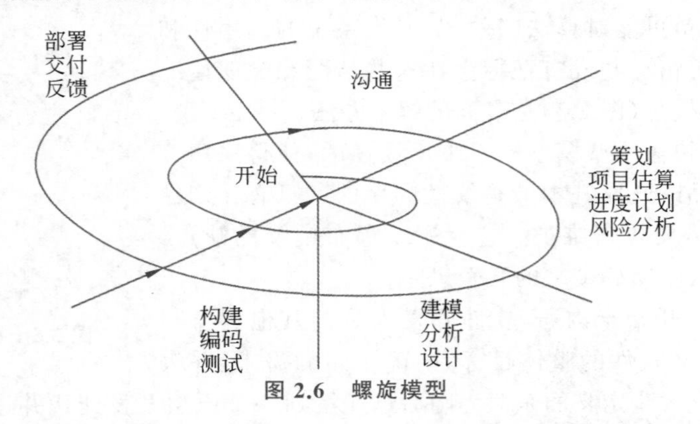

图 2.6 螺旋模型

螺旋的第一圈一般开发出产品的规格说明，接下来开发产品的原型系统，并在每次迭代中逐步完善，开发不同的软件版本。螺旋的每圈都会跨过策划区域，此时，需调整项目计划，并根据交付后用户的反馈调整预算和进度。另外，项目经理还会调整完成软件开发需要迭代的次数。

其他过程模型在软件交付后就结束了。螺旋模型则不同，它应用在计算机软件的整个生命周期。因此，螺旋上的第一圈可能表示“概念开发项目”，它起始于螺旋的中心，经过多次迭代，直到概念开发的结束。如果这个概念将被开发成为实际的产品，那么该过程将继续沿着螺旋向外伸展，称为“新产品开发项目”。新产品将沿着螺旋通过一系列的迭代不断演进。最后，可以用一圈螺旋表示“产品提高项目”。本质上，当螺旋模型以这种方式进行下去的时候，它将永远保持可操作性，直到软件产品的生命周期结束。过程经常会处于休止状态,但每当有变更时,过程总能够在合适的入口点启动。

螺旋模型是开发大型系统和软件的很实际的方法,由于软件随着过程的推进而变化,因此在每一个演进层次上,开发者和客户都可以更好地理解和应对风险。螺旋模型把原型作为降低风险的机制,更重要的是,开发人员可以在产品演进的任何阶段使用原型方法。它保留了经典生命周期模型中系统逐步细化的方法,但是把它纳入一种迭代框架之中,这种迭代方式与真实世界更加吻合。螺旋模型要求在项目中的所有阶段始终考虑技术风险,如果适当地应用该方法,就能够在风险变为难题之前将其化解。

螺旋模型的优点如下。

(1) 设计上的灵活性,可以在项目的各个阶段进行变更。

(2) 以小的分段来构建大型系统,使成本计算变得简单容易。

(3) 客户始终参与保证了项目不偏离正确方向以及项目的可控性。

(4) 客户始终掌握项目的最新信息,从而能够和管理层进行有效交互。

(5) 客户认可这种公司内部的开发方式带来的良好的沟通和高质量的产品。

与其他范型一样,螺旋模型也并不是包治百病的灵丹妙药。很难使客户相信演进的方法是可控的。它依赖大量的风险评估专家来保证成功。如果存在较大的风险没有被发现和管理,就肯定会发生问题。

2.3.4 并发模型

并发开发模型(concurrent development model)有时也称为并发工程,它允许软件团队表述本章所描述的任何过程模型中的迭代元素和并发元素。例如,螺旋模型定义的建模活动由以下一种或几种软件工程动作完成:原型开发、分析和设计。

图 2.7 给出了并发建模方法的一个例子。在特定的时间,建模活动可能处于图中所示的任何一种状态中。其他活动、动作或任务(如沟通或构建)可以用类似的方式表示。所有的软件工程活动同时存在并处于不同的状态。

例如,在项目的早期,沟通活动完成了第一次迭代,停留在等待变更状态。建模活动(初始沟通完成后,一直停留在非活动状态)现在转换到正在开发状态。然而,如果客户要求必须完成需求变更,那么建模活动就会从正在开发状态转换到等待变更状态。

并发建模定义了一系列事件,这些事件将触发软件工程活动、动作或者任务状态转换。例如,设计的早期状态(建模活动期间发生的主要软件工程动作)发现了需求模型中的不一致性,于是产生了分析模型修正事件,该事件将触发需求分析动作从完成状态转换到等待变更状态。

并发建模可用于所有类型的软件开发,它能够提供精确的项目当前状态图。它不是把软件工程活动、动作和任务局限在一个时间的序列,而是定义了一个过程网络。网络上每个活动、动作和任务与其他活动、动作和任务同时存在。过程网络中某一点产生的事件可以触发与每一个活动相关的状态的转换。

2.4 专用过程模型

专用过程模型具有前面章节提到的传统过程模型的一些特点,但是专用过程模型往往

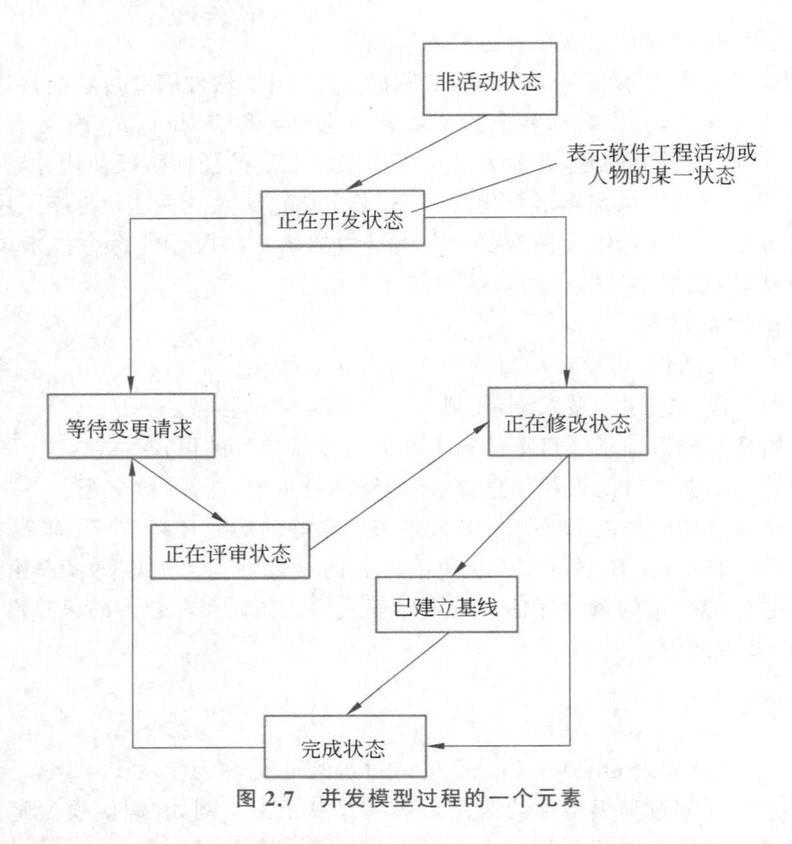

图 2.7 并发模型过程的一个元素

应用面狭窄且专一，只适用于某些特定的软件工程方法。

2.4.1 基于构件的开发

基于构件的软件开发（component-based software development，CBSD，有时也称为基于构件的软件工程）是一种基于分布对象技术、强调通过可复用构件设计与构造软件系统的软件复用途径。基于构件的开发将软件开发的重点从程序编写转移到了基于已有构件的组装，以更快地构造系统，减轻用来支持和升级大型系统所需要的维护负担，从而降低软件开发的费用。

构件可以是组织内部开发的构件，也可以是商品化成品构件。基于构件的开发模型具有许多螺旋模型的特点，它本质上是演化模型，需要以迭代方式构建软件。其不同之处在于，基于构件的开发模型采用预先打包的软件构件开发应用系统。

CBSD 整个过程从需求开始，由开发团队使用传统的需求获取技术建立系统的需求规约。在完成体系结构设计后，并不立即开始详细设计，而是确定哪些部分可由构件组装而成。此时开发人员面临的设计决策包括"是否存在满足某种需求的构件""是否存在满足某种需求的内部开发的可复用构件""这些可用构件的接口与体系结构的设计是否匹配"等。对于那些无法通过已有构件满足的需求，就只能采用传统的或面向对象的软件工程方法开发新构件。对于那些满足需求的可用构件，开发人员通常需要进行如下活动。

(1) **构件鉴定**（qualification）：通过接口以及其他约束判断构件是否可在新系统中复用。构件鉴定分为发现和评估两个阶段。发现阶段需要确定构件的各种属性，如构件接口

的功能性(构件能够提供什么服务)及其附加属性(如是否遵循某种标准)、构件的质量属性(如可靠性)等。构件发现难度较大,因为构件的属性往往难以获取、无法量化。评估阶段根据构件属性以及新系统的需求判断构件是否可在系统中复用。评估方法常常涉及分析构件文档、与构件已有用户交流经验,甚至开发系统原型。构件鉴定有时还需要考虑非技术因素,如构件提供商的市场占有率、构件开发商的过程成熟度等级等。

(2) 构件适配(adaptation):独立开发的可复用构件满足不同的应用需求,并对运行上下文做出了某些假设。系统的软件体系结构定义了系统中所有构件的设计规则、连接模式和交互模式。如果被复用的构件不符合目标系统的软件体系结构就可能导致该构件无法正常工作,甚至影响整个系统的运行,这种情形称为失配(mismatch)。调整构件使之满足体系结构要求的行为就是构件适配。构件适配可通过白盒、灰盒或黑盒的方式对构件进行修改或配置。白盒方式允许直接修改构件源代码;灰盒方式不允许直接修改构件源代码,但提供了可修改构件行为的扩展语言或编程接口;黑盒方式是指调整那些只有可执行代码且没有任何扩展机制的构件。如果构件无法适配,就不得不寻找其他适合的构件。

(3) 构件组装(composition):构件必须通过某些良好定义的基础设施才能组装成目标系统。体系风格决定了构件之间连接或协调的机制,是构件组装成功与否的关键因素之一。典型的体系风格包括黑板、消息总线、对象请求代理等。

(4) 构件更新(update):基于构件的系统演化往往表现为构件的替换或增加,其关键在于如何充分测试新构件以保证其正确工作且不对其他构件的运行产生负面影响,对于由构件组装而成的系统,其更新的工作往往由提供构件的第三方完成。

基于构件的开发模型能够使软件复用,从而为软件工程师带来极大收益,将会缩短开发周期并减少项目开发费用。基于构件的软件开发将在第8章进行详细讨论。

2.4.2 形式化方法模型

形式化方法模型(formal methods model)的主要活动是生成计算机软件形式化的数学规格说明,形式化方法使软件开发人员可以应用严格的数学符号来说明、开发和验证基于计算机的系统。这种方法的一个变形是净室软件工程(cleanroom software engineering),这一软件工程方法目前已应用于一些软件开发机构。

形式化方法提供了一种机制,使得在软件开发中可以避免一些问题,而这些问题在使用其他软件工程模型时是难以解决的。使用形式化方法时,歧义性问题、不完整问题、不一致问题等都能够更容易地被发现和改正——不是依靠特定的评审,而是应用数学分析的方法。在设计阶段,形式化方法是程序验证的基础,是软件开发人员能够发现和改正一些常常被忽略的问题。

虽然形式化方法不是一种主流的方法,但它的意义在于可以提供无缺陷的软件。尽管如此,人们还是对商业环境中运用形式化方法有所怀疑,这表现在:

(1) 目前,形式化模型开发非常耗时,成本也很高。

(2) 只有极少数程序员具有应用形式化方法的背景,因此需要大量的培训。

(3) 对于技术水平不高的客户,很难用这种模型进行沟通。

尽管有这些疑虑,但软件开发者中还是有很多形式化方法的追随者,比如有人用其开发那些高度关注安全的软件(如飞行器和医疗设施),或者开发那些一旦出错就将导致重大经济损失的软件。

2.4.3 面向方面的软件开发

不管选择什么软件过程，复杂软件都无一例外地实现了一套局部化的特性、功能和信息内容。这些局部的软件特性被做成构件(例如面向对象的类)，然后在系统架构中使用。随着现代计算机系统变得复杂，某些关注点比如客户需要的属性或者技术兴趣点已经体现在整个架构设计中，有些关注点是系统的高层属性(如安全性、容错能力)，另一些关注点影响了系统的功能(如商业规则的应用)，还有一些关注点是系统性的(如任务同步或内存管理)。

如果关注点涉及系统多方面的功能、特性和信息，那么这些关注点通常称为横切关注点。方面的需求定义那些对整个软件体系结构产生影响的横切关注点。面向方面的软件开发(aspect-oriented software development，AOSD)通常称为面向方面编程(aspect-oriented programming，AOP)或者面向方面构件工程(aspect-oriented component engineering，AOCE)，它是相对较新的一种软件工程模型，为定义、说明、设计和构建方面提供过程和方法——"是对横切关注点进行局部表示的一种机制，超越了子程序和继承方法"。

AOCE 对纵向分解的软件构件进行横向切片，称为"方面"(aspect)，以表示构件功能及非功能的横切属性。通常，系统的方面包括用户接口、协同工作、发布、持续性、存储器管理、事务处理、安全、完整性等。构件也许提供或是需要某方面一种或多种"方面的细节信息"，如视图机制、可扩展性和接口类型(用户接口方面)；事件生成、传输和接收(分布式方面)；数据存取/查询和索引(持久性方面)；认证、编码和访问权限(安全方面)；原子事务、协同控制和登录策略(事务方面)等。每方面细节有大量的属性，这些属性与其功能或非功能特性有关。

与众不同的面向方面的过程还不成熟。尽管如此，这种过程模型看似具备了演化模型和并发过程模型的共同特点。演化模型适合定义和构建方面；而并发开发的并行特点很重要。因为面向方面的编程是独立于局部的软件构建开发的，并且对这些构件的开发有直接影响。因此，在构建方面和构件的过程活动之间建立起异步的通信非常重要。

统一过程

2.5 统一过程模型

20 世纪 90 年代早期，James Rumbaugh、Grady Booch 和 Ivar Jacobson 开始研究"统一方法"，其目标是结合各自面向对象分析和设计方法中最好的特点，并吸收其他面向对象模型专家提出的其他特点。其成果就是 **UML**(unified modeling language，统一建模语言)，这种语言包含了大量用于面向对象系统建模和开发的符号。到了 1997 年，UML 已经变成了面向对象软件开发的行业标准。

2.5.1 统一过程简介

UML 的创始者在创建 UML 的同时，在 1998 年提出了与 UML 配套的面向对象软件开发的统一过程(Unified Process，UP)，将核心过程模型化。UML 与 UP 相结合进行软件系统开发是面向对象系统开发的最好途径。

用于面向对象软件开发的 UP 综合了以前多种软件开发过程的优点，全面考虑了软件

开发的技术因素和管理因素，是一种良好的开发模式。UP 的主要特征是以用例驱动开发过程，以系统体系结构为中心，以质量控制和风险管理为目标，采用反复(循环迭代)、渐增式的螺旋上升开发过程。

面向对象软件系统的开发从建立问题域的用例模型开始，用例包含了系统的功能描述，所以用例将影响开发过程所有的阶段和视图。用例"驱动"了需求分析之后的所有开发过程。在项目的早期定义了一个基础的体系结构是非常重要的，然后将它原型化并加以评估，最后进行精化。体系结构给出系统的映像，系统概念化、构建和管理都是围绕体系结构进行的。用 UML 建模不要试图一次完成定义系统的所有细节，开发过程由一系列循环的开发活动组成，逐步完善、循环、渐增、迭代、重复是 UP 的主要特色。在 UML 的开发过程中，质量控制贯穿于软件开发的全过程，即质量全程控制。在软件项目立项之初就要尽可能全面认识项目开发的风险，找出减少或避免以及克服风险的对策，因此，风险管理也要贯穿于软件开发的全过程。

UML 与 UP 相结合的软件开发过程是基于面向对象技术的，它所建立的模型都是对象模型。软件开发统一过程实际上是一种二维结构的软件开发过程，横轴(时间轴)将软件的开发过程(生命周期)划分为起始阶段、细化阶段、构建阶段、转换阶段、生产阶段共 5 个阶段；纵轴包含过程成分，即软件项目开发过程的具体工作内容，包括分析、设计、实现、测试等。

2.5.2 统一过程开发阶段

面向对象的软件开发统一过程从时间轴上看是一个迭代渐增式的开发过程。在开发一个面向对象的软件系统时，可以先选择系统中的某些用例进行开发，完成这些用例的开发后再选择一些未开发的用例，采用如此迭代渐增的开发方式，直至所有用例都被实现。每次迭代都要编写相应的文档，进行正式的评审，并提交相应的软件。所提交的软件可能是作为中间结果的内部版本，也有可能是早期用户版本。

1. 起始阶段

起始阶段包括客户沟通和策划活动。该阶段识别基本的业务需求，并用用例初步描述每类用户所需要的主要特征和功能。策划阶段将识别各种资源，评估主要风险，并为软件增量制订初步的进度计划表。

2. 细化阶段

细化阶段包括沟通和通用过程模型的建模活动。细化阶段扩展了初始阶段定义的用例，并创建了体系结构基线以包括软件的 5 种视图——用例模型、分析模型、设计模型、实现模型和部署模型。该阶段通常要对项目计划进行修订。

3. 构建阶段

构建阶段与通用软件过程中的构建活动相同。软件增量所要求的必须具备的特征和功能在源代码中实现。随着构件的实现，对每个构件设计并实施单元测试。另外，还实施了其他集成活动(构件组装和集成测试)。

4. 转换阶段

转换阶段包括通用构建活动的后期阶段以及通用部署(交付和反馈)活动的第一部分。软件被提交给最终用户进行 Beta 测试，用户反馈报告缺陷及必要的变更。在转换阶段结束时，软件增量成为可用的发布版本。

5. 生产阶段

生产阶段与通用过程的部署活动一致。在该阶段，对持续使用的软件进行监控，提供运行环境（基础设施）的支持，提交并评估缺陷报告和变更请求。

有可能在构建、转换和生产阶段的同时，下一个软件增量的工作已经开始。这就意味着5个UP阶段并不是顺序进行，而是阶段性地并发进行。

2.5.3 统一过程成分

统一过程成分实际上是软件开发过程中的一些核心活动，主要包括业务建模、需求分析、系统设计、系统实现、系统测试以及系统配置等。

1. 业务建模

采用UML的对象图和类图表示目标软件系统所基于的应用领域中的概念和概念间的关系，这些相互关联的概念构成了领域模型。领域模型一方面可以帮助理解业务背景，与业务专家进行有效沟通；另一方面，随着软件开发阶段的不断推进，领域模型将成为软件结构的主要基础。如果领域中含有明显的流程处理部分，可以考虑利用UML的活动图来刻画领域中的工作流，并标识业务流程中的并发、同步等特征。

2. 需求分析

UML的用例视图以用户为中心，对系统的功能需求进行建模。通过识别位于系统边界之外的活动者以及活动者的目标，来确定系统要为用户提供哪些功能，并用用例进行描述。可以用文本形式或UML活动图描述用例，利用UML用例图表示活动者与用例之间、用例与用例之间的关系。采用UML顺序图描述活动者和系统之间的系统事件。利用系统操作刻画系统事件的发生引起系统内部状态的变化。如果目标系统比较庞大，用例较多，则可以用包来管理和组织这些用例，将关系密切的用例组织到同一个包里，用UML图刻画这些包及其关系。

3. 系统设计

把分析阶段的结果扩展成技术解决方案，包括软件体系结构设计和用例实现的设计。采用UML包图设计软件体系结构，刻画系统的分层、分块思路。采用UML协作图或顺序图寻找参与用例实现的类及其职责，这些类一部分来自领域模型，另一部分是软件实现新加入的类，它们为软件提供基础服务，如负责数据库持久化的类。用UML类图描述这些类及其关系，这些类属于体系结构的不同的包。用UML状态图描述那些具有复杂生命周期行为的类。用UML活动图描述复杂的算法过程和有多个对象参与的业务处理过程，活动图尤其适合描述过程中的并发和同步。此外，还可以使用UML构件图描述软件代码的静态结构与管理。UML配置图描述硬件的拓扑结构以及软件和硬件的映射问题。

4. 系统实现

把设计得到的类转换成某种面向对象程序设计语言的代码。

5. 系统测试

不同的测试小组使用不同的UML图作为其工作的基础。单元测试使用类图和类的规格说明；集成测试典型地使用构件图和协作图；确认测试根据用例图和用例文本描述的来确认系统的行为是否符合这些图中的定义。

6. 系统配置

系统配置是在系统建模阶段后期和过渡阶段进行的，主要是根据系统工作环境的硬件设备，将组成系统体系结构的软件构件分配到相应的计算机上。在 UML 中，使用组件图和配置图进行描述。

2.6　本章小结

本章介绍了软件过程的概念，以及常见的软件过程模型。软件过程是工作产品构建时所执行的一系列活动、动作和任务的集合。通用的软件过程框架通常包含 5 个活动：沟通、策划、建模、构建和部署。本章还介绍了几种惯用过程模型包括瀑布模型及其改进模型 V 模型，增量过程模型、演化过程模型（包括原型开发模型和螺旋模型）以及并发模型。专用过程模型包括基于构件的开发方法、形式化方法模型和面向方面的软件开发。统一过程模型从传统的软件过程中挖掘最好的特征和性质，但是以敏捷软件开发中许多最好的原则来实现，是一种“用例驱动，以架构为核心，迭代且增量”的模型。把握每种软件过程模型的特点以及它们的优点和不足，才能在软件开发的过程中选择最适合的模型，加快软件开发过程，提高软件开发的质量。

习　题　2

1. 简述各类软件过程模型及其特点。
2. 统一过程和 UML 是同一概念吗？
3. 详细描述 3 个适用于采用瀑布模型的项目。
4. 详细描述 3 个适用于采用原型模型的软件项目。
5. 详细描述 3 个适于采用增量模型的软件项目。
6. 软件计划的目的是建立合理的计划用作软件开发与软件项目控制，软件计划包含哪些过程？
7. 软件过程的组成要素有哪些？

第3章 敏捷软件过程

许多人都经历过由于缺乏实践经验而导致的项目失败。缺乏有效的实践会导致不可预测或重复的错误以及白白浪费努力。延期的进度、增加的预算和低劣的质量致使客户对软件丧失信心。更长时间的工作却生产出更加低劣的软件产品,也使得开发人员感到沮丧。

一旦经历了这样的惨败,就会害怕重蹈覆辙。这种恐惧激发开发人员创建一个过程来约束软件工程活动、要求有某些人工制品输出。开发人员根据过去的经验来规定这些约束和输出,挑选那些在以前的项目中看起来好像工作得不错的方法。开发人员希望这些方法这次还会有效,从而消除开发人员的恐惧。

然而,项目并没有简单到使用一些约束和人工制品就能够可靠地防止错误的地步。当连续地犯错时,开发人员会对错误进行诊断,并在过程中增加更多的约束和人工制品来防止以后重犯这样的错误。经过多次这样的增加以后,开发人员就会不堪巨大、笨重的过程的重负,极大地削弱开发人员完成工作的能力。

一个大而笨重的过程会产生它本来企图去解决的问题。它降低了团队的开发效率,使得进度延期,预算超支。它降低了团队的响应能力,使得团队经常创建错误的产品。遗憾的是,许多团队认为,这种结果是因为没有采用更多的过程方法引起的。因此,在这种失控的过程膨胀中,过程会变得越来越庞大。

用失控的过程膨胀来描述2000年前后的许多软件公司中的情形是很合适的。虽然有许多团队在工作中并没有使用过程方法,但是采用庞大、重型的过程方法的趋势却在快速地增长,在大公司中尤其如此。本章主要介绍在此背景下诞生的,反对过度使用重型过程方法的软件开发哲学,即敏捷软件过程。本章的学习要点如下。

- 理解敏捷联盟诞生的背景原因及其宣言。
- 理解敏捷原则,掌握极限编程重要实践。
- 了解极限编程、Scrum等敏捷过程。
- 理解敏捷统一过程的含义和适用场景。

3.1 敏捷联盟

2001年年初,由于看到许多公司的软件团队陷入了不断增长的过程的泥潭,一批业界专家聚集在一起概括出了一些可以让软件开发团队具有快速工作、应变能力的价值观和原则。其称自己为敏捷(agile)联盟。在随后的几个月中,其发布了一份价值观声明,也就是敏捷联盟宣言(the manifesto of the agile alliance),见图3.1。

我们正在通过亲身实践以及帮助他人实践，揭示更好的软件开发方法，通过这项工作，我们认为：

（1）个体及其交互胜过过程和工具。

（2）可以工作的软件胜过面面俱到的文档。

（3）客户合作胜过合同谈判。

（4）响应变化胜过遵循计划。

在这些对比中，虽然右项也有价值，但是我们认为左项具有更大的价值。

宣言人：

Kent Beck	James Grenning	Robert C. Martin
Mike Beedle	Jim Highsmith	Steve Mellor
Arie van Bennekom	Andrew Hunt	Ken Schwaber
Alistair Cockburn	Ron Jeffries	Jeff Sutherland
Ward Cunningham	Jon Kern	Dave Thomas
Martin Fowler	Brian Marick	

图 3.1 敏捷联盟宣言

1. 个体及其交互胜过过程和工具

人是获得成功的最为重要的因素。如果团队中没有优秀的成员，那么即使使用好的过程也不能从失败中挽救项目，但是，不好的过程却可以使最优秀的团队成员失去效用。如果不能作为一个团队进行工作，那么即使拥有一批优秀的成员也一样会惨败。

一个优秀的团队成员未必就是一个一流的程序员。一个优秀的团队成员可能是一个平均水平的程序员，但是却能够很好地和他人合作，合作、沟通以及交互能力要比单纯的编程能力更为重要。

合适的工具对于成功来说是非常重要的，像编译器、集成开发环境 IDE、源代码控制系统等，对于团队的开发者正确地完成工作是至关重要的。然而，工具的作用可能会被过分地夸大。使用过多的庞大、笨重的工具就像缺少工具一样，都是不好的。

记住，团队的构建要比环境的构建重要得多。许多团队和管理者就犯了先构建环境，然后期望团队自动凝聚在一起的错误。相反，应该首先致力于构建团队，然后再让团队基于需要来配置环境。

2. 可以工作的软件胜过面面俱到的文档

没有文档的软件是一种灾难。代码不是传达系统原理和结构的理想媒介。团队更需要编制易于阅读的文档，来对系统及其设计决策的依据进行描述。

然而，过多的文档比过少的文档更糟。编制众多的文档需要花费大量的时间，并且要使这些文档和代码保持同步，就要花费更多的时间。如果文档和代码之间失去同步，那么文档就会变成庞大的、复杂的谎言，会造成重大的误导。

对于团队来说，编写并维护一份系统原理和结构方面的文档总是一个好主意，但是那份文档应该是短小并且主题突出的。“短小”的意思是说，文档最多有一二十页。“主题突出”则是指文档应该仅论述系统的高层结构和概括的设计原理。

许多团队因为注重文档而非软件，导致进度拖延，这常常是一个致命的缺陷。有一个称为“Martin 文档第一定律(Martin’s first law of document)”的简单规则可以预防该缺陷的发生：直到迫切需要且意义重大时，才来编制文档。

3. 客户合作胜过合同谈判

客户不能像订购日用品一样来订购软件。客户不能够仅仅写下一份关于自己想要的软件的名称或概要说明，就让人在固定的时间内以固定的价格去开发它。所有用这种方式来对待软件项目的尝试都以失败而告终。有时，失败的代价是惨重的。

告诉开发团队想要的东西，然后期望开发团队消失一段时间后就能够交付一个满足需要的系统来，这对于公司的管理者来说是具有诱惑力的。然而，这种操作模式将导致低劣的质量和失败。

成功的项目需要有序、频繁的客户反馈。不是依赖于合同或者关于工作的陈述，而是让软件的客户和开发团队密切地在一起工作，并尽量经常地提供反馈。

一个指明了需求、进度以及项目成本的合同存在着根本上的缺陷。在大多数的情况下，合同中指明的条款远在项目完成之前就变得没有意义。那些为开发团队和客户的协同工作方式提供指导的合同才是最好的合同。

4. 响应变化胜过遵循计划

响应变化的能力常常决定着一个软件项目的成败。当制订计划时，应该确保计划是灵活的并且易于适应商务和技术方面的变化。计划不能考虑得过远。首先，商务环境很可能会变化，这会引起需求的变动。其次，一旦客户看到系统开始运作，客户很可能会改变需求。最后，即使开发人员熟悉需求，并且确信它们不会改变，但仍然不能很好地估算出开发它们需要的时间。

一个缺乏经验的管理者往往希望创建一张优美的甘特(Gantt)图并贴到墙上，也许觉得这张图赋予了控制整个项目的权力、能够跟踪单个人的任务并在任务完成时将任务从图上去除。可以对实际完成日期和计划完成日期进行比较，并对出现的任何偏差做出反应。

实际上发生的是：这张图的组织结构可能会变化，又或者，当团队增加了对于系统的认识，当客户增加了对于需求的认识，图中的某些任务会变得可有可无，另外一些任务会被发现并增加到图中，简而言之，计划将会遭受形态上的改变，而不仅仅是日期上的改变。

较好的做计划的策略是：为下两周做详细的计划，为下三个月做粗略的计划，再以后就做极为粗糙的计划。开发人员应该清楚地知道下两周要完成的任务，粗略地了解一下以后三个月要实现的需求至于系统一年后将要做什么，有一个模糊的想法即可。

计划中这种逐渐降低的细致度，意味着开发人员仅仅对于迫切的任务才花费时间进行详细的计划。一旦制订了这个详细的计划，就很难进行改变，因为团队会根据这个计划启动工作并有了相应的投入。然而，由于计划仅仅涵盖了几周的时间，计划的其余部分仍然保持着灵活性。

3.2 敏捷原则

从上述的价值观中引出了下面的 12 条原则，它们是敏捷实践区别于重型过程的特征所在。

1. 最优先要做的是通过尽早的、持续的交付有价值的软件来使客户满意

曾有研究分析了对公司构建高质量产品方面有帮助的软件开发实践，发现了很多对于最终系统质量有重要影响的实践。其中一个实践表明，尽早地交付具有部分功能的系统和系统质量之间具有很强的相关性；初期交付的系统中所包含的功能越少，最终交付的系统的质量就越高。该项研究的另一项发现是，以逐渐增加功能的方式经常性地交付系统和最终质量之间有非常强的相关性；交付得越频繁，最终产品的质量就越高。

敏捷实践会尽早地、经常地进行交付。努力在项目刚开始的几周内就交付一个具有基本功能的系统。然后，努力坚持每两周就交付一个功能渐增的系统。

如果客户认为目前的功能已经足够了，客户可以选择把这些系统加入产品中或者可以简单地选择再检查一遍已有的功能，并指出想要做的改变。

2. 即使到了开发的后期，也欢迎改变需求；敏捷过程利用变化来为客户创造竞争优势

这是一个关于态度的声明。敏捷过程的活动者不惧怕变化，一般认为改变需求是好的事情，因为那些改变意味着团队已经学到了很多如何满足市场需要的知识。

敏捷团队会非常努力地保持软件结构的灵活性，这样当需求变化时，对于系统造成的影响是最小的。在本书的后面部分，会学习一些面向对象设计的原则和模式，这些内容会帮助开发人员维持这种灵活性。

3. 经常性地交付可以工作的软件，交付的间隔可以从几周到几个月，交付的时间越短越好

交付可以工作的软件，并且尽早地(项目刚开始很少的几周后)、经常性地(此后每隔很少的几周)交付它。不赞成交付大量的文档或者计划。开发人员认为那些不是真正要交付的东西，其关注的目标是交付满足客户需要的软件。

4. 在整个项目开发期间，业务人员和开发人员必须天天都在一起工作

为了能够以敏捷的方式进行项目的开发，客户、开发人员以及涉众之间就必须要进行有意义的频繁的交互。软件项目不像发射出去就能自动导航的武器，必须要对软件项目进行持续不断地引导。

5. 围绕被激励起来的个人来构建项目，给其提供所需要的环境和支持，并且信任其能够完成工作

在敏捷项目中，人被认为是项目取得成功的最重要的因素。而所有其他的因素，比如过程、环境、管理等都被认为是次要的，并且当这些因素对于人有负面的影响时，就要对它们进行改变。

例如，如果办公环境对团队的工作造成阻碍，就必须对办公环境进行改变。如果某些过程步骤对团队的工作造成阻碍，就必须对那些过程步骤进行改变。

6. 在团队内部，最具有效果并且富有效率的传递信息的方法，就是面对面的交谈

在敏捷项目中，人们之间相互进行交谈。首要的沟通方式就是交谈。也许会编写文档，但是不会企图在文档中包含所有的项目信息。敏捷团队不需要书面的规范、计划或者设计。团队成员也可以去编写文档，如果对于这些文档的需求是迫切并且意义重大的，文档不是默认的沟通方式。默认的沟通方式是交谈。

7. 工作的软件是首要的进度度量标准

敏捷项目通过度量当前软件满足客户需求的数量来度量开发进度。它们不是根据所处的开发阶段、已经编写的文档的多少或者已经创建的基础结构代码的数量来度量开发进度的只有当30%的必须功能可以工作时，才可以确定进度完成了30%。

8. 敏捷过程提倡可持续的开发速度，责任人、开发者和用户应该能够保持一个长期的、恒定的开发速度

敏捷项目不是50米短跑，而是马拉松长跑。团队不是以全速启动并试图在项目开发期间维持那个速度；相反，团队以快速但是可持续的速度行进。

跑得过快会导致团队精力耗尽、出现短期行为以至于崩溃。敏捷团队会测量自己的速度,不允许自己过于疲惫。不会借用明天精力来在今天多完成一点工作。工作在一个可以使在整个项目开发期间保持最高质量标准的速度上。

9. 不断地关注优秀的技能和好的设计会增强敏捷能力

高的产品质量是获取高的开发速度的关键。保持软件尽可能的简洁、健壮是快速开发软件的途径。因而,所有的敏捷团队成员都致力于只编写其能够编写的最高质量的代码。不要制造混乱,不再告诉自己等有更多的时间时再来清理。如果今天制造了混乱,务必在今天把混乱清理干净。

10. 简单是根本,是允许未完成的工作最大化的艺术

敏捷团队不会试图去构建那些华而不实的系统,总是更愿意采用和目标一致的最简单的方法。并不看重对于明天会出现的问题的预测,也不会在今天就对那些问题进行防卫。相反,在今天以最高的质量完成最简单的工作,深信如果在明天发生了问题,也会很容易进行处理。

11. 最好的构架、需求和设计出自于自组织的团队

敏捷团队是自组织的团队。任务不是从外部分配给单个团队成员,而是分配给整个团队,然后来确定完成任务的最好方法。

敏捷团队的成员共同来解决项目中所有方面的问题。每个成员都具有项目中所有方面的参与权力,不存在单一的团队成员对系统构架、需求或者测试负责的情况。整个团队共同承担那些责任,每个团队成员都能够影响它们。

12. 每隔一定时间,团队会在如何才能更有效地工作方面进行反省,然后相应地对自己的行为进行调整

敏捷团队会不断地对团队的组织方式、规则、规范、关系等进行调整。敏捷团队知道团队所处的环境在不断地变化,并且知道为了保持团队的敏捷性,就必须要随环境一起变化。

3.3 极限编程实践

极限编程(eXtreme Programming,XP)是敏捷方法中最著名的一个。它由一系列简单却互相依赖的实践组成,这些实践结合在一起成了一个胜于部分结合的整体。本节将简要地探讨一下这个整体以及 XP 涉及的一些关键实践。

3.3.1 客户作为团队成员

客户需要和开发人员在一起紧密地工作,以便彼此知晓对方所面临的问题,并共同去解决这些问题。

谁是客户？XP 团队中的客户是指定义产品的特性并排列这些特性优先级的人或者团体。有时,客户是和开发人员同属一家公司的一组业务分析或者市场专家。有时,客户是用户团体委派的用户代表。有时,客户事实上是支付开发费用的人。但是在 XP 项目中,无论谁是客户,都是能够和团队一起工作的团队成员。

最好的情况是客户和开发人员在同一个房间中工作,次一点的情况是客户和开发人员之间的工作距离在 100 米以内。距离越大,客户就越难成为真正的团队成员。如果客户工作在另外一幢建筑或另外一个省市，那么他将会很难融合到团队中来。

如果确实无法和客户在一起工作，该怎么办呢？建议是去寻找能够在一起工作、愿意并能够代替真正客户的人。

3.3.2 用户故事

为了进行项目计划，必须要知道和项目需求有关的内容，但是却不用知道得太多。对于做计划而言，了解需求只需要做到能够估算它的程度就足够了。开发人员可能认为，为了对需求进行估算，就必须要了解需求的所有细节，其实并非如此，开发人员必须要知道存在很多细节，也必须要知道细节的大致分类，但是开发人员不必知道特定的细节。

需求的特定细节很可能会随时间而改变，一旦客户开始看到集成到一起的系统，就更会如此。看到新系统的问世是关注需求的最好时刻。因此，在离真正实现需求还很早时就去捕获需求的特定细节，就很可能会导致做无用功以及对需求不成熟的关注。

在XP中，需要和客户反复讨论，以获取对于需求细节的理解，但是不去捕获那些细节。开发人员更愿意客户在索引卡片上写下一些自己认可的少量词语，这些只言片语可以提醒其记起这次交谈的内容。基本上在和客户进行书写的同一时刻，开发人员在该卡片上写下对应于卡片上需求的估算。估算是基于和客户进行交谈期间所得到的对于细节的理解进行的。

用户故事(user stories)就是正在进行的关于需求谈话的助记符，它是一个计划工具，客户可以使用它并根据它的优先级和估算代价来安排实现该需求的时间。

3.3.3 短交付周期

XP项目每两周交付一次可以工作的软件，每两周的迭代(也可称为重复周期或循环周期)都实现了利益相关者的一些需求。在每次迭代结束时，会给利益相关者演示迭代生成的系统，以得到客户的反馈。每次迭代通常耗时两周。这是一次较小的交付，可能会被加入到产品中，也可能不会。它由客户根据开发人员确定的预算而选择的一些用户故事组成。一旦迭代开始，客户就同意不再修改当次迭代中用户故事的定义和优先级别。迭代期间，开发人员可以自由地将用户故事分解成任务，并依据最具技术和商务意义的顺序来开发这些任务。

XP团队通常会创建一个计划来规划随后大约6次迭代的内容，这就是所谓的发布计划。一次发布通常需要“2周/次×6次＝12周”，大概3个月的工作。它表示了一次较大的交付，通常此次交付会被加入到产品中。发布计划是由一组客户根据开发人员给出的预算所选择的排好优先级别的用户故事组成。

开发人员通过度量在以前的发布中所完成的工作量来设定本次发布预算。只要估算成本的总量不超过预算，客户就可以为本次发布选择任意数目的用户故事。客户同样可以决定在本次发布中用户故事的实现顺序。如果开发人员强烈要求的话，客户可通过指明哪些用户故事应该在哪次迭代中完成的方式，制定出发布中最初几次迭代的内容。

发布计划不是一成不变的，客户可以随时改变计划的内容。客户可以取消用户故事，编写新的用户故事，或者改变用户故事的优先级别。

3.3.4 结对编程

所有的产品代码都是由结对的程序员使用同一台计算机共同完成的。结对人员中的一位控制键盘并输入代码，另一位观察输入的代码并寻找着代码中的错误和可以改进的地方。两个人强烈地进行着交互，都全身心地投入到软件的编写中。

两人频繁互换角色。控制键盘的可能累了或者遇到了困难，其同伴会取得键盘的控制权。在一个小时内，键盘可能在两人之间来回传递好几次。最终生成的代码是由两人共同设计、共同编写的，两人功劳均等。

结对的关系每天至少要改变一次，以便每个程序员在一天中可以在两个不同的结对中工作在一次迭代期间，每个团队成员应该和所有其他的团队成员在一起工作过，并且其应该参与了本次迭代中所涉及的每项工作。

这将极大地促进知识在团队中的传播。但仍然会需要一些专业知识，并且那些需要一定专业知识的任务通常需要合适的专家去完成，那些专家几乎将会和团队中的所有其他人结对，这将加快专业知识在团队中的传播。这样，在紧要关头，其他团队成员就能够代替所需要的专家。有研究表明，结对非但不会降低编程人员的效率，反而会大大减少缺陷率。

3.3.5 持续集成与可持续开发

程序员每天会多次拆入其代码并进行集成，规则很简单。第一个拆入的只要完成拆入就可以了，其他人负责代码的合并工作。

XP 团队使用非阻塞的源代码控制工具。这意味着程序员可以在任何时候拆卸任何模块，而不管是否有其他人已经拆卸出这个模块，当程序员完成对模块的修改并把该模块加载回去时，必须要把自己所做的改动和在其前面加载该模块的程序员做的任何改动进行合并。为了避免合并的时间过长，团队的成员会非常频繁地加载其模块。

结对人员会在一项任务上工作 1～2 小时，创建测试用例和产品代码。在某个适当的间歇点，也许远远在这项任务完成之前，决定把代码加载回去。最重要的是要确保所有的测试都能够通过。把新的代码集成进代码库中，如果需要，会对代码进行合并。如果有必要，会和先予加载的程序员协商。一旦集成进了更改，就构建新的系统。运行系统中的每个测试，包括当前所有运行着的验收测试。如果破坏了原先可以工作的部分，会进行修正。一旦所有的测试都通过了，就算完成了此次拆入工作。

因而，XP 团队每天会进行多次系统构建，会重新创建整个系统。如果系统的最终结果是 CD，就录制该 CD。如果系统的最终结果是一个可以访问的 Web 站点，就安装该 Web 站点，或许会把它安装在一个测试服务器上。

软件项目不是全速的短跑，它是马拉松长跑。那些一过起跑线就开始尽力狂奔的团队在远离终点前就会筋疲力尽。为了快速完成开发，团队必须要以一种可持续的速度前进。团队必须保持旺盛的精力和敏锐的警觉。团队必须要有意识地保持稳定、适中的速度。

XP 的规则是不允许团队加班工作。在版本发布前的一个星期是该规则的唯一例外。如果发布目标就在眼前并且能够一蹴而就，则允许加班。

3.3.6 开放的工作空间

团队在一个开放的房间中一起工作，房间中有一些桌子每张桌子上摆放了 2～3 台工作站，每台工作站前有给结对编程的人员预备的两把椅子，墙壁上挂满了状态图表、任务明细表、UML 图等。

房间里充满了交谈的声音，结对编程的两人坐在互相能够听得到的距离内，每个人都可以得知另一人何时遇到了麻烦，每个人都了解对方的工作状态，程序员们都处在适合于激烈地进行讨论的位置上。

可能有人认为这种环境会分散人的注意力，很容易会让人担心由于持续的噪声造成干扰。事实上并非如此。而且，密歇根大学的一项研究表明，在“充满积极讨论的屋子”(war room，也称为战室)里工作，生产率非但不会降低，反而会成倍地提高。

3.3.7 简单的设计

XP 团队的设计尽可能地简单、具有表现和表达力。此外，仅仅关注于计划在本次迭代中要完成的用户故事，不会考虑那些未来的用户故事。相反，在一次次的迭代中，不断变迁系统设计，使之对正在实现的用户故事而言始终保持在最优状态。

这意味着 XP 团队的工作可能不会从基础结构开始，能并不先去选择使用数据库或者中间件。团队最开始的工作是以尽可能最简单的方式实现第一批用户故事。只有当出现一个用户故事迫切需要基础结构时，才会引入该基础结构。

下面 3 条 XP 指导原则可以对开发人员进行指导。

1. 考虑能够工作的最简单的事情

XP 团队总是尽可能寻找能实现当前用户故事的最简单的设计。在实现当前的用户故事时，如果能够使用平面文件，就不去使用数据库或者 EB 企业级 Java Bean；如果能够使用简单的 Socket 连接，就不去使用 ORB(对象请求代理)或者 RM(远程方法调用)；如果能够不使用多线程，就别去用它。尽量考虑用最简单的方法来实现当前的用户故事。然后，选择一种能够实际得到的和该简单性最接近的解决方案。

2. 你将不需要它

是的，但是要知道总有一天会需要数据库，会需要 ORB，也总有一天得去支持多用户。所以，现在就需要为那些东西做好准备，不是吗？

如果在确实需要基础结构前拒绝引入它，那么会发生什么呢？XP 团队会对此进行认真的考虑。开始时假设将不需要那些基础结构。只有在有证据，或者至少有十分明显的迹象表明现在引入这些基础结构比继续等待更加合算时，团队才会引入这些基础结构。

3. 一次且只有一次

极限编程者不能容忍重复的代码。无论在哪里发现重复的代码，都会消除这些重复代码。导致代码重复的因素有许多，最明显的是用鼠标选中一段代码后四处粘贴。当发现那些重复的代码时，会通过定义一个函数或基类的方法来消除它们。有时两个或多个算法非常相似，但是它们之间又存在着微妙的差别，就要把它们变成函数，或者使用模板方法(template method)模式。无论重复代码源于何处，一旦发现，就必须被消除。

消除重复最好的方法就是抽象。毕竟，如果两种事物相似的话，必定存在某种抽象能够统一它们。这样，消除重复的行为会迫使团队提炼出许多的抽象，并进一步减少代码间的耦合。

3.3.8 重构

下面是对重构（refactoring）的一个简单介绍。

代码往往会腐化。随着添加一个又一个的特性，处理一个又一个的错误，代码的结构会逐渐退化。如果对此置之不理，这种退化最终会导致纠结不清，难以维护的混乱代码。

XP 团队通过经常性的代码重构来扭转这种退化。重构就是在不改变代码行为的前提下，对其进行一系列小的改造，以改进系统结构的实践活动。每个改造都是微不足道的，几乎不值得去做。但是所有的这些改造叠加在一起，就形成了对系统设计和构架显著的改进。

在每次细微改造之后，运行单元测试以确保改造没有造成任何破坏，然后再去做下一次改造。如此往复，周而复始，每次改造之后都要运行测试。通过这种方式，可以在改造系统设计的同时，保持系统可以正常工作。

重构是持续进行的，而不是在项目结束时、发布版本时、迭代结束时甚至每天快下班时才进行的。重构是每隔一小时或者半小时就要去做的事情。通过重构，可以持续地保持代码尽可能干净、简单并且具有表现力。

3.3.9 隐喻

隐喻（metaphor）是唯一一个不具体、不直接的 XP 实践，也是所有 XP 实践中最难理解的一个。极限编程者在本质上都是务实主义者。隐喻这个缺乏具体定义的概念使其觉得很不舒服。的确，一些 XP 的支持者经常讨论把隐喻从 XP 的实践中去除。然而，在某种意义上，隐喻却是所有实践中最重要的实践之一。

比如智力拼图玩具，怎样才能知道如何把各个小块拼在一起？显然，每一块都与其他块相邻，并且它的形状必须与相邻的块完美地吻合。如果无法看到但是具有很好的触觉，那么通过锲而不舍地筛选每个小块，不断地尝试它们的位置，也能够拼出整个图形。

但是，相对于各个小块的形状而言，还有一种更为强大的力量把这些复杂的小块拼装在一起。这就是整张拼图的图案。图案是真正的向导。它的力量是如此之大，以至于如果图案中相邻的两块不具有互相吻合的形状，就能断定拼图玩具的制作者把玩具做错了。

这就是隐喻，它是将整个系统联系在一起的全局视图。它是对系统未来图景的展望，它使所有单独模块的位置和形状变得明显直观。如果模块的外观与整个系统的隐喻不符，那么就知道该模块是错误的。

隐喻通常可以归结为一个名字系统。这些名字提供了一个系统组成元素的词汇表，并且有助于定义它们之间的关系。

例如，开发一个以每秒 60 个字符的速度将文本输出到屏幕的系统。以这样的速度，字符充满整个屏幕需要一段时间。所以让产生文本的程序把产生的文本放到一个缓冲区中。当缓冲区满了的时候，把该程序交换到磁盘上。当缓冲区快要变空时，把该程序交换回来并让它继续运行。

用装卸卡车拖运垃圾来比喻整个系统。缓冲区是小车，屏幕是垃圾场，程序是垃圾制造者。所有的名字相互吻合，这有助于从整体上去考虑系统。

另举一例，开发一个分析网络流量的系统。每30分钟，系统会轮询许多的网络适配器并从中获取监控数据。每个网络适配器提供一小块由几个单独变量组成的数据，将这些数据块称为“面包切片”。这些面包切片是待分析的原始数据。分析程序“烤制”这些切片，因而被称为“烤面包机”。把数据块中的单个变量称为“面包屑”。总之，它是一个有用并且有趣的隐喻。

3.4 敏捷过程模型

敏捷开发以用户的需求进化为核心，采用迭代、循序渐进的方法进行软件开发。在敏捷开发中，软件项目在构建初期被切分成多个子项目，各个子项目的成果都经过测试，具备可视、可集成和可运行使用的特征。换言之，就是把一个大项目分为多个相互联系、可独立运行的小项目，并分别完成，在此过程中软件一直处于可使用状态。任何一个敏捷过程都可以由以下3个关键假设识别出来，这3个假设可适用于大多数软件项目。

(1) 提前预测哪些需求是稳定的、哪些需求会变化非常困难。同样地，预测项目进行中客户优先级的变化也很困难。

(2) 对很多软件，设计和构建是交错进行的。事实上，两种活动应当顺序开展以保证通过构建实施来验证设计模型，而在通过构建验证之前很难估计应该设计到什么程度。

(3) 从制订计划的角度来看，分析、设计、构建和测试并不像我们所设想的那么容易预测。

3.4.1 XP过程

XP包含4个框架活动：策划、设计、编码、测试。

1. 策划

(1) 开始于建立“用户故事”。

(2) 敏捷团队评估每个故事并给出成本。

(3) 故事被分组用于可交付增量。

(4) 对发布日期做出承诺。

(5) 在第一个发行版本(软件增量)之后，“项目速度”用于帮助建立后续发行版本(软件增量)的发布日期。

2. 设计

XP设计严格遵循KIS (keep it simple，保持简洁)原则，通常更愿意使用简单设计而不是更为复杂的表述。

(1) 严格遵守KIS原则。

(2) 鼓励使用CRC(类名，类的职责，类的协作关系)卡片。

(3) 在设计中遇到困难，XP推荐立即建立这部分设计的可执行原型，实现并评估设计原型。

(4) 鼓励“重构”(一种迭代式改进内部程序设计的方法)。

3. 编码

(1) 建议在开始编码之前为每个故事开发一系列单元测试。

(2) 鼓励“结对编程”。

4. 测试

(1) 所有的单元测试每天都要执行。

(2) “验收测试”由客户定义,将着眼于客户可见的、可评审的系统级的特征和功能。

3.4.2 Scrum

Scrum 的标准释义为:Scrum 是一个框架,在这个框架中人们可以解决复杂的自适应问题,同时也能高效并有创造性地交付尽可能高价值的产品。换言之,Scrum 其实就是一种团队管理工作的方式,其将工作分解为较小的工作单元,并在周期性固定的时间段内持续地交付工作单元。其中,周期性固定的时间段称为迭代(iteration)或者冲刺(sprint),较小的工作单元称为用户故事(user story)。用户故事可以使用特定的格式来描述,其描述了一个对于客户有价值的工作,而且可以在一个迭代周期内完成。

1. Scrum 核心价值

Scrum 核心价值包括以下内容。

(1) 公开(openness):团队通过自己的方式共同完成工作,每个成员都对进展和问题了如指掌。

(2) 勇气(courage):每个人不是一个人在战斗,就有了整个团队的支持,就有了更大的勇气来进行挑战。

(3) 承诺(commitment):每个人对团队承担的工作有了更大的掌控,更加坚定了对成功的承诺。

(4) 尊重(respect):团队中的每个人都有其特定的背景和经验,互相尊重,谦虚学习。

(5) 专注(focus):每个人将全部精力和技能都聚焦在所承诺的工作上,团队同心协力来促使更快交付。

2. Scrum 框架的结构

Scrum 框架的结构包括 3 种角色、5 种事件和 3 种工件。

3 种角色如下。

(1) 产品负责人(product owner):产品负责人是产品最终用户的代表,负责确定产品的方向和愿景,定义产品发布的计划、内容和优先级。产品负责人要不断地与开发团队沟通,保证团队在做业务角度来说最正确的事情。产品负责人是产品待办列表的唯一负责人。

(2) **Scrum** 教练(scrum master):Scrum 教练负责确保团队合理地运作 Scrum,帮助团队移除实施中的障碍。

(3) 开发团队(development team):一个自组织的跨技能的小团队,承担实际开发工作,负责在周期性的迭代中不断的交付有价值的工作。开发团队通过集体共同交付价值,而不是通过个体。

5 种事件如下。

(1) **sprint**:sprint 本身也是一种事件,其包含下面 4 种事件。

(2) 迭代计划会议(sprint planning meeting):在每个迭代之初,产品负责人和开发团队共同来计划在迭代周期内要完成的工作。产品负责人负责向团队讲解要完成的工作,开发团队负责对工作进行估计。

(3) 每日站立会议(daily standup meeting):每天,产品负责人和开发团队都要进行一个短暂的沟通。在会议期间,每个团队成员都要回答 3 个问题:"昨天做了什么?""今天准备做什么?""遇到了什么问题?"。

(4) 迭代评审会议(sprint review meeting):在迭代周期结束时,开发团队向产品负责人及所有相关人员进行演示,并接受反馈。

(5) 迭代回顾会议(sprint retrospective meeting):Scrum 团队在迭代结束之后会进行一次迭代回顾会议,通过这次会议对迭代的过程进行总结,以促使团队自我持续改进。

3 种工件如下。

(1) 产品待办列表(product backlog):这是一个产品负责人想要交付的产品功能列表。产品负责人负责维护该列表,并且将列表项按照交付优先级进行排序。

(2) 冲刺待办列表(sprint backlog):这是一个迭代计划会议的输出、包含开发团队在迭代周期内所要完成的工作列表。

(3) 产品增量(product increment):每个迭代周期都需要交付高质量的产品增量。产品增量必须满足 Scrum 团队对完成标准(definition of done)的定义。

3. Scrum 的工作流程

Scrum 的工作流程如图 3.2 所示。

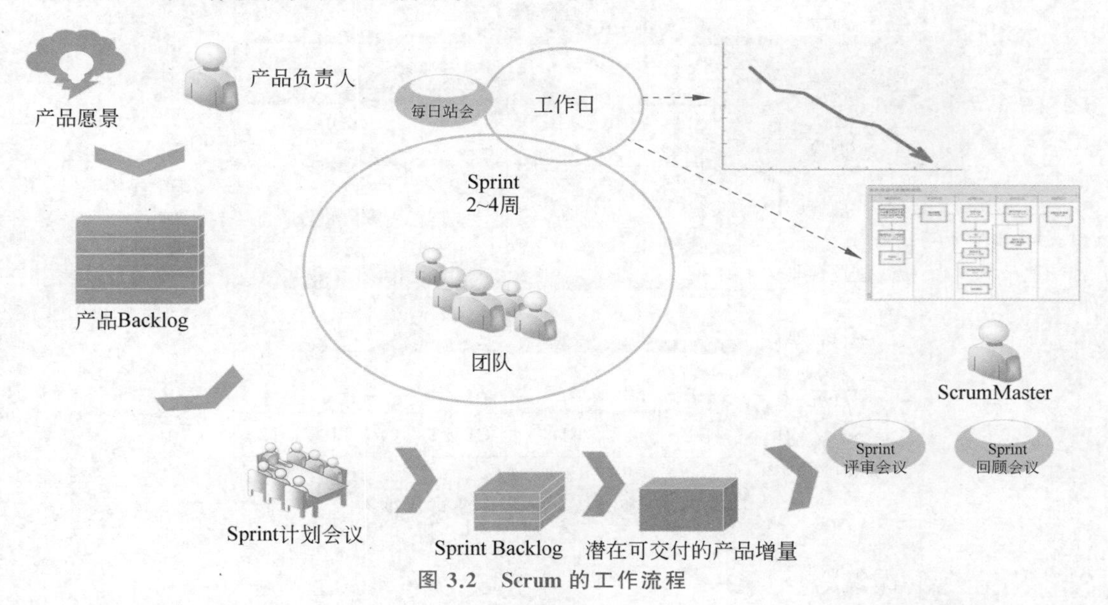

图 3.2 Scrum 的工作流程

(1) 冲刺周期的开始。从产品待办列表中选取一些条目,放入到冲刺计划中。在冲刺计划中,先开冲刺计划会议,会议主要确定"这些条目怎么做"以及"如何去实现这些条目"两个问题。在会议结束会有当前冲刺的目标、冲刺待办列表两个输出。

(2) 冲刺周期的进行。在冲刺周期中每天都会进行每日站立会议,每个人都需要总结"昨天做了什么""今天准备做什么""遇到了什么问题"。

(3) 冲刺周期的结束。当 Sprint 周期结束,得到了产品增量,接着进行迭代评审会议。主要对产品进行反馈。在迭代评审会议之后,Scrum 团队会进行一次迭代回顾会议,通过这次会议对迭代的过程进行总结,以促使团队自我持续改进。

3.5 敏捷统一过程

敏捷统一过程(AUP)是Rational统一过程(RUP)的简化版本。它描述了一种使用敏捷技术和概念开发业务应用软件的简单、易于理解的方法,但仍然保持RUP的真实性。人们一直试图让敏捷尽可能简单,无论是在方法上还是在描述上。这些描述很简单,切中要害,如果需要,可以在网上链接到细节。该方法应用了敏捷技术,包括测试驱动开发(TDD)、敏捷模型驱动开发(AMDD)、敏捷变更管理和数据库重构,以提高生产率。

图3.3描述了AUP的生命周期。需要注意到的第一件事是活动与动作的边界已经改变了。首先,建模包括了RUP的业务建模、需求以及分析和设计过程。正如所看到的,建模是AUP的一个重要部分,但它并没有主导整个过程——应该通过创建"几乎不够好"的模型和文档来保持敏捷。其次,配置和变更管理现在变为了配置管理。在敏捷开发中,变更管理活动通常是需求管理工作的一部分,也成为建模活动的一部分。

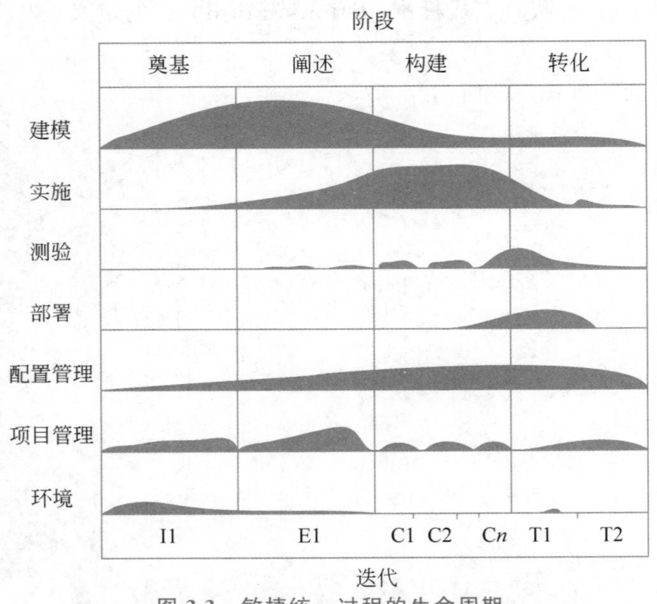

图3.3 敏捷统一过程的生命周期

3.5.1 宏观上连续

敏捷统一过程的连续性体现在如下4个阶段。

(1) 奠基:目标是确定项目的初始范围、系统的潜在体系结构,并获得初始项目资金和利益相关者的认可。

(2) 阐述:目标是证明系统的体系结构。

(3) 构建:目标是定期、增量地构建工作软件,以满足项目干系人的最高优先级需求。

(4) 转化:目标是验证系统并将其部署到生产环境中。

3.5.2 微观上迭代

微观上，活动以迭代的方式执行，定义开发团队成员为构建、验证和交付满足其利益相关者需求的工作软件而执行的活动。这些活动包括如下。

(1) 建模：本活动的目标是了解组织的业务、项目正在解决的问题域，并确定解决问题域的可行解决方案。

(2) 实施：本活动的目标是将模型转换为可执行代码，并执行基本级别的测试，特别是单元测试。

(3) 测验：本活动的目标是进行客观评估，以确保质量。这包括发现缺陷，验证系统是否按设计工作，以及验证是否满足要求。

(4) 部署：本活动的目标是计划系统的交付，并执行计划，使系统可供最终用户使用。

(5) 配置管理：本活动的目标是管理对项目文件的访问。这不仅包括随着时间的推移跟踪文件版本，还包括控制和管理对它们的更改。

(6) 项目管理：本活动的目标是指导项目中发生的活动。这包括管理风险、指导人员(分配任务、跟踪进度等)，以及与项目范围外的人员和系统进行协调，以确保项目按时、在预算内交付。

(7) 环境：本活动的目标是通过确保团队根据需要提供适当的流程、指导(标准和指南)和工具(硬件、软件等)来支持其余工作。

3.5.3 持续增量发布

与一次交付所有软件的“大爆炸”方法不同，将软件分部分发布到生产中(例如，版本 1，然后是版本 2，等等)。AUP 团队通常在每次迭代结束时将开发版本交付到预生产阶段区域。如果应用程序的开发版本要经过预生产质量保证(QA)、测试和部署过程，则可能会发布到生产中。在图 3.4 中，可以看到第一个生产版本通常比后续版本花费更长的时间来交付；在系统的第一个版本中，可能需要将许多“管道”安装到位，而团队可能还没有“凝聚”起来，使成员能够高效地协作。第一个生产版本可能需要 12 个月才能交付，第二个版本需要 9 个月，然后其他版本每 6 个月交付一次。早期关注部署问题不仅可以避免问题，还可以在开发过程中利用已有的经验。例如，当将软件部署到暂存区域时，应该记录哪些可用，哪些不可用，这些记录可以作为安装脚本的主干。

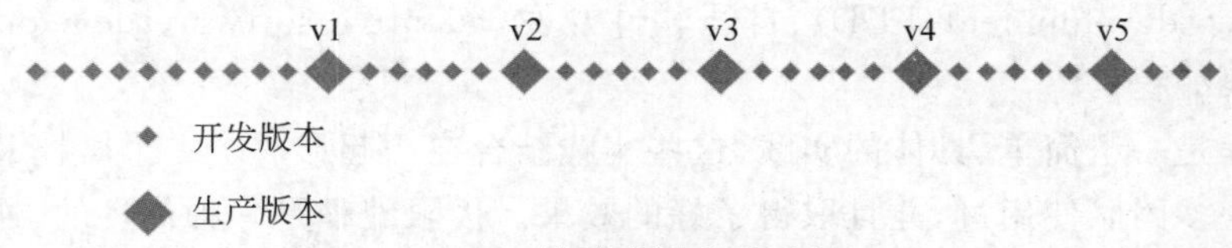

图 3.4 持续增量交付过程

3.5.4 AUP 的原则

敏捷统一过程基于以下原则。

(1) 员工知道自己在做什么：人们不会阅读详细的流程文档，但其会不时需要一些高级指导和培训。如果感兴趣，AUP 产品提供了许多详细信息的链接，但不会强迫任何人使用这些链接。

(2) 简单：每件事都是用几页而不是几千页来简洁地进行描述。

(3) 敏捷性：敏捷性符合敏捷联盟的价值观和原则。

(4) 关注高价值活动：重点是那些真正重要的活动，而不是项目中可能发生的每件事。

(5) 工具独立性：可以使用任何自己想要的敏捷开发工具集。建议是使用最适合工作的工具，通常是简单的工具，甚至是开源工具。

(6) 根据需要定制：AUP 产品可以通过任何常见的 HTML 编辑工具轻松定制。不需要购买特殊工具或参加课程来定制 AUP。

3.5.5 何时采用 AUP

如果想要介于 XP 和传统 RUP 之间的东西，一个敏捷但明确包含你习惯的活动和工作的过程，那么 AUP 很可能适合你。许多组织对 XP 持谨慎态度，因为它似乎太轻了：XP 没有明确显示如何创建管理层希望看到的一些工作。另外是 RUP，管理层似乎很喜欢它，但是开发人员由于大量的工作而对它持怀疑态度。这也是不幸的，因为 RUP 提供了很多东西，并且可以简化为一些非常有用的东西(这正是 IBM Rational 建议做的)。AUP 介于两者之间，采用了 XP 的许多敏捷技术和其他敏捷过程，但保留了 RUP 的一些形式。

AUP 并不适合所有人。AUP 要么是两个世界中最好的，要么是两个世界中最坏的，由程序员自己来判断。极端程序员可能会发现 AUP 相当繁重，“传统 RUP”用户可能会发现它过于精简。如果想要更轻量级的方法，则建议使用 XP。

3.6 本章小结

每位软件开发人员、每个开发团队的职业目标，都是给其雇主和客户交付最大可能的价值。可是，有时项目以令人沮丧的速度失败，或者未能交付任何价值。虽然在项目中采用过程方法是出于好意的，但是膨胀的过程方法对于失败至少是应该负一些责任的。敏捷软件开发的原则和价值观构成了一个可以帮助团队打破过程膨胀循环的方法，这个方法关注的是可以达到团队目标的一些简单的技术。

目前，已经有许多的敏捷过程可供选择，包括 Scrum、Crystal 特征驱动软件开发(feature driven development，FDD)、自适软件开发(adaptive software develop，ADP)以及最重要的极限编程 XP。

极限编程是一组简单、具体的实践，这些实践结合在一起形成了一个敏捷开发过程。该过程已经被许多团队使用过，并且取得了好的效果。极限编程是一种优良的、通用的软件开发方法。项目团队可以拿来直接采用，也可以增加一些实践，或者对其中的一些实践进行修改后再采用。

XP 与 Scrum 是敏捷方法中被业界采用最为广泛采用的两种实践。Scrum 注重的是管理和组织实践，而 XP 关注的是实际的编程实践，两者都聚焦于信息价值流和信息沟通，除了迭代长度稍有差别外，大多数 Scrum 实践与 XP 是兼容且相互补充。组合使用 Scrum 和 XP 会有显著收获。XP 的结对编程、测试驱动开发(TDD)、持续集成等最佳实践仍然可以在 Scrum 中使用。

敏捷过程还可与统一过程结合起来，形成敏捷统一过程，供给那些同时看重 XP 的精简和 RUP 的稳健特性的开发团队。

习　题　3

1. 为什么会产生传统过程模型和敏捷过程模型这两种看似对立的模型？它们之间可以区分对错吗？如果可以，谁对谁错？如果不可以，为什么？

2. 敏捷的原则包含哪些？试列举 3 条，并结合实践讨论它们可以如何在你过往的项目中实施。

3. 如何理解敏捷统一过程的连续性和迭代性？

第4章

软件过程改进

软件过程改进是指针对软件开发企业现有软件工程实践过程进行评估后，运用个人或团队等软件过程框架对软件过程进行持续管理、控制和改进的措施，以提高企业的软件工程理论和方法应用能力，从而改进产品质量。本章的学习要点如下：

- 掌握能力成熟度模型及其集成方法。
- 掌握个人与团队软件过程。
- 理解能力成熟度模型与软件过程直接的联系。

4.1 能力成熟度模型

卡内基-梅隆大学软件工程研究院(Software Engineering Institute, SEI)为了满足美国联邦政府评估软件供应商能力的要求，于1986年开始研究一种模型，即能力成熟度模型(Capacity Maturity Model, CMM)，并于1991年推出其CMM 1.0版，1993年推出CMM 1.1版。CMM将软件组织的过程能力分为5个成熟度级别，每个级别定义了一组过程能力目标，并描述了要达到这些目标应该采取的实践活动。软件组织通过努力一步步达到这些预定的目标，从而得到持续的过程改进，实现组织高效率、低成本地交付高质量软件产品的战略目标。CMM自问世后备受关注，在一些发达地区和国家得到了广泛的应用，成为衡量软件公司组织管理软件产品开发能力的事实上的工业标准，并为软件公司改善其生产过程提供了重要的依据。

许多工业和政府组织都认识到，尽管采用了新的软件工程方法和技术，但仍然达不到预期的生产效率和产品质量，项目开发进度经常无限期拖后，造成开支严重超过预算。究其原因，其根本问题就是缺乏对软件过程的管理。在一个无约束、混乱的项目中，任何好的技术都是无法得以真正实施的。

软件过程改进是一个持续不断、逐步优化的过程。尽管软件工程师和管理者可能对自己存在的问题知之甚深，但在决定改进步骤和策略上却难以达成一致。这需要组织视具体的情况，制定合适的改进策略，使组织通过过程改进而更加成熟。CMM正是提供了一个这样的框架来管理软件组织逐步优化的过程，它将一个组织的成熟能力分为5个等级，每一较低等级都是其上一等级的基础，从而使每个等级的实现具有连续性的、坚实的基础。CMM为组织的过程改进提供了指导，它引导组织明确问题的关键所在，决定其每个阶段要改善过程应优先努力的目标，从而有效地走出第一步，并持续不断地走下去。CMM模型引导软件组织控制软件的开发和维护过程，并逐步形成软件组织的质量管理体系和优秀企业文化。

CMM 模型的基本思想来源于软件界在过去的 70 年中形成的产品质量控制的一些原则。1924 年，提出了利用统计学原理，从工程的角度控制软件质量的思想，该思想随后被成功地应用。20 世纪 90 年代初，SEI 将该思想纳入了成熟度模型的框架，建立了项目管理和软件过程定量控制的基础。成熟度模型框架的早期版本是《软件过程管理》，1987 年 SEI 发布了最初的成熟度问卷，它为软件组织提供了一个工具去了解和刻画其软件过程的成熟能力。同年提出 CMM 两个著名的方法，即软件过程评价方法和软件能力评估方法。1990 年后，SEI 在工业、政府部门许多人的帮助下，进一步发展和完善了它的模型，也更加得到了工业界和政府部门的认可。CMM 基本的过程概念清单如表 4.1 所示。

表 4.1 CMM 基本的过程概念清单

概　　念	描　　述
过程	过程(Process)一词的定义很多，在 CMM 中，引用了 IEEE 对过程的定义：为达到目的而执行的所有步骤的序列
软件过程	开发和维护软件及其相关产品的一组活动、方法、实践和改革。软件及其相关产品指项目计划、设计文档、代码、测试用例、用户手册等
软件过程结构	软件过程结构是对组织标准软件过程的一种高级别的描述，它描述组织标准软件过程内部的过程元素之间的顺序、接口、内部依赖等关系，以及与外部过程(如系统工程、硬件工程、合同管理等)之间的接口和依赖关系
软件过程元素	软件过程元素是用于描述软件过程的基本元素，每个过程元素包含一组良好定义的、有限的、闭包相关的任务(如软件估计、软件设计、同行评审等都是过程元素)。过程元素的描述应该是一个可以填充的模板，可以组合的片段，可以求精地抽象说明，或者是可以修改或只能使用不能修改的、对过程的完整描述
软件过程定义	当达到高级别的成熟度能力时，软件过程定义是一个组织软件过程管理的基础。CMM 中过程定义的基本概念是定义组织的标准软件过程。在组织级，应该以正式的方式描述、管理、控制和改进组织的标准软件过程。在项目级，则强调项目定义软件过程的可用性和对项目的附加值
过程定义的概念	SEI 所提倡的过程定义的基本概念是，过程应该像产品一样被开发和维护，首先描述过程的定义，设计过程的结构，在组织和项目环境中实施过程，通过度量来验证过程的有效性，并将过程扩展到更加广泛的范围
组织标准软件过程	组织标准软件过程是对基本软件过程的可操作性的定义，用以指导在整个组织内，对所有项目建立公共的软件过程。它描述基本的软件过程元素，每个软件项目都应在具体的开发过程中，采用这些过程元素。它还可以描述过程元素之间的关系，并指导所有的软件项目建立既符合组织的标准要求，又可适应项目情况的软件过程。组织的标准软件过程是项目定义软件过程，并进行持续的过程改进的基础
项目定义软件过程	项目定义软件过程是对项目需要的软件过程的可操作的定义，根据软件标准、程序、工具和方法进行描述。项目定义软件过程由组织的标准软件过程，通过裁减准则和项目特征而得。项目定义软件过程为项目的管理和技术人员执行策划、开发和改进活动提供了基础框架
任务与活动	任务是过程的基本构件。所有的任务都可以认为是活动，但所有的活动不一定都是任务，尽管活动可以包含任务。正因为如此，在 CMM 中，应该避免使用任务这个词，而用不很严格的活动一词。活动可以是任何采取的步骤或执行的功能，活动可以是精神的，也可以是物质的，这取决于它所要达到的目标

续表

概念	描述
软件工作产品	软件工作产品是定义、维护和使用软件过程的产品，包括过程描述、计划、程序、计算机程序和相关的文档。软件工作产品可以交付，也可以不交付给顾客和最终用户。工作产品是后续软件过程的输入，或者是今后软件项目的参考或档案信息
软件产品	软件产品是要交付给顾客和最终用户的一个完整的集合，或者一个单独的软件项，如计算机程序和相关的文档。所有的软件产品也都是软件工作产品，但不交付给顾客的软件工作产品不是软件产品
软件过程能力	描述一个软件组织通过其软件过程可能达到的期望结果的范围
软件过程性能	表示一个软件组织通过其软件过程达到的实际结果
软件过程成熟度	描述每个过程被准确定义、管理、度量、控制和实施的程度。成熟意味着能力的增长，软件过程更加丰富，并能更加一致地贯彻到组织的每个项目中。成熟组织的软件过程是容易理解的，通过文件制度化以及对管理人员和工程人员的培训，使员工可以更加准确地理解和执行软件过程，并不断地改进软件过程。软件过程成熟度的提高，意味着软件过程的生产效率和产品质量获得了相应程度的提高。一旦组织从软件过程成熟能力获益，就要通过政策、标准和组织结构来文件化、制度化这些过程，形成可以指导企业实践和商业行为的质量管理体系

4.1.1 CMM的5层体系结构

持续的过程改进具有许多小的、循序渐进的改进步骤，而不是革命性的变革。CMM提供了一个框架将这些渐进的步骤组织成5个成熟度的级别，为持续的过程改进奠定了基础。5个成熟度级别定义了度量组织软件过程和评估软件过程能力的尺度，形成一个良好定义的，并螺旋式上升的阶梯式的层次结构。CMM的5层体系结构如图4.1所示。

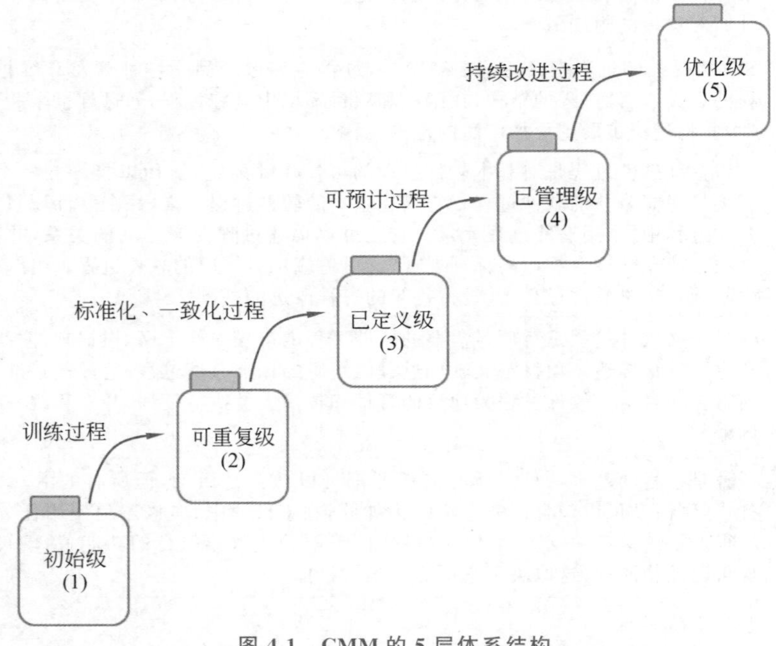

图4.1 CMM的5层体系结构

CMM的各个级别都建立了一组的关键过程区域(key process area,KPA)。这些KPA定义了一组过程目标,对软件工程的过程能力提出了明确的要求。如果满足了这组目标,则说明软件过程的某些重要活动已经稳定。随着成熟度级别的上升,目标要求也逐步提高,促使组织有计划、有系统地走向更加成熟和完善。

第1级:初始级。这时的软件组织,没有任何对质量和过程的管理。软件的开发和生产处于无序的状态,产品的成功完全依赖于个人的天分和努力。

第2级:可重复级。对基本的项目过程建立了成本、进度和功能实现情况的跟踪管理,建立了一些过程规律和训练。一些重要的过程可以重用以前类似项目的成功经验和结果。

第3级:已定义级。软件过程的管理和工程活动都已形成标准,并以文件的形式确定下来,成为组织的标准软件过程。所有项目的开发和维护活动都必须遵循这些已被证明的、制度化的软件过程标准,但可以视项目的具体特征,根据制度化的裁减准则进行裁减。

第4级:已管理级。组织对软件产品和过程都建立了量化的质量目标。一些重要的软件质量活动的生产能力和效果都可按照组织定义的度量程序进行度量,从而能对软件项目进行更加准确的计划和估计。

第5级:优化级。组织拥有良好的方法来识别过程的缺陷,并采取有效的措施避免缺陷的意外或重复发生。第5级的组织可以收集有效的软件过程数据,通过客观数据评估,分析新技术的成本效益,并对软件过程改进提出适当的建议。建立良好的技术变化管理机制,促使更好的软件工程实践脱颖而出,并辐射到整个组织,使组织的软件过程得到持续的改进和完善。

可见,CMM的成熟度等级是有良好定义并逐步提高的,每个级别都有明确的目标集合,每提高一个等级,软件过程就更加成熟。

4.1.2 成熟度级别的行为特征

CMM的成熟度级别共分初始级、可重复级、已定义级、已管理级和优化级5个级别。除第1级外,其余4级都通过活动来刻画。这些活动包括:建立和改进软件过程的活动;项目执行中的软件质量活动;项目交叉时的协调、集成和管理活动。第1级的行为特征主要是为高级别的过程改进建立一个可比较的基准。

第1级:初始级

处于第1级的组织不能用一种确定的方法去描述软件的生产过程,组织的生产过程和生产秩序是混乱的,软件的成功完全依赖于个人的努力和才能。所以,第1级的组织通常不能提供稳定的软件开发和维护的活动和环境。事实上,当一个组织缺乏系统、有效的管理手段时,任何好的软件过程所可能获得的利益,都将因为无计划的管理而大打折扣。一种典型的软件危机现象是,无计划的项目管理导致反复编码和测试,致使软件成本一再升高,开发进度一再延迟。第1级组织项目的成功完全依赖于是否有一个非常优秀的项目管理者和一个经验丰富的软件小组。偶尔,一个有能力的管理者可能会顶住无序的压力,在软件实践过程中找出好的方法,但一旦管理者离开,其所建立的影响也就随之而去。事实上,即使是很有能力的工程化过程也无法克服因缺乏健全的管理手段而导致的过程不稳定性。

因此,处于第1级别的组织,其软件过程的能力是无法预计的,因为软件过程随着工作的进展经常变化,而且这种变化是无序和随意的。进度、预算、功能和产品质量通常都无法预计。产品性能依赖于个人的天分、知识和主动性，几乎没有一个过程是稳定的。

第 2 级：可重复级

处于可重复级的组织，建立了基本的项目管理过程，可以跟踪和管理项目的成本、进度和功能实现。将成功的项目经验总结成必要的工程学科定律，并使之能重复使用于后面类似项目的开发中。一个良好过程的显著特征是成熟的、文档化的、强迫执行的、训练有素的、可度量的并且可以改进的。

处于第 2 级的组织的项目管理者的注意力已经从技术转移到项目的组织和管理上，并建立了基本的软件管理过程。管理者应该具备两种能力：其一，尽可能准确地确定项目的状态，并在有关人员之间进行必要的沟通；其二，尽可能准确地估计所做决定将会对项目所产生的影响，形成文档，并依据进度、工作努力程度和产品质量因素等进行评审。

项目经理必须对项目成本、进度及进展进行跟踪，标识出需要解决的问题，建立软件需求和软件工作产品的基线，明确定义软件项目的要求，并对变化进行有效控制。如果项目有分承包商，还应建立健壮的客户——供应关系。

总之，处于第 2 级的组织已经经过了训练。其项目计划和跟踪管理过程是稳定的，以前的成功经验得以重复利用。新项目的实际计划都可以依据以往项目的执行经验。项目的执行过程处于项目管理系统的有效控制之下。

第 3 级：已定义级

在第 3 级，贯穿于整个组织的软件开发和维护的标准过程已经制度化，并形成文档。这些标准过程包括软件工程过程和管理过程两方面，并被集成为一个整体。第 3 级建立的过程可以帮助软件管理者和技术人员更加有效地工作。组织在标准化软件过程后，可以开拓出更为有效的软件工程实践。第 3 级的组织应该建立一个小组，专门负责协调和管理软件过程，如软件工程过程组(Software Engineering Process Group，SEPG)，并对全体员工都应进行相关的培训，以保证管理者和技术人员都有足够的经验和技能履行其职责。对于特殊的项目，可以对组织的标准软件过程进行裁剪以定义其适应的软件过程。在 CMM 中，裁剪后的过程称为项目定义的软件过程。一个已定义的软件过程包括一组良好定义的、一致的、集成的软件工程和管理过程。所谓良好定义的过程，通常指过程应具备以下特征。

(1) 准备就绪准则。

(2) 输入条件。

(3) 执行工作的标准和程序。

(4) 验证机制。

(5) 输出结果。

(6) 完成准则。

当软件过程是良好定义的时，组织的管理呈现有序的、系统的、有效的状态，管理者就不必再将更多精力花在管理活动上，而是集中于技术方面以推动组织的发展。

总之，处于第 3 级的组织，其软件工程活动和管理活动都应该是稳定并且可重复的，表现出标准化和一致性的特征。产品线、费用、进度及产品质量都得到较好的控制。对软件过程中公共的活动、角色和责任都进行了明确的定义，体现出较好的软件过程成熟能力。

第 4 级：已管理级

第 4 级的组织对软件产品和软件过程都建立了量化的质量目标，并建立了组织范围内的过程数据库，以收集所有的过程数据。一些重要的软件质量活动的生产能力和效果都可按照已定义的客观指标进行度量。这些指标为定量估计以后项目的成本、进度等提供了基础，使得对软件项目的计划和估计更加准确。由于尽可能减小了过程在执行中发生变化的机会，每一个过程都处于可接受的度量范围之内，所以，所有项目的产品和过程都达到了可控制的状态。对于过程执行中特殊的、有影响的变化能够被及时发现，并可以和一般的随机偶然变化区分开来，尤其是在已建立的产品线中。由于对过程和过程性能进行了科学的定义和管理，当面对新的应用领域时，在学习相关领域知识和计划阶段就可能发现存在的主要问题和风险，使风险规避提前到计划阶段，甚至更前。总之，处于第4级的组织，过程是可度量和可操作的。因此它的特征是具有可预言性。组织可以在界定的范围内，预计其软件过程的进展和产品质量。超出范围时，也可以采取适当的行动来适应情况和控制变化的发展。所以，可以预见，第4级组织的软件产品将具有更高的产品质量。

第5级：优化级

第5级的组织具备足够的能力和良好的方法来识别过程中的缺陷，并采取有效的措施避免缺陷的意外或重复发生。第5级的组织可以收集有效的软件过程数据，通过对客观数据的评估分析新技术的成本效益，并对软件过程改进提出适当的建议。建立良好的技术变化管理机制，促使更好软件工程实践的脱颖而出，并辐射到整个组织，使组织的软件过程得到持续的改进和完善。

第5级的软件项目组，可以科学认真地分析缺陷发生的原因，并避免其重复地出现在其他的软件过程中。

总之，处于第5级的组织，持续不断地努力改进其软件过程，因此也就不断地改进了其项目的过程性能，追求到更好的产品质量。这种改进体现为已有过程的进一步完善，以及新技术、新方法的应用。所以，第5级组织的特征就是持续不断的改进。

4.1.3　CMM的评估和评价方法

CMM建立了一套公共可用的准则，这些准则既可用于组织内部进行软件过程改进，也可让政府或商业组织在选择软件承包方时，评价承包方的能力和合同完成风险。

SEI提供了两种基于CMM的过程能力判定方法及相对应的过程诊断和评估工具。

SEI用了“appraisals”一词来表示对过程能力的判断和估计。在具体应用中，分为评估(assessments)和评价(evaluations)两种方法，即

(1) **软件过程评估**(software process assessments)。

(2) **软件能力评价**(software capability evaluation)。

这两个方法都基于CMM模型，研究组织的软件过程。但使用的目的和方式却不同，如果组织想知道自己所处的状态，以确定过程改进的方向和步骤，应该使用过程评估方法；而如果想要知道其他某个组织的过程状态，以确定是否可以将软件承包给他或进行其他合作，则最好使用能力评价方法。

软件过程评估的主要目的是识别过程改进的优先级。评估组以CMM为基础，识别和确定组织软件过程改进的优先级别，并以CMM改进过程域的实践为指南，确定软件过程的改进策略。

软件能力评价的主要目的是识别项目合同在预计的进度和成本范围内提高质量软件的

风险。软件能力评价通常由发标方或发标委托方在软件获取阶段执行。评价的结果按照CMM的要求集成起来,可以识别出选择被评价方作为项目承包方的风险。软件能力评价还可能因第三方以监控为目的展开。

为了保证这两种方法的严格性和一致性,SEI还提出了一个CMM评估框架(CMM Appraisal Framework,CAF),CAF为这两种方法定义了必须遵守的公共准则。

4.2 能力成熟度模型集成

4.2.1 从CMM到CMMI

1988年,软件工程研究所SEI开始为软件工程开发过程改进创建模型。1991年8月,SEI发布了软件能力成熟度模型(SoftWare CMM,SW-CMM)的第一个版本。之后,企业过程改进协会(EPIC)在企业和政府的资助下开发并发布了系统工程能力成熟度模型(System Engineering CMM,SE-CMM),系统工程国际委员会(INCOSE)开发并发布了系统工程能力评估模型(SECAM)。其他的CMM模型也被陆续开发出来,包括软件获取CMM(SA-CMM)、人员CMM(P-CMM)和集成产品开发CMM(IPD-CMM)等。为了把各种系统工程CMM合并成统一的系统工程模型,电子工业联合会(EIA)会同EPIC和INCOSE把两种系统工程CMM改进成为系统工程能力模型(SECM),这就是EIA/IS-731。

由于各种模型针对的专业领域不同,形式不同,有的采用了连续式的表现方式,如系统工程模型,有的采用了阶段式的表现方式,如SW-CMM。这些模型又有交叉重合和不一致的地方,同时,当企业采用CMM进行过程改进时,在不同的专业领域需要采用不同的模型,给企业实施带来了很多困难。为了改变这种状况,SEI提出了开发新一代成熟度模型的要求:整合不同模型中的最佳实践、建立统一模型;覆盖不同领域,供企业进行整个组织的全面过程改进。

CMMI开发小组整合了3个源模型。

(1) 软件能力成熟度模型2.0版,C稿。

(2) 电子工业联合会(EIA)过渡标准EIA/IS-731。

(3) 集成产品开发能力成熟度模型(IPD-CMM)0.98版。

最近模型中又集成了供应管理方面的内容,在此基础上开发完成了适用于企业全面过程改进的统一框架,即CMM集成(CMMI)。CMMI 1.0版于2000年8月份发布,于2001年12月发布1.1版。

4.2.2 CMMI体系

CMMI产品集包括CMMI产品框架及由框架衍生的一套CMMI产品。框架包括一些共同元素,模型最佳特性包括用以产生CMML产品的规则和方法。用户可以根据各自的商业目标和任务需要,从CMMI产品集中选择不同科目的特定元素。

1. CMMI框架与产品集

CMMI框架实际上是一个数据库,包括一套定义好的过程,用以向数据库中增加文本,可以管理数据库,以及衍生的能力成熟度模型,其中有支持评估和培训的材料。CMMI框架的输出有模型、培训材料和对于单独或混合科目的评估方法。框架还提供了未来集成其他科目到CMMI产品集的机制。CMMI是一个开放的、可扩充的体系结构。

CMMI产品集包含的最初模型集有：

(1) 软件工程CMMI-SW。

(2) 系统工程CMMI-SE。

(3) 系统工程+软件工程(CMMI-SE/SW)。

(4) 系统工程+集成产品过程开发软件工程(CMMI-SE/SW/IPPD)。

最近增加的有系统工程、集成产品过程开发软件工程和供应管理(CMMI-SE/SW/IPPD/SS)。

这些模型其实很相似，尤其是CMMI-SW和CMMI-SE，只是在一些说明性部件上有些不同，其他的模型增加了针对科目的过程域，如在CMMI-SE/SW/IPPD中增加了针对集成产品过程的OEI(Organizational Environment for Integration，组织集成环境)，在CMMI-SE/SW/IPPD/SS中，增加了集成供应商管理(integrated supplier management)过程域。

作为CMMI产品集的一部分，培训材料是用来支持CMMI产品的应用的。培训材料包括从CMMI框架衍生出来的各种模型，有阶段式和连续式的介绍性资料，以及用来培训主任评估师和评估小组的培训材料。

CMMI产品集还包括用于阶段式和连续式模型表示的评估方法，以及数据收集的方法和工具，提供了评估框架来支持评估策划。评估方法还根据特定的裁剪需求制定了裁剪过程。为了保证在各种模型之间保持一致，评估方法还制定了依从原则。

2. CMMI模型主要部件

CMMI模型主要部件如下。

(1) 过程域(process area，PA)。为了达到一组目标要共同执行的一组相关实践。可分解为如下两方面。

- 做什么(特定实践)。
- 预期行为(特定目标)。

连续型表示与阶段型表示有相同的过程域，只是组织方式不同。

(2) 特定目标(specific goals)。适用于过程域，描述为了满足该过程域所必须要的特性。评估时用来确定一个过程域是否得到满足。

(3) 特定实践(specific practices)。描述了有助于达到的特定目标的活动，这些活动对于实现它所关联的特定目标是十分重要的。

(4) 通用目标(generic goals)。通用目标的实现，说明加强了对相关过程策划和实施的控制，表明过程是否有效、可重复和持久。在评估时用来确定是否满足了过程域。

(5) 通用实践(generic practices)。提供制度化特征，保证相关过程是有效的、可重复和持久的，适用于每个过程域的实践，原则上它们能改进任何过程的性能和控制。

CMMI模型部件分为3类：必需的、期望的和说明性的。其中，特定目标和通用目标属于必需类的。评估时将对特定目标和通用目标进行考察，确定是否满足过程域；特定实践和通用实践属于期望类的模型部件，组织在实施中，可以采用替代的方式，只要能够达到相关联特定/通用目标的要求；说明性部件包括子实践、典型工作产品、科目扩充等。为了进一步说明特定/通用实践，子实践提供了详细的描述。典型工作产品是一些特定/通用实践的输出举例。科目扩充是对科目相关的特定实践的详细解释,例如,如果要在 CMMI-SW/SE 模型中寻找与"软件工程"科目有关的说明内容,你只需要找到标有"软件工程"的科目扩充,就可以更加深入地了解与软件工程有关的特定实践的具体解释,有助于指导实施。

(6) 典型的工作产品(typical work products)。CMMI 的两种表现方式:阶段式和连续式,采用两种表现形式:一方面是为了与系统工程能力模型 SECM 相一致;另一方面为组织选择和实施过程改进提供了一种灵活的方式。

连续式表示采用能力等级来度量过程改进的程度。一般能力级别从 0～5,共有 6 个,如表 4.2 所示。每个能力级别与一个通用目标和一组特定/通用实践相关联,表明组织在执行、控制和改进某个过程域性能方面达到的能力成熟程度。

表 4.2 连续式表示能力级别

能力级别	连续化表示能力级别	能力级别	连续化表示能力级别
0	不完整(incomplete)	3	已定义(defined)
1	已执行(performed)	4	已定量管理(quantitatively managed)
2	已管理(managed)	5	优化(optimizing)

连续式表示的特定实践有两种:基本的和提高的,在连续式中,能力级别 L1～L5 都有特定实践,而在阶段式表示中,只有能力级别 L2、L3 的通用实践,没有能力级别 L1、L4、L5 的通用实践。当组织专注于某些过程域时,可以采用连续式表示,灵活确定过程域的实施次序。连续式表示的模型结构如图 4.2 所示。

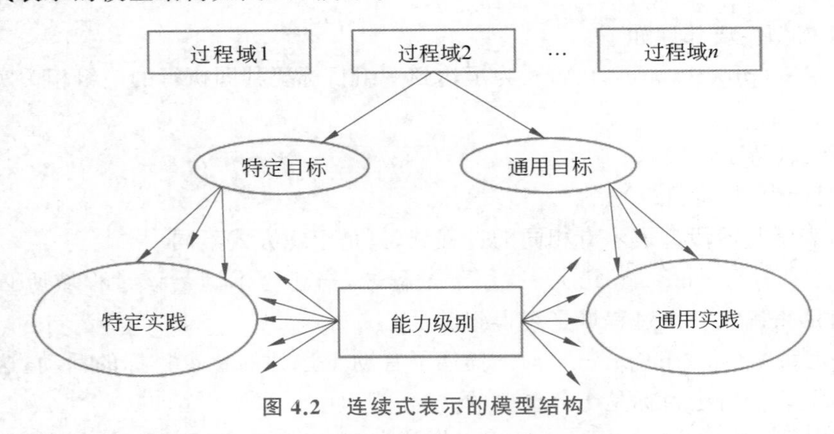

图 4.2 连续式表示的模型结构

能力级别剖面表示了组织在一组过程域上达到的能力级别。图 4.3 表示的是一个能力级别剖面的例子。当采用连续式表示时,可以运用能力级别剖面来展示组织过程改进的轨迹。

同样,能力级别剖面也可以表示组织过程改进的目标,这就是目标剖面,在组织制定目标剖面时,要注意通用实践与过程域之间的依赖关系。当一个通用实践依赖于某个过程域时,不论是展开通用实践还是提供必要的产品,只要这个过程没有被实施,则通用实践就是无效的,这样的目标剖面是不当的。

连续式表示还提供了"等价分级",在目标剖面与成熟度等级之间建立了大致的对应关系,具体情况参见表 4.3。

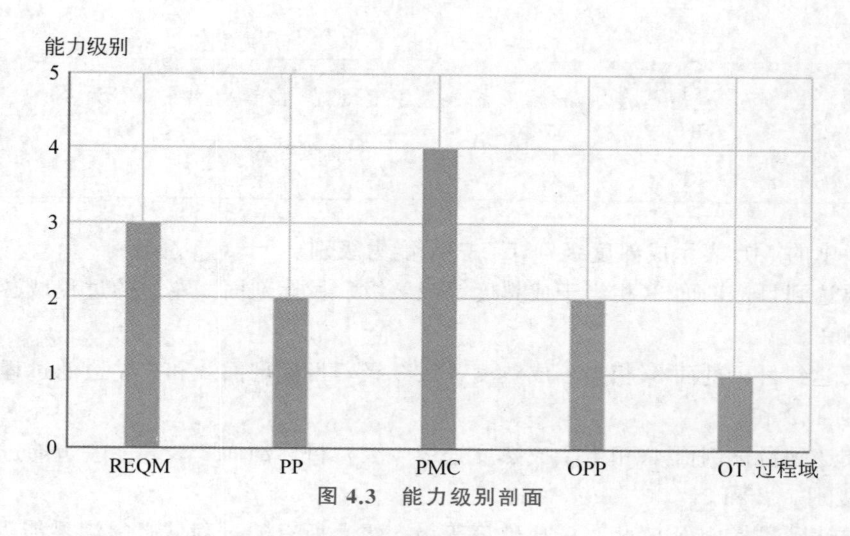

图 **4.3**　能力级别剖面

表 **4.3**　等价分级（CMMI-SE/SW v1.1）

<table>
<tr><th>过程域</th><th>缩写</th><th>ML</th><th>CL1</th><th>CL2</th><th>CL3</th><th>CL4</th><th>CL5</th></tr>
<tr><td>需求管理</td><td>REQM</td><td>2</td><td colspan="2" rowspan="7">目标剖面 2</td><td rowspan="7"></td><td></td><td></td></tr>
<tr><td>度量与分析</td><td>MA</td><td>2</td><td></td><td></td></tr>
<tr><td>项目监督与控制</td><td>PMC</td><td>2</td><td></td><td></td></tr>
<tr><td>项目策划</td><td>PP</td><td>2</td><td></td><td></td></tr>
<tr><td>过程与产品质量保证</td><td>PPQA</td><td>2</td><td></td><td></td></tr>
<tr><td>供应商协议管理</td><td>SAM</td><td>2</td><td></td><td></td></tr>
<tr><td>配置管理</td><td>CM</td><td>2</td><td></td><td></td></tr>
<tr><td>决策分析与制定</td><td>DAR</td><td>3</td><td colspan="3" rowspan="11">目标剖面 3</td><td></td><td></td></tr>
<tr><td>产品集成</td><td>PI</td><td>3</td><td></td><td></td></tr>
<tr><td>需求开发</td><td>RD</td><td>3</td><td></td><td></td></tr>
<tr><td>技术方案</td><td>TS</td><td>3</td><td></td><td></td></tr>
<tr><td>确认</td><td>VAL</td><td>3</td><td></td><td></td></tr>
<tr><td>验证</td><td>VER</td><td>3</td><td></td><td></td></tr>
<tr><td>组织过程定义</td><td>OPD</td><td>3</td><td></td><td></td></tr>
<tr><td>组织过程焦点</td><td>OPF</td><td>3</td><td></td><td></td></tr>
<tr><td>集成项目管理</td><td>IPM</td><td>3</td><td></td><td></td></tr>
<tr><td>风险管理</td><td>RSKM</td><td>3</td><td></td><td></td></tr>
<tr><td>组织培训</td><td>OT</td><td>3</td><td></td><td></td></tr>
<tr><td>组织过程性能</td><td>OPP</td><td>4</td><td colspan="3" rowspan="2">目标剖面 4</td><td></td><td></td></tr>
<tr><td>定量项目管理</td><td>OPM</td><td>4</td><td></td><td></td></tr>
</table>

续表

过程域	缩写	ML	CL1	CL2	CL3	CL4	CL5
组织革新和部署	OID	5	目标剖面 5				
原因分析和解决	CAR	5					

表 4.3 中的 ML 表示成熟度级别，CL 表示能力级别。

(1) 要达到目标剖面 2(相当于成熟度等级 2 级)，目标剖面 2 左边的过程域必须满足能力级别 1 和 2。

(2) 要达到目标剖面 3(相当于成熟度等级 3 级)，目标剖面 2 和 3 左边的过程域必须满足能力级别 1、2 和 3。

(3) 要达到目标剖面 4(相当于成熟度等级 4 级)，目标剖面 2、3 和 4 左边的过程域必须满足能力级别 1、2 和 3。

(4) 要达到目标剖面 5(相当于成熟度等级 5 级)，所有的过程域必须满足能力级别 1、2 和 3。

等价分级的通用规则如下。

(1) 要达到成熟度级别 2 级，成熟度 2 级中的全部过程域必须达到能力级别 2 级或以上。

(2) 要达到成熟度级别 3 级，成熟度 2 级和 3 级中的全部过程域必须达到能力级别 3 级或以上。

(3) 要达到成熟度级别 4 级，成熟度 2 级、3 级和 4 级中的全部过程域必须达到能力级别 3 级或以上。

(4) 要达到成熟度级别 5 级，所有的过程域必须达到能力级别 3 级或以上。

那么，为什么目标剖面 4 和目标剖面 5 中没有包含能力等级 4 级、5 级呢？成熟度 4 级的过程域中描述，基于组织和项目的质量和过程性能目标应该可以使某些子过程稳定，而非全部过程域，这应该根据组织的实际情况来确定。目标剖面 5 也是同样的情况。等价分级只是在连续式和阶段式表示之间给出了一个大致的对应关系，在一定程度上使得两种表现形式建立了联系。阶段式表示采用成熟度级别划分，表示组织整体的成熟情况。成熟度等级 1～5，每个成熟度级别包含一组过程域，具体参见表 4.4。熟悉 SW-CMM 的人一定不会感到陌生，成熟度级别易于理解，由于已经划分好在各个成熟度要实施的过程域，便于有效实践。根据组织达到的成熟度级别，可以很容易地比较组织之间在过程改进方面达到的程度。

表 4.4　阶段式表示成熟度级别

成熟度级别	阶段式表示成熟度级别	成熟度级别	阶段式表示成熟度级别
1	初始(initial)	4	已定量管理(quantitatively managed)
2	已管理(managed)	5	优化(optimizing)
3	已定义(defined)		

阶段表示模型的结构如图 4.4 所示。

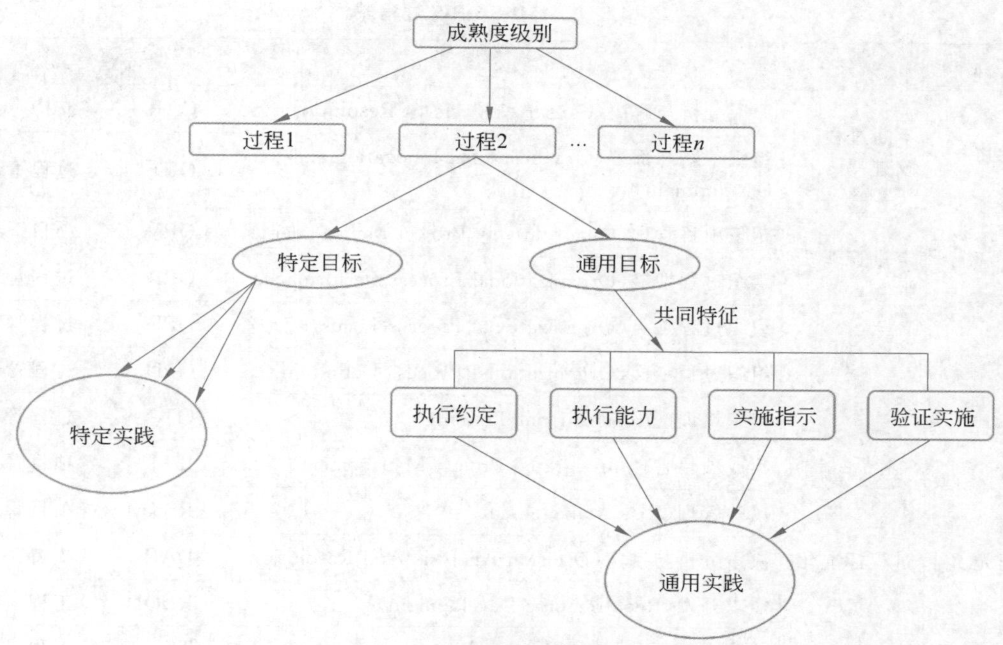

图 4.4 阶段式表示模型的结构

共同特性(common features)是对通用实践的一种分类,通用实践分为 4 种。

(1) 执行约定(CO):包括与制定方针及确保主体过程改进顺利进行有关的通用实践。

(2) 执行能力(AB):包括与保证项目和组织所拥有的推动过程改进所需的资源有关的通用实践。

(3) 实施指示(DI):包括有关和管理过程性能及管理工作产品的完整性有密切联系的系统相关者的通用实践。

(4) 验证实施(VE):包括通过高层管理者检查和客观的评价来验证项目和组织的活动与过程描述、规程和标准的符合程度。

与 SW-CMM 相比,共同特征的内容没有发生大的变化,只是有了新的名字——通用目标/实践。

在 CMMI 中,一个特定/通用目标映射到几个特定/通用实践上,而一个特定/通用实践只对应一个特定/通用目标。与 SW-CMM 相比,CMMI 结构模块化,这样有利于模型的扩充,集成更多的科目。

4.2.3 CMMI 过程域

CMMI-SE/SW 共有 22 个过程域,分别属于过程管理、项目管理、工程和支持 4 大类别,覆盖了系统工程和软件工程科目,共 80 个目标,411 个实践,具体参见表 4.5。而 SW-CMM 共有 18 个过程域、52 个目标、316 个实践。对于 CMMI-SE/SW/IPPD 和 CMMISE/SW/IPPD/SS,由于集成了新的科目,过程域更多,从数字上可以看出,CMMI 比 CMM 规模上扩大了。

表 4.5 CMMI-SE/SW 过程域

级别	关注	过程域	缩写	类别
5 优化	不断过程改进	原因分析与解决(Causal Analysis & Resolution)	CAR	支持
		组织革新与部署(Organizational Innovation and Development)	OID	过程管理
4 已定量管理	定量管理	定量项目管理(Quantitatively Project Management)	QPM	项目管理
		组织过程性能(Organizational Process Performance)	OPP	过程管理
3 已定义	过程标准化	组织过程焦点(Organizational Process Focus)	OPF	过程管理
		组织过程定义(Organizational Process Definition)	OPD	过程管理
		组织培训(Organizational Training)	OT	过程管理
		集成项目管理(Integrated Project Management)	IPM	项目管理
		风险管理(Risk Management)	RSKM	项目管理
		决策分析与制定(Decision Analysis And Resolution)	DAR	支持
		需求开发(Requirements Development)	REQD	工程
		技术方案(Technical Solution)	TS	工程
		产品集成(Product Integration)	PI	工程
		验证(Verification)	VER	工程
		确认(Validation)	VAL	工程
2 已管理	基本的项目管理	需求管理(Requirements Management)	REQM	工程
		项目策划(Project Planning)	PP	项目管理
		项目监督与控制(Project Monitoring And Control)	PMC	项目管理
		度量与分析(Measurement And Analysis)	MA	支持
		过程与产品质量保证(Process And Product Quality Assurance)	PPQA	支持
		配置管理(Configuration Management)	CM	支持
		供应商协议管理(Supplier Agreement Management)	SAM	项目管理
1 执行				

4.2.4 CMMI 评估方式 SCAMPI

CMMI 评估方法采用了用于过程改进的标准 CMMI 评估方法 SCAMPI(Standard CMMI Appraisal Method for Process Improvement)。SCAMPI 提供了和 CMMI 模型相关的质量定级基准。它可以用于内部过程改进,也可以进行外部能力确定。为了满足不同的评估需求,SCAMPI 制定了 3 类评估方法,其中 A 类评估是完整的 SCAMPI,满足所有的 CMMI 评估需求,可以支持引导 ISO/IEC 15504 评估;B 类评估是初始/增量预评估;C 类评估用于快速自查。

SCAMPI 评估过程分为 3 个阶段：计划和准备评估，引导评估和报告结果。

在计划阶段，要分析主办人的评估需求，组成评估小组，确定组织中参加评估的项目组范围，以及评估哪个 CMMI 模型中的哪些过程域，由此来估计个人时间承诺、费用和整个评估过程的成本。参加评估之前，被评估组织需要整理客观证据，包括定性或定量的信息、记录、说明等。在现场评估时，评估小组将验证和确认这些客观证据，从中发现组织在过程改进中的强项和弱点。

在评估阶段，评估小组要收集足够的数据和信息，产生"评估发现"和定级。首先对特定/通用目标定级。只有在所有相关联的实践被认为"大多或完全实施"并且弱点没有对它造成影响时，才算满足了特定/通用目标。当满足评估范围内的过程域的全部目标和支持的过程域时，才算达到了相应的成熟度。

报告结果阶段，评估小组把评估发现和定级作为评估结果向主办人和被评估组织报告，评估结果将会上载到 SEI 网站。

为了开发和推广 CMMI，SEI 组织了"过渡合作伙伴"，只有过渡合作伙伴的授权主任评估师才能提供 SCAMPI 评估。

4.3 个人软件过程

4.3.1 个人软件过程简介

个人软件过程（Personal Software Process，PSP）是一种可用于控制、管理和改进个人工作方式的自我持续改进过程，是一个包括软件开发表格、指南和规程的框架。PSP 在 95 年推出，是由定向软件工程走向定量软件工程的标志。PSP 为基于个体和小型群组软件过程的优化提供了具体而有效的途径，例如如何制订计划，如何控制质量，如何与其他人相互协作等。在软件设计阶段，PSP 的着眼点在于软件缺陷的预防，其具体办法是强化设计结束准则，而不是设计方法的选择。绝大多数软件缺陷是由于对问题的错误理解或简单的失误所造成的，只有很少一部分是由于技术问题而产生的。PSP 保障软件产品质量的一个重要途径是提高设计质量。

4.3.2 PSP 的结构

PSP 的进化框架共有 4 级，结构图如图 4.5 所示。

（1）个体度量过程（PSP 0 级）。

（2）个体规划过程（PSP 1 级）。

（3）个体质量管理过程（PSP 2 级）。

（4）个体循环过程（PSP 3 级）。

4.3.3 PSP 过程

PSP 的 4 级进化框架中的每一级都定义了软件工程师的工作流程和具体步骤，而且每级在低一级的基础上有所改动和增加但是不管怎样变动，它们都有一个共同的基本工作流程，如图 4.6 所示。

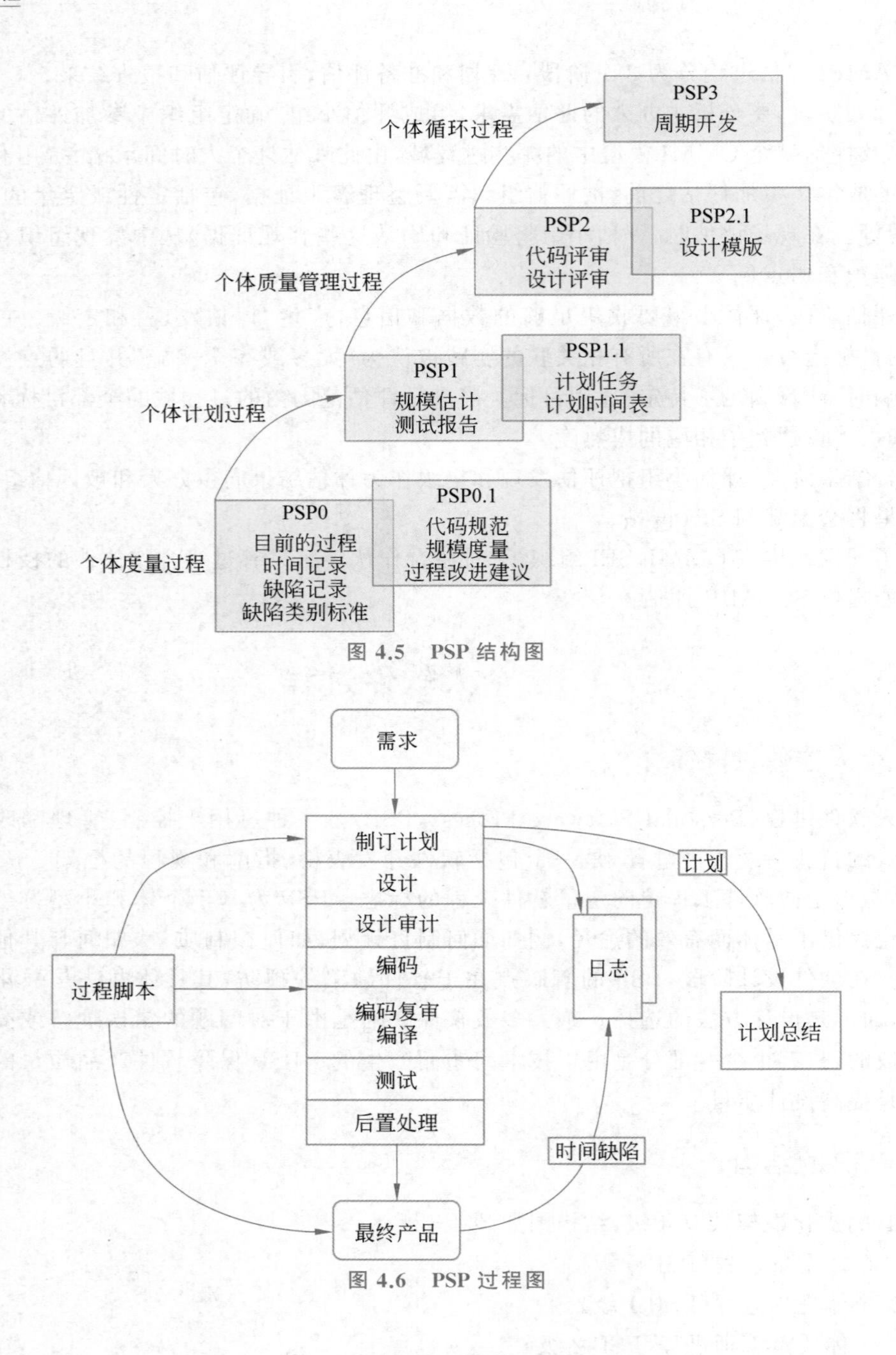

图 4.5 PSP 结构图

图 4.6 PSP 过程图

4.4 团队软件过程

4.4.1 团队软件过程简介

团队软件过程(Team Software Process,TSP)是为开发软件产品的开发团队提供指导,TSP 的早期实践侧重于帮助开发团队改善其质量和生产率,以使其更好地满足成本及进度的目标。TSP 用于规划和管理小组项目,小组中已分配不同角色,每个角色有明确的目标,各司其职。在整个开发过程中明确每个步骤应该做什么。TSP 的团队规模至少 2 个人，为共同目标和任务而工作，每个人都有自己的角色和职责，要通过合作来完成任务。团队软件过程的更高的境界有 4 点要求。

(1) 自始至终对项目有控制。

(2) 知道该做什么，怎么做，何时做，何时完成。

(3) 整体实力大于个人实力之和。

(4) 成员可以从合作中得到合作的乐趣。

4.4.2　TSP 的团队管理组合

TSP 的团队可以包含以下角色。

(1) 组长：运行一个有效的团队。

(2) 开发经理：生产一个功能强大的高质量的产品，全面发挥小组成员能力和才干。

(3) 计划经理：详细计划，每周准确汇报小组状况。

(4) 质量生产经理：保证生产出没有缺陷的稳定的产品。

(5) 技术支持经理：保证整个过程得到适当的支持。

4.4.3　TSP 的 6 条原则

TSP 的 6 条原则如下。

(1) 计划工作的原则，在每一阶段开始时要制订工作计划，规定明确的目标。

(2) 实事求是的原则，目标不应过高或过低而应实事求是，在检查计划时如果发现未能完成或者已经超越规定的目标，应分析原因，并根据实际情况对原有计划做必要的修改。

(3) 动态监控的原则，一方面应定期追踪项目进展状态并向有关人员汇报，另一方面应经常评审自己是否按 PSP 原理进行工作。

(4) 自我管理的原则，开发小组成员如发现过程不合适，应主动、及时地进行改进，以保证始终用高质量的过程来生产高质量的软件，任何消极埋怨或坐视等待的态度都是不对的。

(5) 集体管理的原则，项目开发小组的全体成员都要积极参加和关心小组的工作规划、进展追踪和决策制定等多项工作。

(6) 独立负责的原则，按 TSP 原理进行管理，每个成员都要担任一个角色。

4.5　能力成熟度模型与软件过程之间的关系

4.5.1　能力成熟度模型与软件过程的有机结合

在企业中，CMM、TSP、PSP 三者的结合有着重大的意义和作用，除了指导企业构建组织能力之外，还对软件的过程及目标起着指导和督促的作用，三者关系如图 4.7 所示。CMM 为 TSP 提供指导原则，并为产品质量提升提供组织级能力，PSP 为 TSP 提供个人技能，个人技能也用于提升产品质量，而 TSP 在获取指导原则和个人技能基础上，引入时间和金钱成本约束，实现团队软件过程，并交付高质量产品。

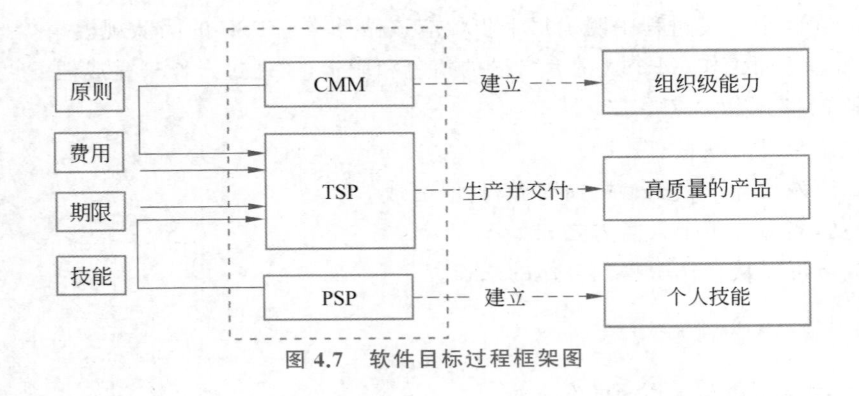

图 4.7 软件目标过程框架图

4.5.2 CMM/TSP/PSP 的一些建议

学习、模仿、运用流行的过程方法论是实施过程改进的好办法。TSP、RUP、XP 这 3 种互补模型的目标对象和适用环境各不相同,在理解其精神实质和基本原理的基础上灵活运用,整合其最佳元素,就可能设计出适合自己的过程体系。相比其他方法,RUP 处于能屈能伸的有利位置,具有更广泛的适用性。要相信,以敏捷思想为指导,在统一过程 RUP 基础上集成其他重型过程和敏捷方法,建立敏捷统一过程框架,将是中国软件企业尤其中小企业实施持续过程改进的有效途径之一。

成功的过程改进始终离不开专业判断和常识理解,软件组织应综合根据应用类型、项目特点和组织文化等诸多因素确定自己的道路,不能人云亦云、盲目跟风。如何把握好各个因素的平衡是软件工程实践的永恒话题。现阶段应当着重提升软件组织的整体竞争力,尤其要加强基础软件工程的实力,注意选择正确的生命周期模型,适度度量,不可偏废开发技能、软件过程和组织管理任一方面。度量数据和经验积累的匮乏一直是发展道路上的羁绊。业界总是喜欢强调特殊国情,然而具有中国特色的软件过程发展模式同样需要事实和数据来证明。

总而言之,软件的过程改进应该考虑以下建议。

(1) 必须根据自身的实际制定可行的方案。

(2) 以 CMM 为框架,先从 PSP 做起,在此基础上逐渐过渡到 TSP。

(3) 有一个循序渐进的过程,持续改善。

(4) 自顶向下的课程培训,即从高层主管开始普及到下面的工程师。

(5) 最终目标是改善软件过程,提高软件质量。

4.6 本章小结

本章主要介绍 CMM、CMMI、PSP、TSP 的体系结构以及它们在软件开发中的作用。

CMM 是过程改善的第一步,它提供了评价组织的能力、识别优先改善需求和追踪改善进展的管理方式。

TSP 指导项目组中的成员如何有效地规划和管理所面临的项目开发任务,并且告诉管理人员如何指导软件开发队伍。始终以最佳状态来完成工作。

TSP 结合了 CMM 的管理方法和 PSP 的工程技能，它告诉软件工程师如何将个人过程结合到小组软件过程中去，并且将小组软件过程与组织联系起来，进而与整个系统联系起来；通过告诉管理层如何支持和授权项目小组，坚持高质量的工作，并且依据数据进行项目的管理，向组织展示如何运用 CMM 的原则和 PSP 的技能去生产高质量的产品。

总之，单纯实施 CMM，永远不能真正做到能力成熟度的升级，只有将实施 CMM 与实施 PSP 和 TSP 有机地结合起来，才能发挥最大的效力。因此，软件过程框架应该是 CMM、PSP、TSP 的有机集成。

习 题 4

1. CMM 中的第 3 级和第 4 级的主要区别是哪些？
2. CMMI 的模型包括哪些种类？它们之间有何异同？
3. 思考个人软件工程如何与团队软件过程结合，试用实际场景举例说明。

第5章

面向对象软件开发方法

面向对象方法使计算机解决问题的方式符合人类的思维方式，更能直接地描述客观世界，通过增加代码的可重用性、可扩充性和程序自动生成功能来提高软件开发效率，且大大减少软件维护的开销，已经被越来越多的软件开发人员所接受。本章介绍面向对象软件开发方法与技术，包括面向对象的基本特征、基本概念、面向对象分析、面向对象设计、面向对象测试等。

5.1 面向对象基本特征

面向对象的基本思想就是从现实世界中客观存在的事物(对象)出发，构造系统并在系统结构中运用人类的自然思维方式对问题领域内的任务、事情等的抽象，其具体思想概括如下。

(1) 客观事物是由对象组成的，对象是在原事物基础上抽象的结果。

(2) 对象是由属性和操作组成的，其属性反映了对象的数据信息特征，而操作则用来定义改变对象属性状态的各种操作方式。

(3) 对象之间的联系通过消息传递机制来实现。

(4) 对象可以按其属性来归类。

(5) 对象具有封装的特性，可达到软件(程序和模块)复用的目的。

此外，面向对象方法强调在软件开发过程中面向客观世界或问题域中的事物，采用人类在认识客观世界的过程中普遍运用的思维方法，直观、自然地描述客观世界中的有关事物。面向对象方法的基本特征主要有抽象性、封装性、继承性和多态性。

1. 抽象性

把众多的事物进行归纳、分类是人们在认识客观世界时经常采用的思维方法，“物以类聚，人以群分”就是分类的意思，分类所依据的原则是抽象。抽象(abstract)就是忽略事物中与当前目标无关的非本质特征，更充分地注意与当前目标有关的本质特征。从而找出事物的共性，并把具有共性的事物划为一类，得到一个抽象的概念。例如，在设计一个学生成绩管理系统的过程中，考查学生张华这个对象时，就只关心其班级、学号、成绩等，而忽略其身高、体重等信息。因此，抽象性是对事物的抽象概括描述，实现了客观世界向计算机世界的转化。将客观事物抽象成对象及类是比较难的过程，也是面向对象方法的第一步。例如，将学生抽象成对象及类的过程如图5.1所示。

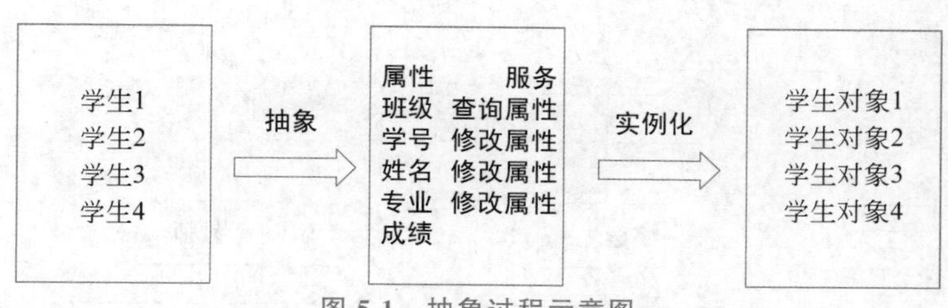

图5.1　抽象过程示意图

2. 封装性

封装(encapsulation)就是把对象的属性和行为结合成一个独立的单位,并尽可能隐蔽对象的内部细节。图5.1中的学生类也反映了封装性。封装有两个含义:一是把对象的全部属性和行为结合在一起,形成一个不可分割的独立单位。对象的属性值(除了公有的属性值)只能由这个对象的行为来读取和修改;二是尽可能隐蔽对象的内部细节,对外形成一道屏障,与外部的联系只能通过外部接口实现。

封装的信息隐蔽作用反映了事物的相对独立性,可以只关心它对外所提供的接口,即能做什么,而不注意其内部细节,即如何提供这些服务。例如,用陶瓷封装起来的一块集成电路芯片,其内部电路是不可见的,而且使用者也不关心它的内部结构,只关心芯片引脚的个数、引脚的电气参数及引脚提供的功能,利用这些引脚,使用者将各种不同的芯片连接起来,就能组装成具有一定功能的模块。

封装的结果使对象以外的部分不能随意存取对象的内部属性,从而有效地避免了外部错误对它的影响,大大减小了查错和排错的难度。另外,当对象内部进行修改时,由于它只通过少量的外部接口对外提供服务,因此同样减小了内部的修改对外部的影响。同时,如果一味地强调封装,那么对象的任何属性都不允许外部直接存取,要增加许多没有其他意义,只负责读或写的行为。这为编程工作增加了负担,增加了运行开销,并且使得程序显得臃肿。为了避免这一点,在语言的具体实现过程中应使对象有不同程度的可见性,进而与客观世界的具体情况相符合。

封装机制将对象的使用者与设计者分开,使用者不必知道对象行为实现的细节,只需要用设计者提供的外部接口让对象去做。封装的结果实际上隐蔽了复杂性,并提供了代码重用性,从而降低了软件开发的难度。

3. 继承性

客观事物既有共性,也有特性。如果只考虑事物的共性,而不考虑事物的特性,就不能反映出客观世界中事物之间的层次关系,不能完整地、正确地对客观世界进行抽象描述。运用抽象的原则就是舍弃对象的特性,提取其共性,从而得到适合一个对象集的类。如果在这个类的基础上,再考虑抽象过程中被舍弃的一部分对象的特性,则可形成一个新的类,这个类具有前一个类的全部特征,是前一个类的子集,形成一种层次结构,即继承结构,如图5.2所示。

继承(inheritance)是一种联结类与类的层次模型。继承性是指特殊类的对象拥有其一般类的属性和行为。继承意味着"自动地拥有",即特殊类中不必重新定义已在一般类中定义过的属性和行为,而它却自动地、隐含地拥有其一般类的属性与行为。继承允许和鼓励类的重用,提供了一种明确表述共性的方法。一个特殊类既有自己新定义的属性和行为,又有

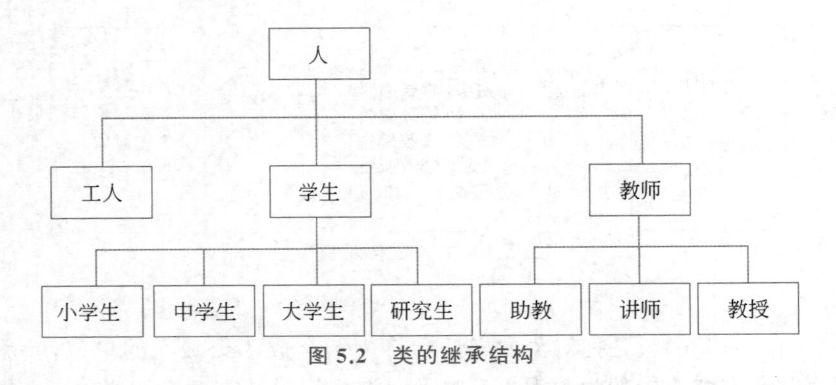

图 5.2 类的继承结构

继承下来的属性和行为。尽管继承下来的属性和行为是隐式的，但无论在概念上还是在实际效果上，都是这个类的属性和行为。当这个特殊类被它更下层的特殊类继承时，它继承来的和自己定义的属性和行为又被下一层的特殊类继承下去。因此，继承是传递的，体现了大自然中特殊与一般的关系。

在软件开发过程中，继承性实现了软件模块的可重用性、独立性，缩短了开发周期，提高了软件开发的效率，同时使软件易于维护和修改。这是因为要修改或增加某一属性或行为，只需在相应的类中进行改动，而它的派生类皆自动地、隐含地作了相应的改动。

由此可见，继承是对客观世界的直接反映，通过类的继承，能够实现对问题的深入抽象描述，反映出人类认识问题的发展过程。

4. 多态性

面向对象设计借鉴了客观世界的多态性，体现在不同的对象收到相同的消息时产生多种不同的行为方式。例如，在一般类“几何图形”中定义了一个行为“绘图”，但并不确定执行时到底画一个什么图形。特殊类“椭圆”和“多边形”都继承了几何图形类的绘图行为，但其功能却不同，一个是要画出一个椭圆，另一个是要画出一个多边形。这样一个绘图的消息发出后，椭圆、多边形等类的对象接收到这个消息后各自执行不同的绘图函数。如图 5.3 所示，这就是多态性的表现。

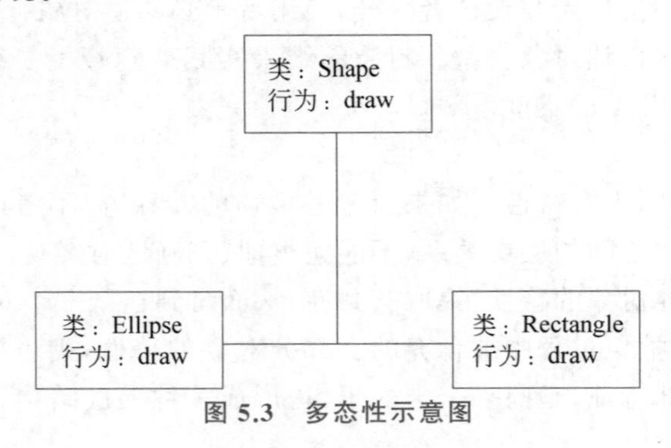

图 5.3 多态性示意图

具体来说，多态性(polymorphism)是指类中同一函数名对应多个具有相似功能的不同函数，可以使用相同的调用方式来调用这些具有不同功能的同名函数。

继承性和多态性的结合，可以生成一系列虽类似但独一无二的对象。由于继承性，这些对象共享许多相似的特征；由于多态性，针对相同的消息，不同对象可以有独特的表现方式，

实现特性化的设计。

5.2　面向对象基本概念

面向对象技术是一种以对象为基础，以事件或消息来驱动对象执行处理的程序设计技术。它以数据为中心而不是以功能为中心来描述系统，数据相对于功能而言具有更强的稳定性。它将数据和对数据的操作封装在一起，作为一个整体来处理，采用数据抽象和信息隐蔽技术，将这个整体抽象成一种新的数据类型——类，并且考虑类间联系和类重用性。另外，面向对象程序的控制流程由运行时各种事件的实际发生来触发，而不再由预定顺序来决定，更符合实际。事件驱动程序执行围绕消息的产生与处理，靠消息循环机制来实现。

例如，用面向对象技术来解决学生管理方面的问题。重点应该放在学生上，要了解在管理工作中，学生的主要属性，要对学生做些什么操作等，并把他们作为一个整体来对待，形成一个类，称为学生类。作为其实例，可以建立许多具体的学生，而每一个具体的学生就是学生类的一个对象。学生类中的数据和操作可以提供给相应的应用程序共享，还可以在学生类的基础上派生出大学生类、中学生类或小学生类等，实现代码的高度重用。

1. 对象

与人们认识客观世界的规律一样，面向对象技术认为客观世界是由各种各样的对象组成的，每种对象都有各自的内部状态和运动规律，不同对象间的相互作用和联系就构成了各种不同的系统，构成了客观世界。在面向对象程序中，客观世界被描绘成一系列完全自治、封装的对象，这些对象通过外部接口访问其他对象。可见，对象是组成一个系统的基本逻辑单元，是一个有组织形式的含有信息的实体。

对象(object)由属性(attribute)和行为(action)两部分组成。对象只有在具有属性和行为的情况下才有意义，属性是用来描述对象静态特征的一个数据项，行为是用来描述对象动态特征的一个操作。对象是包含客观事物特征的抽象实体，是属性和行为的封装体，在程序设计领域，可以用"对象＝数据＋作用于这些数据上的操作"这一公式来表达。

类(class)是具有相同属性和行为的一组对象的集合，它为属于该类的全部对象提供了统一的抽象描述，其内部包括属性和行为两个主要部分，类是对象集合的再抽象。

类与对象的关系如同一个模具与用这个模具铸造出来的铸件之间的关系。类给出了属于该类的全部对象的抽象定义，而对象则是符合这种定义的一个实体。所以，一个对象又称为类的一个实例(instance)。

2. 消息与事件

消息(message)是描述事件发生的信息，事件(event)由多个消息组成。消息是对象之间发出的行为请求。封装使对象成为一个相对独立的实体，而消息机制为它们提供了一个相互间动态联系的途径，使它们的行为能互相配合，构成一个有机的运行系统。

对象通过对外提供的行为在系统中发挥自己的作用，当系统中的其他对象请求该对象执行某个行为时，就向这个对象发送一个消息，这个对象就响应这个请求，完成指定的行为。

程序的执行取决于事件发生的顺序，由顺序产生的消息驱动，不必预先确定消息产生的顺序，更符合客观世界的实际。

5.3 面向对象方法

面向对象方法主要包括面向对象分析(OOA)和面向对象设计(OOD)等建模过程。当完成建模后,一般使用面向对象测试(OOT)来验证面向对象设计的正确性与完备性。

5.3.1 面向对象分析

面向对象的分析,就是运用面向对象方法进行系统分析。OOA所强调的是在系统调查资料的基础上,针对面向对象(OO)方法所需要的素材进行的归类分析和整理。

OOA过程并不是从考虑对象开始,而是从理解系统的使用方式开始,如果系统是人机交互的,则考虑被人使用的方式;如果是设计过程控制的,则考虑被机器使用的方式;如果是系统协调和控制应用,则考虑被其他程序使用的方式。

OOA的关键是识别出问题域内的对象,并分析它们相互间的关系,最终建立起问题域的简洁、精确、可理解的正确模型。在用面向对象观点建立起的3种模型中,对象模型是最基本、最重要、最核心的模型。

OOA的基本任务是:运用面向对象方法,对问题域和系统责任进行分析和理解,对其中的事物和它们之间的关系产生正确的认识,找出描述问题域及系统责任所需要的类及对象,定义这些类和对象的属性与服务,以及它们之间所形成的结构、静态联系和动态联系。最终目的是产生一个符合用户需求,并能直接反映问题域和系统责任的OOA模型及其详细说明。

OOA的对象是对问题域中事物的完整映射,包括事物的数据特征(属性)和行为特征(服务)。OOA的结构与连接如实地反映了问题域中事物间的各种关系。OOA强调从问题域中的实际事物以及与系统责任有关的概念出发来构造系统模型。OOA要求系统各个单元成分之间接口尽可能少,当需求不断变化时,OOA把系统中最易变化的因素隔离起来,把需求变化所引起的影响局部化。

5.3.2 OOA主要原则

1. 抽象

抽象是从许多事物中舍弃个别的、非本质的特征,抽取共同的、本质性的特征。抽象是形成概念的必须手段。

抽象原则有两方面的意义:第一,尽管问题域中的事物是很复杂的,但是分析师并不需要了解和描述它们的一切,只需要分析研究其中与系统目标有关的事物及其本质性特征。第二,通过舍弃个体事物在细节上的差异,抽取其共同特征而得到一批事物的抽象概念。

抽象是面向对象方法中使用最为广泛的原则。抽象原则包括过程抽象和数据抽象两方面。

过程抽象是指任何一个完成确定功能的操作序列,其使用者都可以把它看作一个单一的实体,尽管实际上它可能是由一系列更低级的操作完成的。

数据抽象是根据施加于数据之上的操作来定义数据类型,并限定数据的值只能由这些操作来修改和观察。数据抽象是OOA的核心原则。它强调把数据(属性)和操作(服务)结合为一个不可分的系统单位(即对象),对象的外部只需要知道它做什么,而不必知道它如何做。

2. 封装

封装是把对象的属性和服务结合为一个不可分的系统单位,并尽可能隐蔽对象的内部细节。

3. 继承

特殊类的对象拥有的其一般类的全部属性与服务,称为特殊类对一般类的继承。在OOA中运用继承原则,就是在每个由一般类和特殊类形成的一般与特殊结构中,把一般类的对象实例和所有特殊类的对象实例都共同具有的属性和服务,一次性地在一般类中进行显式的定义。在特殊类中不再重复地定义一般类中已定义的东西,但是在语义上,特殊类却自动地、隐含地拥有它的一般类(以及所有更上层的一般类)中定义的全部属性和服务。继承原则可以使系统模型比较简洁,也比较清晰。

4. 分类

分类就是把具有相同属性和服务的对象划分为一类,用类作为这些对象的抽象描述。分类原则实际上是抽象原则运用于对象描述时的一种表现形式。

5. 聚合

聚合又称为组装,把一个复杂的事物看成若干比较简单的事物的组装体,从而简化对复杂事物的描述。OOA中运用聚合时要区分事物的整体和它的组成部分,形成一个整体-部分结构,以清晰地表达它们之间的关系。

6. 关联

关联是人类思考问题时经常运用的思维方法,通过一个事物联想到另外的事物。能使人发生联想的原因是事物之间确实存在着某些联系。OOA中运用关联原则就是在系统模型中表示对象之间的静态联系,这种联系信息是系统责任所需要的。

7. 消息通信

消息通信原则要求对象之间只能通过消息进行通信,而不允许在对象之外直接地存取对象内部的属性。通过消息进行通信是由于封装原则而引起的。在OOA中要求用消息连接表示出对象之间的动态联系。

8. 粒度控制

一般来讲,人在面对一个复杂的问题域时,不可能在同一时刻既能纵观全局,又能洞察秋毫。因此需要控制自己的视野:考虑全局时,注意其大的组成部分,暂时不需要详察每一部分的具体的细节;考虑某部分的细节时则暂时撇开其余的部分。

9. 行为分析

现实世界中事物的行为是复杂的。由大量的事物所构成的问题域中各种行为往往相互依赖、相互交织。确定行为的归属和作用范围,OOA以对象为单位分析系统中的各种行为,并用对象的服务加以表示,服务只作用于它所在的对象自身的属性,并通过消息连接描述对象服务之间的依赖关系。

5.3.3　面向对象设计模型

面向对象设计得到的模型包含对象的3个要素,即静态结构(对象模型)、交互次序(动态模型)和数据变换(功能模型)。

根据解决的问题不同,这3个子模型的重要程度也不同。几乎解决任何一个问题,都需要从客观世界实体及实体间相互关系抽象出极有价值的对象模型;当问题涉及交互作用和时序时(如用户界面及过程控制等),动态模型是重要的;解决运算量很大的问题(如高级语言编译、科学与工程计算等),则涉及重要的功能模型。动态模型和功能模型中都包含了对象模型中的操作(即服务或方法)。

1. 对象模型

对象模型描述的是现实世界中对象的静态结构,即对象的标识、对象的属性、对象的操作和对象之间的关系。

对象模型对用例模型进行分析,把系统分解成互相协作的分析类,通过类图、对象图描述对象、对象属性或对象间关系,是系统的静态模型,为动态模型和功能模型提供了不可缺少的框架,是动态模型和功能模型赖以活动的基础。

2. 动态模型

动态模型描述了对象中与时间和操作次序有关的各种因素,它关心的是对象的状态是如何变化的,这些变化是如何控制的。动态模型可以用状态图表示,每个对象有它自己的一个状态图,其中的"结点"表示对象在不同时刻的状态,"边"表示状态之间的变化。动态模型描述了系统必须实现的操作。

3. 功能模型

功能模型描述了系统内值的变化,以及通过值的变化表现出来的系统功能、映射、约束和功能依赖的条件。功能模型只考虑系统"做"什么而不考虑系统何时"做"和如何"做"。功能模型说明了系统是如何响应外部事件的。

5.3.4 面向对象建模过程

面向对象建模大体上按照如下顺序进行:建立功能模型、建立对象模型、建立动态模型、定义服务。

1. 建立功能模型

功能模型从功能角度描述对象属性值的变化和相关的函数操作,表明了系统中数据之间的依赖关系以及有关的数据处理功能,它由一组数据流图组成。其中的处理功能可以用IPO图、伪码等多种方式进一步描述。

主题层

类与对象层

结构层

属性层

服务层

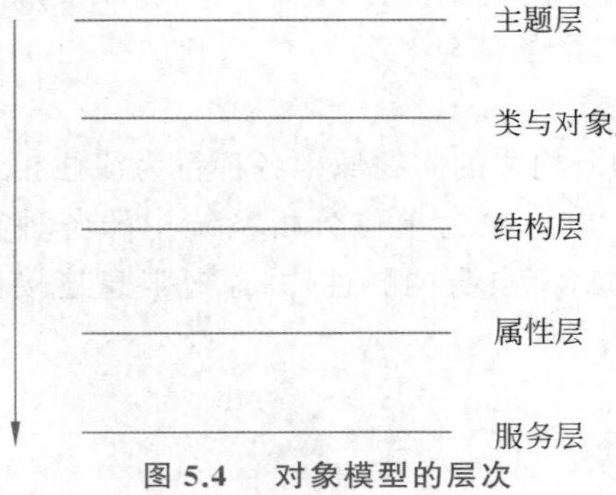

图 5.4 对象模型的层次

建立功能模型首先要画出顶层数据流图,然后对顶层图进行分解,详细描述系统加工、数据变换等,最后描述图中每个处理的功能。

2. 建立对象模型

复杂问题(大型系统)的对象模型由下述5个层次组成:主题层(也称为范畴层)、类与对象层、结构层、属性层和服务层,如图5.4所示。

建立对象模型典型的工作步骤是:先确定类与对象,对于大型复杂的问题还要识别结构,识别主题,然后定义属性,以进一步描述它们;接下来

利用适当的关系进一步合并和组织类。

1）确定类与对象

类与对象是在问题域中客观存在的，系统分析师的主要任务就是通过分析找出这些类与对象。首先，找出所有候选的类与对象；其次，从候选的类与对象中筛选掉不正确的或不必要的项。

步骤1：找出候选的类与对象

对象是对问题域中有意义的事物的抽象，它们既可能是物理实体，也可能是抽象概念，在分析所面临的问题时，可以参照几类常见事物，找出在当前问题域中的候选类与对象。

另一种更简单的分析方法，是所谓的非正式分析。这种分析方法以用自然语言书写的需求陈述为依据，把陈述中的名词作为类与对象的候选者，用形容词作为确定属性的线索，把动词作为服务（操作）候选者。当然，用这种简单方法确定的候选者是非常不准确的，其中往往包含大量不正确的或不必要的事物，还必须经过更进一步的严格筛选。通常，非正式分析是更详细、更精确的正式的面向对象分析的一个很好的开端。

步骤2：筛选出正确的类与对象

非正式分析仅仅帮助我们找到一些候选的类与对象，接下来应该严格考察候选对象，从中去掉不正确的或不必要的，仅保留确实应该记录其信息或需要其提供服务的那些对象。筛选时主要依据如下标准，删除不正确或不必要的类与对象。

（1）冗余（如果两个类表达了同样的信息）。

（2）无关（仅需要把与本问题密切相关的类与对象放进目标系统中）。

（3）笼统（需求陈述中笼统的、泛指的名词）。

（4）属性（在需求陈述中有些名词实际上描述的是其他对象的属性）。

（5）操作（正确地决定把某些词作为类还是作为类中定义的操作）。

（6）实现（去掉仅和实现有关的候选的类与对象）。

2）确定关联

两个或多个对象之间的相互依赖、相互作用的关系就是关联。分析确定关联，能促使分析师考虑问题域的边缘情况，有助于发现那些尚未被发现的类与对象。

步骤1：初步确定关联

在需求陈述中使用的描述性动词或动词词组，通常表示关联关系。因此，在初步确定关联时，大多数关联可以通过直接提取需求陈述中的动词词组而得出。通过分析需求陈述，还能发现一些在陈述中隐含的关联。最后，分析师还应该与用户及领域专家讨论问题域实体间的相互依赖、相互作用关系，根据领域知识再进一步补充一些关联。

步骤2：自顶向下

把现有类细化成更具体的子类，这模拟了人类的演绎思维过程。从应用域中常常能明显看出应该做的自顶向下的具体化工作。例如，带有形容词修饰的名词词组往往暗示了一些具体类。但是，在分析阶段应该避免过度细化。

3）识别结构

结构指的是多种对象的组织方式，用来反映问题空间中的复杂事物和复杂关系。这里的结构包括两种：分类结构与组装结构。分类结构针对的是事物的类别之间的组织关系，组织结构则对应着事物的整体与部件之间的组合关系。

使用分类结构，可以按事物的类别对问题空间进行层次化的划分，体现现实世界中事物的一般性与特殊性。例如，在交通工具、汽车、飞机、火车这几件事物中，具有一般性的是交通工具，其他则是相对特殊化的。因此可以将汽车、飞机、火车这几种事物的共有特征概括在交通工具之中，也就是把对应于这些共有特征的属性和服务放在“交通工具”这种对象之中，而其他需要表示的属性和服务则按其特殊性放在“汽车”“飞机”“火车”这几种对象之中，在结构上，则按这种一般与特殊的关系，将这几种对象划分在两个层次中，如图 5.5 所示。

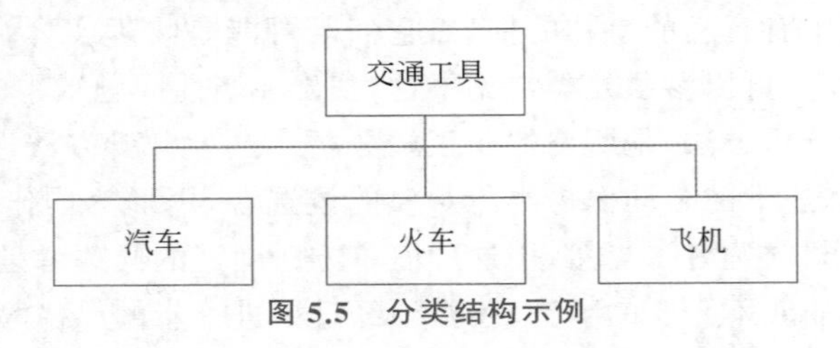

图 5.5 分类结构示例

组织结构表示事物的整体与部件之间的关系。例如，把汽车看成一个整体，那么发动机、变速箱、刹车装置等都是汽车的部件，相对于汽车这个整体就分别是一个局部。

4）识别主题

对一个实际的目标系统，特别是大型系统而言，尽管通过对象和结构的认定对问题空间中的事物进行了抽象和概括，但对象和结构的数目仍然是可观的，因此如果不对数目众多的对象和结构进行进一步的抽象，势必造成对分析结果理解上的混乱，也难以搞清对象、结构之间的关联关系，因此引入主题的概念。

主题是一种关于模型的抽象机制，它给出了一个分析模型的概貌。也就是通过划分主题，把一个大型、复杂的对象模型分解成几个不同的概念范畴。

主题直观地来看就是一个名词或名词短语，与对象的名字类似，只是抽象的程度不同。识别主题的一般方法是：为每个结构追加一个主题；为每种对象追加一个主题；如果当前的主题的数目超过了 7 个，就对已有的主题进行归并，归并的原则是，当两个主题对应的属性和服务有着较密切的关联时，就将它们归并成一个主题。

5）定义属性

属性是数据元素，用于描述对象或分类结构的实例。

定义一个属性有 3 个基本原则：首先，要确认它对响应对象或分类结构的每个实例都是适用的；其次，对满足第一个条件的属性还要考察其在现实世界中与这种事物的关系是不是足够密切；最后，认定的属性应该是一种相对的原子概念，即不依赖于其他并列属性就可以被理解。

3. 建立动态模型

当问题涉及交互作用和时序时(例如用户界面及过程控制等)，建立动态模型则是很重要的。

建立动态模型的第一步，编写典型交互行为的脚本。脚本是指系统在某执行期间内出现的一系列事件。编写脚本的目的，是保证不遗漏重要的交互步骤，它有助于确保整个交互过程的正确性和清晰性。

第二步，从脚本中提取出事件，确定触发每个事件的动作对象以及接受事件的目标

对象。

第三步，排列事件发生的次序，确定每个对象可能有的状态以及状态间的转换关系。

第四步，比较各个对象的状态，检查它们之间的一致性，确保事件之间的匹配。

4. 定义服务

通常在完整地定义每个类中的服务之前，需要先建立起动态模型和功能模型，通过对这两种模型的研究，能够更正确更合理地确定每个类应该提供哪些服务。

正如前面已经指出的那样，“对象”是由描述其属性的数据，及可以对这些数据施加的操作（即服务）封装在一起构成的独立单元。因此，为建立完整的动态模型，既要确定类的属性，又要定义类的服务。在确定类中应有的服务时，既要考虑类实体的常规行为，又要考虑在本系统中特殊需要的服务。

首先，考虑常规行为：在分析阶段可以认为类中定义的每个属性都是可以访问的，即假设在每个类中都定义了读、写该类每个属性的操作。

其次，从动态模型和功能模型中总结出特殊服务。

最后，应该尽量利用继承机制以减少所需定义的服务数目。

总之，面向对象分析大体上按照如下顺序进行：建立功能模型，寻找类与对象，识别结构，识别主题，定义属性，建立动态模型，定义服务。分析不可能严格地按照预定顺序进行，大型、复杂系统的模型需要反复构造多遍才能建成。通常，先构造出模型的子集，然后再逐渐扩充，直到完全、充分地理解了整个问题，最终才能把模型建立起来。

5.4 本章小结

总之，面向对象分析方法使得软件工程师能够通过对对象、属性和操作（作为主要的建模成分）的表示来对问题建模。OOA中引入了许多面向对象的概念和原则，如对象、属性、服务、继承、封装等，并利用这些概念和原则来分析、认识和理解客观世界，将客观世界中的实体抽象为问题域中的对象，即问题对象，分析客观世界中问题的结构，明确为完成系统功能，对象间应具有的联系和相互作用。

OOA过程从用例（use case）的定义开始；然后应用类-责任-协作者建模技术来为类及其属性与操作建立文档，它也提供了发生在对象间的协作的初始视图；然后是对象的分类和类层次的创建，子系统可用于封装相关的对象，对象-关系模型提供了对象间如何相互连接的指示，而对象-行为模型指明了个体对象的行为和OO系统的整体行为。

习 题 5

1. 什么是面向对象？
2. 面向对象有哪些特征？
3. 简述面向对象与面向过程的优缺点，并举例说明。
4. 面向对象的方法主要包括哪些？
5. 如何面向对象建模？

第6章

UML 建模技术

本章将介绍面向对象软件建模中的 UML 建模技术，并通过实例来介绍如何使用 UML 建模技术来进行建模。UML 是软件和系统开发的标准建模语言，它主要以图形的方式对系统进行分析与设计。开发人员主要使用 UML 来构造各种模型，以便描述系统的需求和设计。通过对本章的学习，可以深刻体会到使用 UML 对系统建模带来的高效性和简捷性。

6.1 面向对象建模及 UML 简介

6.1.1 面向对象建模

为了开发复杂的软件系统，系统分析师应该从不同的角度抽象出目标系统的特性，使用精确的表示方法构造系统的模型，验证模型是否满足用户对目标系统的需求，并在设计过程中逐渐把和实现有关的细节加进模型中，直至最终用程序实现模型。对于那些不能直接理解的系统，特别需要建立模型，建模的目的主要是为了减少复杂性。人的大脑每次只能处理一定数量的信息，模型通过把系统的重要部分分解成人的大脑一次能处理的若干子部分，从而减少系统的复杂程度。

用面向对象的方法开发软件，通常需要建立 3 种形式的模型，它们分别是描述系统数据结构的对象模型，描述系统控制结构的动态模型和描述系统功能的功能模型。这 3 种模型都涉及数据、控制和操作等共同的概念，只不过每种模型描述的侧重点不同。这 3 种模型从 3 个不同但又密切相关的角度模拟目标系统，它们各自从不同侧面反映了系统的实质性内容，综合起来则全面地反映了对目标系统的需求。一个典型的软件系统组合了上述 3 方面的内容，它使用数据结构（对象模型），执行操作（动态模型），并且完成数据值的变化（功能模型）。

（1）**对象模型**：表示静态的、结构化的系统的“数据”性质。它是对模拟客观世界实体的对象以及对象彼此间的关系的映射，描述了系统的静态结构。

（2）**动态模型**：表示瞬时的、行为化的系统的“控制”性质，它规定了对象模型中的对象的合法变化序列。

（3）**功能模型**：表示变化的系统的“功能”性质，它指明了系统应该“做什么”，因此更直接地反映了用户对目标系统的需求。

6.1.2 UML 简介

统一建模语言（Unified Modeling Language，UML）是一种标准的建模语言，是用来为面向对象开发系统的产品进行说明、可视化和编制文档的方法。它主要以图形的方式对系统进行分析、设计。软件工程领域在1995年至1997年取得了前所未有的进展,其成果超过软件工程领域过去15年来的成就总和。其中具有划时代重大意义的成果之一就是统一建模语言的出现。从第一个UML语言标准1.0于1997年推出以来,软件产业界支持UML的各种工具和平台也被迅速推出,UML及其平台已被广泛应用于软件开发的各个阶段,包括分析、设计、测试、实现、配置和维护过程中。由于UML已由国际对象管理组织OMG标准化为软件建模的统一语言,因此在工业界、学术界已被广泛承认与采用。在世界范围内,UML是面向对象技术领域内占主导地位的标准建模语言。

6.2 用例视图

在进行软件开发时,无论是采用面向对象方法还是传统方法,首先要做的就是了解需求。由于用例图是从用户角度来描述系统功能的,所以在进行需求分析时,使用用例图可以更好描述系统应具备什么功能。用例图由开发人员与用户经过多次商讨而共同完成,软件建模的其他部分都是从用例图开始的。这些图以每一个参与系统开发的人员都可以理解的方式列举系统的业务需求。

用例视图中可以包含若干用例。用例用来表示系统能够提供的功能(系统用法),一个用例是系统用法(功能)的一个通用描述。用例视图是其他视图的核心和基础,其他视图的构造和发展依赖于用例图中所描述的内容。因为系统的最终目标是提供用例视图中描述的功能,同时附带一些非功能的性质,因此用例视图影响着其他的视图。同时,用例视图还可用于测试系统是否满足用户的需求和验证系统的有效性。

在UML中,用例用椭圆来表示,它用来记录用户或外界环境从头到尾使用系统的一系列事件。用户被称为“活动者”(actor),活动者可以是人,也可以是另一个系统。它与当前的系统进行交互,向系统提供输入或从系统中获得输出,用一个人形(stickman)来表示。用例图显示了用例和活动者、用例与用例之间以及活动者与活动者之间的关系(relation),关系描述模型元素之间的语义连接。在UML中,关系使用实线来表示,实线可以有箭头,也可以没有箭头。

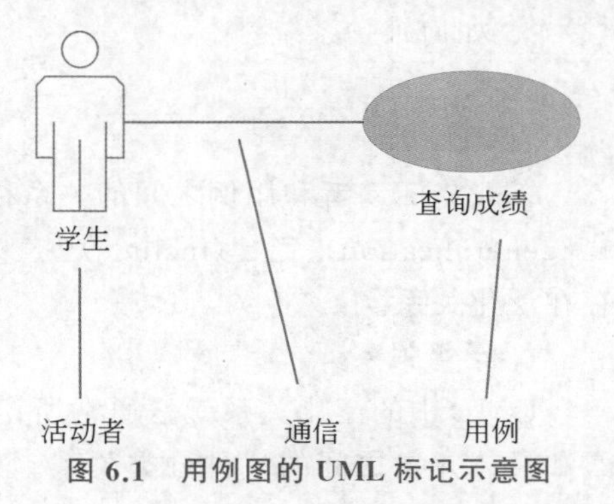

图6.1 用例图的UML标记示意图

例如,在学生成绩管理系统中,学生要查询自己的成绩,就可以用用例图表示,如图6.1所示。

6.2.1 活动者

活动者人或与系统进行交互的外部系统,如何来判别活动者呢?通过回答如下问题,可以帮助建模者发现活动者。

- 使用系统主要功能的人是谁(即主要角色)?
- 需要借助于系统完成日常工作的人是谁?
- 谁来维护、管理系统,保证系统正常工作?

- 系统使用外部资源吗?
- 系统和已经存在的系统交互吗?

例如,在学生成绩管理系统中,除了查询成绩的学生之外,还有以下活动者:

(1) 系统管理员对系统的更新和维护。

(2) 老师对学生成绩查询和更新数据。

6.2.2 用例

用例代表的是一个完整的功能,是活动者想要系统做的事情。它是特定活动者对系统的"使用情况"。

用例一般具有以下的特征。

(1) 用例总是由活动者开始的。用例所代表的功能必须由活动者激活,然后才能执行。

(2) 用例总是从活动者的角度来编写的。由于用例描述的是用户的功能需求,只能从用户的角度出发才能真正了解用户需要什么样的功能。

(3) 用例具有完全性。用例是一个完整的描述。虽然在编程实现时,一个用例可以被分解成为多个小用例(函数/方法),每个小用例之间可以互相调用执行,但是只有最终产生了返回活动的结果值,才能说用例执行完毕。

实际上,从识别活动者起,发现用例的过程就已经开始了。对于已识别的活动者,通过回答如下问题可以发现用例。

- 活动者需要从系统中获得哪种功能?
- 活动者需要读取、产生、修改、删除或是存储系统中的某种信息吗?
- 需要将外部的哪个变化告知系统吗?
- 需要将系统的哪个事件告知活动者吗?
- 如何维护系统?

6.2.3 用例图内元素的关系

一般将活动者和用例之间的关系称为通信,而用例与用例之间可以存在的关系分为泛化(generalization)、包含(include)、扩展(extend)3 种。另外,活动者与活动者之间也可以存在泛化关系。

1. 泛化关系

UML 中的泛化关系就是通常所说的继承关系,表示几个元素某些共性。它是通用元素和具体元素之间的一种分类关系。有 UML 中,用一端为空心三角形的连线表示泛化关系,三角形的顶角紧挨着通用元素。

例如,在买票系统中,个人购买和团体订购都是买票的特例,且有一些共同的特征,将这些共同的特征抽象出来,定义一个"买票"的基本用例(基用例),个人购买和团体订购从"买票"的基用例继承,可以用图 6.2 所示的用例图来表示。

如果多个活动者之间存在很多共性,就可以使用泛化来分解共性行为。例如学生成绩管理系统中,涉及用户包括系统管理员(Admin)和学生(Student),都是用例图中的活动者,其主要特征相似,都具有姓名和学号等信息,所以可以抽象出"基"活动者 People。用例图表示如图 6.3 所示。

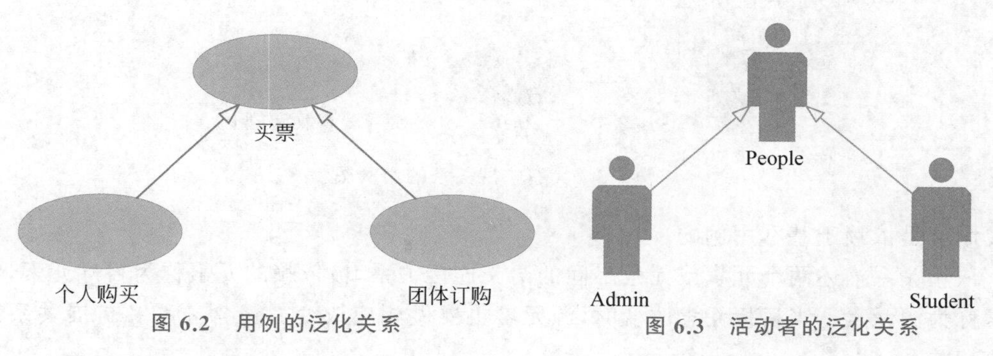

图 6.2　用例的泛化关系　　　　图 6.3　活动者的泛化关系

2. 包含关系

包含关系指的是两个用例之间的关系，其中一个用例（基用例）的行为包含了另一个用例的行为。如果两个以上的用例有相同的功能，则可以将这个功能分解到另一个用例中，分解出来的新用例中包含了基用例中的功能。

例如，在学生成绩管理系统中，学生和系统管理员都需要先登录然后才能进行相关的操作。这时就可以分解一个登录用例出来，让学生和系统管理员都包含它。在 UML 中使用<<包含>>表示包含关系，如图 6.4 所示。

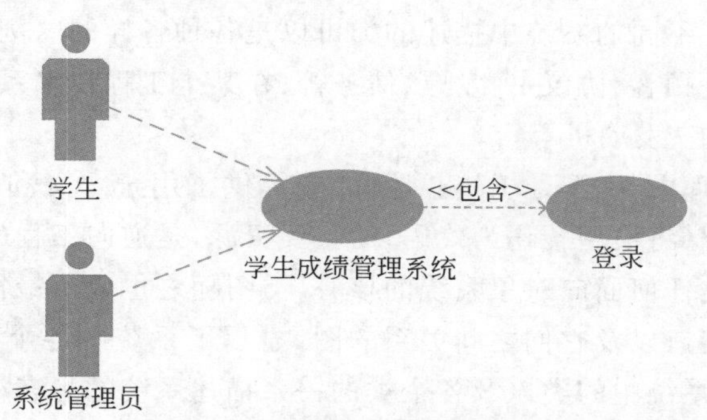

图 6.4　具有包含关系的用例图

包含关系是比较特殊的依赖关系，它们比一般的依赖关系多了一些语义。在包含关系中，箭头的指向是从基本用例到包含用例，也就是说，基本用例依赖于包含用例。

3. 扩展关系

扩展关系的基本含义与泛化关系类似，但对扩展用例有更多的限制，即基用例必须若干"扩展点"。而扩展用例只能在扩展点上增加新的行为和含义。也就是说，扩展关系允许一个用例（可选）扩展另一个用例（基用例）提供的功能。与包含关系一样，扩展关系也是依赖关系，而包含关系是特殊的依赖关系，这两个关系都是把相同功能分离到另一个用例中。在 UML 中使用<<扩展>>表示扩展关系。

例如，在自动售货机系统中，"售货"是一个基本的用例，如果顾客购买罐装饮料，售货功能可以顺利完成。但是，如果顾客要购买用纸杯装的散装饮料，则不能执行该用例提供的常规动作，而要做些改动。可以修改售货用例，使之既能提供售罐装饮料的常规动作，又能提供售散装饮料的非常规动作。可以把常规动作放在售货用例中，把非常规动作放置于售散装饮料用例中，这两个用例之间的关系就是扩展关系，具体示意图如图 6.5 所示。

与包含关系不同的是，在扩展关系中，箭头的方向是从扩展用例到基用例。也就是说，

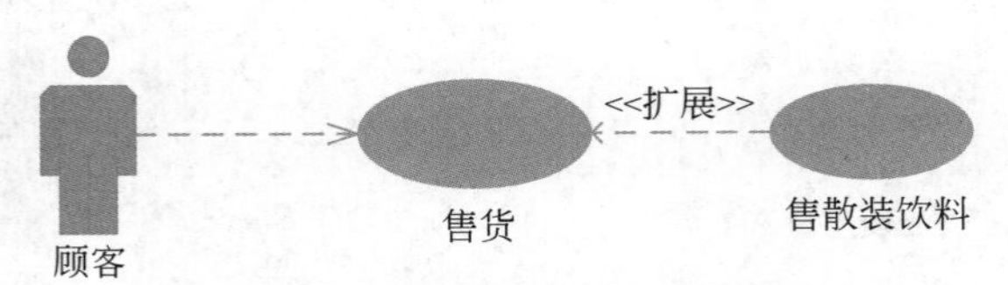

图 6.5 具有扩展关系的用例图

扩展用例是依赖于基本用例的。

依赖关系描述两个元素或元素之间的语义连接关系，被依赖的元素称为目标元素，依赖元素称为源元素。当目标元素改变时，源元素也要做相应改变。包含关系和扩展关系都属于依赖关系。

6.3 静态模型图

6.3.1 类图

1. 类和对象

构建面向对象模型的基础是类、对象以及它们之间的关系。可以在不同类型的系统中应用面向对象技术，在不同的系统中描述的类可以是各种各样的。例如，在某个商务信息系统中，包含的类可以是顾客、协议书、发票、债务等；在某个工程技术系统中，包含的类可以有传感器、显示器、I/O 卡、发动机等。

在面向对象的处理中，类图处于核心地位，它提供了用于定义和使用对象的主要规则，同时，类图是正向工程（将模型转化为代码）的主要资源，是逆向工程（将代码转化为模型）的生成物。因此，类图是任何面向对象系统的核心，类图随之也成了最常用的 UML 图。

类图是描述类、接口以及它们之间关系的图，显示了系统中各个类的静态结构，是一种静态模型。类图根据系统中的类以及各个类的关系描述系统的静态视图。可以用某种面向对象的语言实现类图中的类。

类图是面向对象系统建模中最常用和最基本的图之一，其他许多图，如状态图、协作图、组件图和配置图等都是在类图的基础上进一步描述了系统其他方面的特性。类图中可以包含了 7 个模型元素，分别是类、接口、依赖关系、泛化关系、关联关系和实现关系等模型元素。在类图中也可以包含注释、约束、包或子系统。

类是构成类图的基础，也是面向对象系统组织结构的核心。要使用类图，需要了解类和对象之间的区别。类是对资源的定义，它所包含的信息主要用来描述某种类型实体的特征以及对该类型实体的使用方法。对象是具体的实体，它遵守类制定的规则。从软件的角度看，程序通常包含的是类的集合以及类所定义的行为，而实际创建信息和管理信息的是遵守类的规则的对象。

类定义了一组具有状态和行为的对象，这些对象具有相同的属性、操作、关系和语义。其中，属性和关联用来描述状态。属性通常用没有身份的数据值表示，如数字和字符串。关联则用有身份的对象之间的关系来表示。行为由操作来描述，方法是操作的实现。

2. 如何发现类

从用例图中寻找类，一般是从用例的事件流开始，查出事件流中的名词来获得类。在事件流中，名词可以分为4种类型：角色、类、类属性和表达式。也可以检查序列图和协作图中的对象，通过对象的共性来寻找类。另外，序列图和协作图中每一个对象都要映射到相应的类。另外，有些类无法通过以上方法找到。

类可以分为3种类型：实体类(entity class)、边界类(boundary class)和控制类(control class)。

实体类保存要放进永久存储的信息。在学生成绩管理系统中，可以抽象出学生类(Student)、老师类(Teacher)、系统管理员(Admin)等实体类。实体类通常在事件流和交互图中，是对用户最有意义的类，通常采用业务领域术语命名。

边界类位于系统与外界的交接处，包括所有窗体、报表、打印机和扫描仪等硬件的接口以及与其他系统的接口。要寻找和定义边界类，可以检查用例图。每个活动者和用例交互至少要有一个边界类。边界类使活动者能与系统交互。

控制类负责协调其他类的工作。每个用例通常都有一个控制类来控制用例中事件的顺序。在交互图中，控制类具有协调的责任。可能有许多控制类在多个用例间共用的情况。

可以通过以下的方法寻找类。

(1) 从事件流中寻找名词或名词词组(或交互图中的对象)，将性质相同的归为一类，或将性质内容值正负相反的归为一类。

(2) 去除不恰当与含糊的类。一般来讲，去除的应是归类为属性的项目。

(3) 给这些类取个合适的名字，在现实系统实现中，可以参照真实系统相关的命名规则。

3. 类图的表示

在UML中一个类用一个矩形方框表示，它被分成3个区域。最上面的区域是类名，中间的区域是类的属性，下面的区域是类的操作。类图就是由这些类和表明类之间如何关联的连线组成，又称对象图。

在UML属性的语法格式如下：

可见性属性名：类型名=缺省值{约束条件}

属性的可见性表示该属性对类外的元素是否可见，通常有下述3种：公有的(public)、私有的(private)和保护的(protected)，分别用加号(+)、减号(-)和井号(#)表示。如果未声明可见性，则表示该属性的可见性尚未定义。注意：没有默认的可见性。

属性名和类型名之间冒号(:)分隔。类型名表示该属性的数据类型，它可以是基本数据类型，如有整数类型、实数类型等，也可以是用户自定义的类型。

约束条件用于描述此属性的约束，如"{只读}"说明该属性是只读的。

操作描述了类的动态行为，在UML中，操作的语法定义如下：

可见性操作名称(参数表)：返回类型表达式{约束条件}

可见性与属性的可见性表示类似："+"表示公有操作，"-"表示私有操作，"#"表示受保护操作。

参数表是用逗号分隔的形式参数的序列。描述一个参数的语法如下：

参数名：类型名=默认值

当操作的调用者未提供实际参数时，该参数就使用默认值。

返回类型表达式依赖于语言的描述，此项为可选项。

约束条件用于描述对此操作的约束。

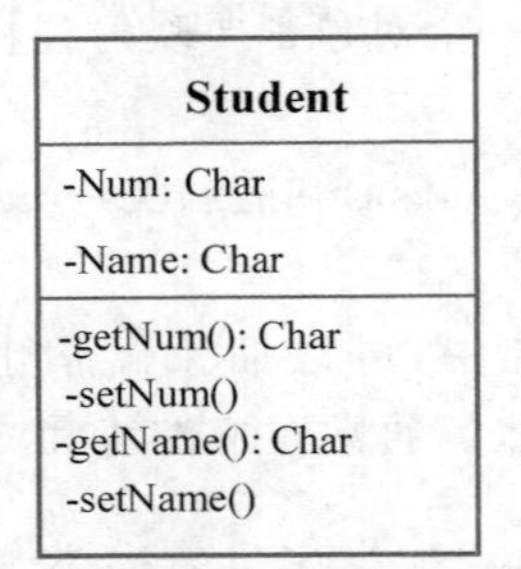

图 6.6 学生类的类图示意图

例如，在一个学校的任意一个学生都具有学号(Num)和姓名(Name)两个属性，以及改变学号和姓名的操作，这样就可以建立如图 6.6 所示的学生类(Student)。

4. 类图中的关系

类图由类及类与类之间的关系组成。在类图中，常用的关系主要有关联、聚合、组合、泛化、实现和依赖 6 种关系。

1）关联

关联表示类的实例之间存在的某种关系，定义了对象之间的关系准则，在应用程序创建和使用关系时，关联提供了维护关系完整性的规则，通常用一个无向线段表示。

最普通的关联关系是普通关联，只要在类与类之间存在连接关系就可以用普通关联表示。普通关联的图示符号是连接两个类之间的直线。通常，关联是双向的，可在一个方向上为关联起一个名字，在另一个方向上起另一个名字。

在表示关联的直线两端可以写上重数，用“..”分隔开的区间，它表示该类有多少个对象与对方的一个对象连接，具体示例如图 6.7 所示。

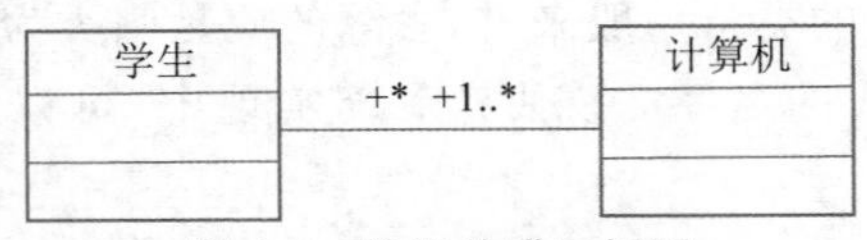

图 6.7 普通关联示例图

重数的表示方法通常如表 6.1 所示。

表 6.1 重数的表示方法

修　饰	语　义	修　饰	语　义
0..1	0 到 1 个对象	1..15	1 到 15 个对象
0.. * 或 *	0 到多个对象	3	3 个对象
1+或 1.. *	1 到多个对象		

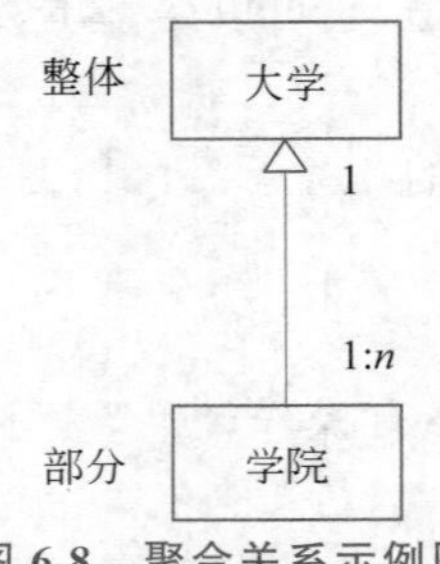

图 6.8 聚合关系示例图

2）聚合

聚合是一种特殊类型的关联，表示类与类之间的关系是整体与部分的关系。简单地说，关联关系中一组元素组成了一个更大、更复杂的单元，这种关联关系就是聚合。在 UML 中，聚合关系用带空心菱形的实线来表示，其中头部指向整体。例如，大学是由多个学院组成的，所以在“大学”和“学院”这两个类之间是聚合关系，示例如图 6.8 所示。

3）组合

组合关系是聚合关系中的一种特殊情况，是更强形式的聚合，又称为强聚合。在 UML 中，组合关系用带实心菱形头的实线来表示，其中头部指向整体。例如，菜单和按钮不能脱离窗口对象而独立存在，如果组合被破坏，则其中的成员对象不会继续存在，示例图如图 6.9 所示。

4）泛化

泛化关系就是通常所说的继承关系，它是通用元素和具体元素之间的一种分类关系。具体元素完全拥有通用元素的信息，并且还可以附加一些其他信息。在 UML 中，用一端为空心的三角形连线表示泛化关系，三角形的顶角紧挨着通用元素。

泛化关系描述了“is a kind of”（是……的一种）的关系。例如，彩色电视机和黑白电视机都是电视机的一种。在类中，通用元素被称超类或父类，而具体元素被称为子类，具体如图 6.10 所示。

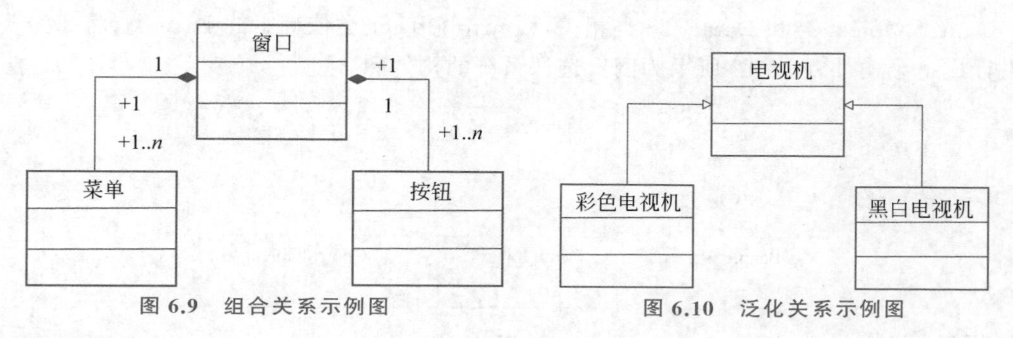

图 6.9 组合关系示例图　　图 6.10 泛化关系示例图

5）实现

实现是规格说明和其实现之间的关系，它将一种模型元素与另一种模型元素连接起来，比如类与接口。虽然实现关系意味着要具有接口一样的说明元素，但是也可以用一个具体的实现元素来暗示它的说明必须被支持。例如，实现关系可以用来表示类的一个优化形式和一个简单低效的形式之间的关系。在 UML 中，实现关系的符号与泛化关系的符号类似，用一条带指向接口的空心三角箭头的虚线表示，如图 6.11 所示。

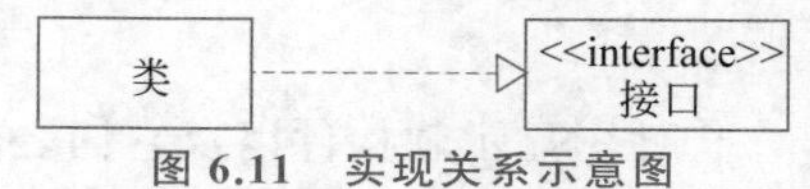

图 6.11 实现关系示意图

6）依赖

依赖关系描述两个模型元素（类、用例等）之间的语义连接关系，其中一个模型元素是独立的，另一个模型元素不是独立的，它依赖于独立的模型元素。如果独立的模型元素改变了，将影响依赖于它的模型元素。在 UML 的类图中，用带箭头的虚线连接有依赖关系的两个类，箭头指向独立的类。从某种意义上说，关联关系、泛化关系和实现关系都属于依赖关系，但是它们都有其特殊的语义，因而被作为独立的关系在建模时使用。

6.3.2 构件图

构件是系统中可以进行替换的物理部分，它不仅将系统如何实现包装起来，还提供一组实现了的接口。所以它表示实现后的实体，也就是物理实体。构件是可以复用的单元，具有非常广泛的定义。每个构件可能包含很多类，实现很多接口。

构件图描述了软件的各种构件和它们之间的依赖关系。构件图中通常包含 3 种元素：构件、接口和依赖关系。每个构件实现一些接口，并使用另一些接口。如果构件间的依赖关系与接口有关，那么可以被具有同样接口的其他构件所替代。

构件是软件的单个组成部分，它可以是一个文件、产品、可执行文件或脚本等。通常情况下，构件代表了将系统中的类、接口等逻辑元素打包后形成的物理模块。

为了加深理解，下面比较一下构件与类之间的异同。构件和类的共同点是：两者都具有自己的名称；都可以实现一组接口；都可以具有依赖关系；都可以被嵌套；都可以参与交互，并且都可以拥有自己的实例。它们的区别为：构件描述了软件设计的物理实现，即代表了系统设计中特定类的实现，而类则描述了软件设计的逻辑组织和意图。

例如，在选课系统中包括 MainProgram 类（主程序）、People 类、FormObject 类、ControlObject 类、Student 类、Register 类、Course 类和 DataBase 类。People 类是 Student 类和 Registrar 类的基类，所以 Student 类和 Registrar 类依赖于 People 类。FormObject 类和 ControlObject 类都与 Course 类相关，FormObject 类和 ControlObject 类依赖 Course 类。ControlObject 类和 DataBase 类相关，ControlObject 类依赖 DataBase 类，将每个类单独设计成一个构件，图 6.12 所示为网上选课系统的构件图。

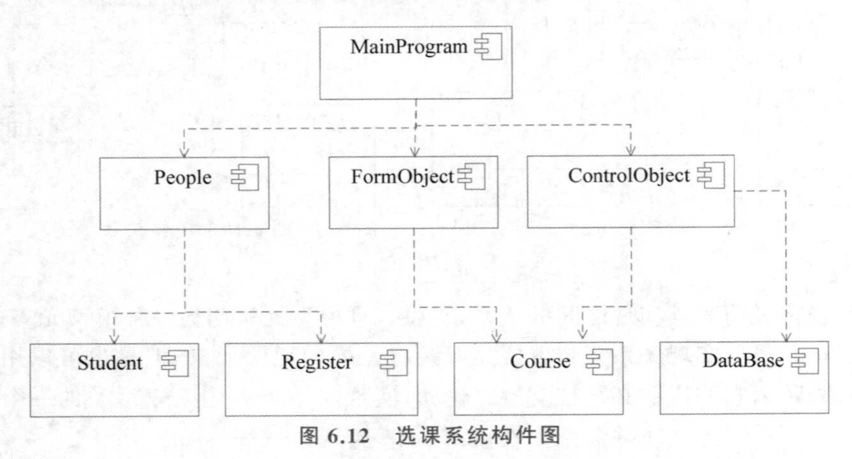

图 6.12　选课系统构件图

构件图显示软构件以及它们之间的依赖关系，一般来说，软构件就是一个实际文件，主要有以下几种类型。

(1) 源代码构件：一个源代码文件或者与一个包对应的若干源代码文件。

(2) 二进制构件：一个目标码文件、一个静态的或者动态的库文件。

(3) 可执行构件：可以在一台处理器上运行的一个可执行的程序单位，即所谓的可执行程序。

因为构件可以是源代码文件、二进制代码文件和可执行文件，所以通过构件图可以显示系统在编译、链接或执行软件时各软构件之间的依赖关系以及软构件之间的接口和调用关系。

接口说明了操作的命令集合。接口背后的关键思想是通过诸如类或子系统这样的类元将功能性规格说明（接口）同它的实现相分离。接口定义了由类元所实现的契约。

接口是基于构件开发的关键，这是关于从插件程序如何构造软件的方法。一个构件可以有多个接口，用于和不同的构件的通信，在构件图中可以表示出哪些构件与哪一个接口进行通信。

6.3.3　部署图

部署图是系统的 UML 图类型，代表对象系统构件的执行体系结构，包括节点或模式

（如硬件或软件执行环境或世界）以及连接它们的中间件。图类型主要概述了系统的逻辑组件。部署图通常很难用于可视化或想象组件系统的物理硬件和软件。使用它可以了解如何将图的系统物理部署在硬件上。与其他 UML 图类型相比，部署图有助于设计构件系统的硬件拓扑，而其他 UML 图类型则大多概述了图中系统的逻辑构件以供构件部署使用。

UML 部署图描述了运行时的硬件结点，以及在这些结点上运行的软件构件的静态视图。部署图显示了系统的硬件，安装在硬件上的软件，以及用于连接异构的机器之间的中间件。图 6.13 所示是一个图书管理系统部署图的例子。

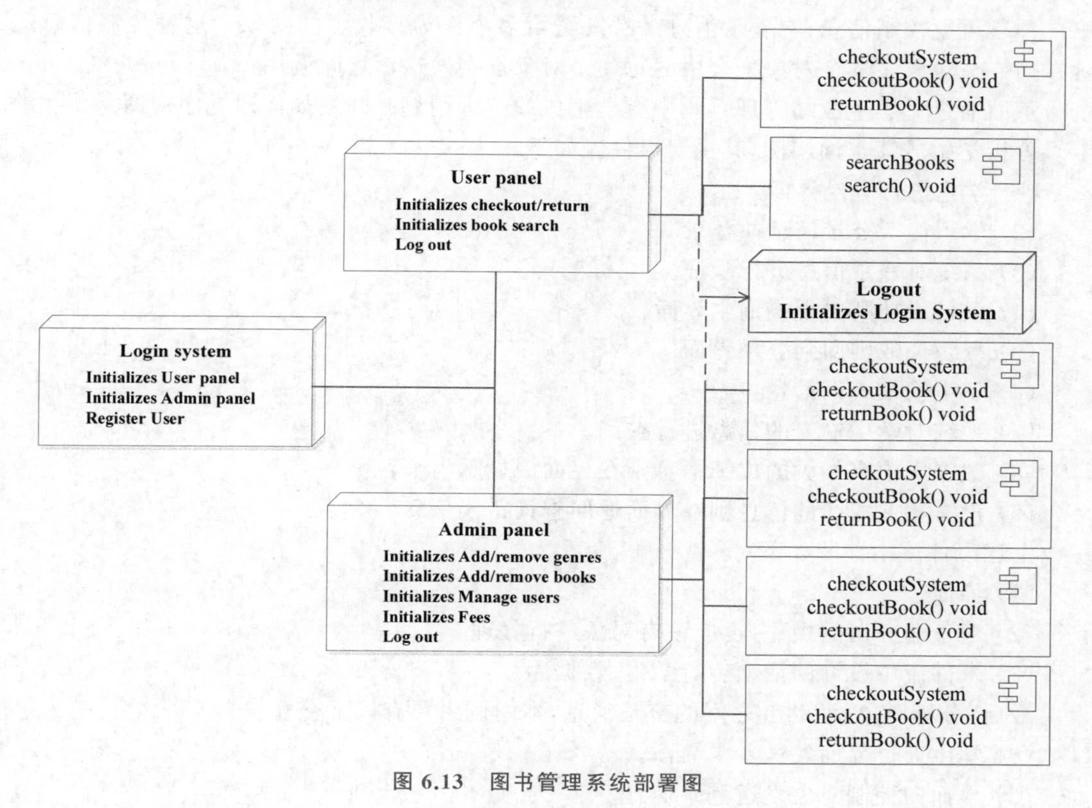

图 6.13 图书管理系统部署图

6.4 动态模型图

6.4.1 序列图

序列图用于描述对象之间动态的交互关系，着重体现对象间消息传递的时间顺序，是一种强调消息的时序交互图。它由活动者（actor）、对象（object）、消息（message）、生命线（lifeline）和控制焦点（focus of control）组成。在 UML 中对象表示为一个矩形，其中对象名称标有下标线；消息在序列图中由有标记的箭头表示；生命线由虚线表示，控制焦点由薄薄的矩形表示。

序列图将交互关系表示为一个二维图，纵向是时间轴，时间沿竖线向下延伸；横向轴代表了在协作中各独立对象的类元角色。类元角色的活动用生命线表示，当对象存在时，生命线用一条纵向虚线表示;当对象的过程处于激活状态时,生命线是一个竖长条形状的矩形。

消息用从一个对象的生命线到另一个对象生命线的箭头表示,箭头以时间顺序在图中按从上到下次序排列。每个消息旁标注消息名,也可加上参数并标注一些控制信息。返回自身生命线的消息箭头称为回授,表示对象发送消息给自己。

激活是过程的执行,它包括等待嵌套过程执行的时间。在序列图中它用部分替换生命线的竖长条矩形表示,称为控制焦点。

控制信息有两种:第一种是条件控制信息,它说明消息仅当条件为真时才会被发送。第二种是重复控制信息,它表示消息多次发送给多个作为接收者的对象。这种控制信息通常在当一个对象向某个对象集合中的每一个对象逐个发送消息时调用。

下面通过对学生成绩管理系统中有学生成绩查询用例来介绍如何建立序列图。

分析学生成绩查询用例,其主要事件流如下。

(1) 学生进行登录界面。

(2) 学生输入登录信息并登录。

(3) 系统对登录信息进行验证。

(4) 登录成功则出现查询主界面。

(5) 登录失败则回到登录界面。

(6) 学生输入查询信息。

(7) 系统对学生输入的信息进行查询。

(8) 数据库中有相关的成绩信息则在界面中显示出来。

(9) 没有相关成绩的信息则在界面返回查询错误信息。

上述事件流中涉及如下对象。

(1) 界面。

(2) 对于业务层的操作,也应该有对象进行处理。

(3) 事件流中设计的活动者有学生、数据库。

最后,分析对象、活动者之间的交互消息,本用例主要有以下交互。

(1) 学生通过界面发送登录界面。

(2) 界面向控制对象发送登录信息。

(3) 控制对象向数据库请示验证登录。

(4) 登录成功则显示查询界面。

(5) 登录失败则返回登录界面。

(6) 学生向界面输入查询信息。

(7) 将查询信息传送到控制对象。

(8) 控制对象将查询信息发送到数据库进行查询。

(9) 若有相关信息则返回成绩信息。

(10) 若查询失败则返回查询错误信息。

具体的序列图如图 6.14 所示。

6.4.2 协作图

协作图(collaboration diagram)主要描述协作对象间的交互和连接,它由以下基本元素

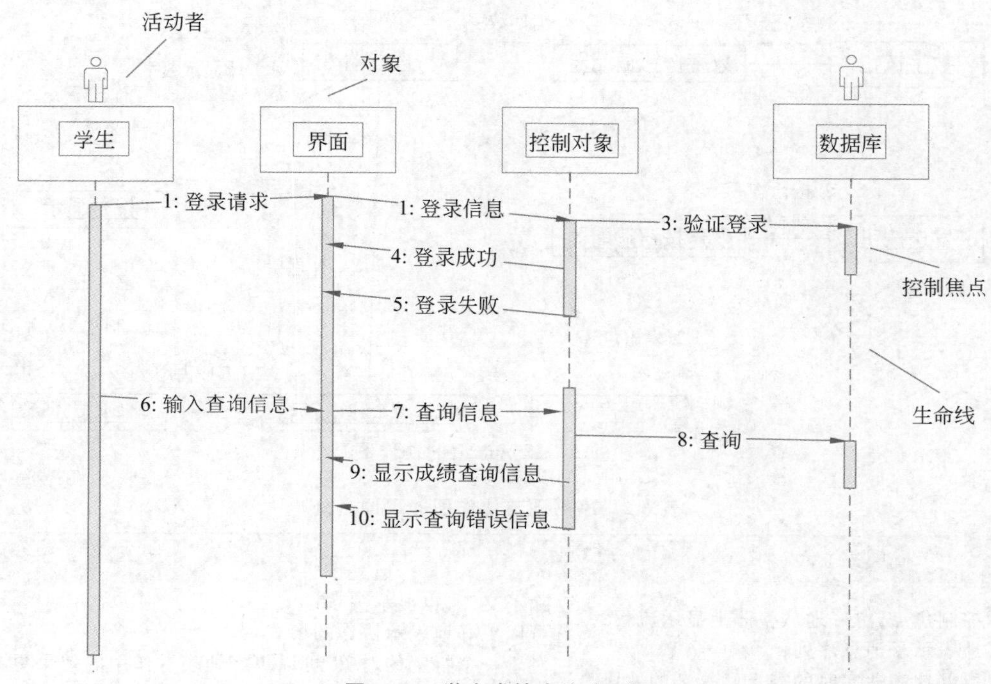

图 6.14 学生成绩查询序列图

组成：活动者(actor)、对象(object)、连接(link)和消息(message)。

序列图和协作图都描述交互，但是序列图强调的是时间，而协作图强调的是空间。连接显示真正的对象以及对象间是如何联系在一起的。在协作图中，对象同样是用一个对象图符来表示的，箭头表示消息发送的方向，而消息的执行顺序则由消息的编号来标明。协作图中的消息由标记在连接上方的带有标记的箭头表示。

协作图更侧重于说明哪些对象之间有消息传递，而不像序列图那样侧重于在某种特定的情形下对象之间传递消息的时序性。与序列图中从上而下的生命线相比，通过编号来看消息执行的时间顺序显然要困难得多。但是，协作图中对象间灵活的空间布局使我们可以更方便地展示另外一些有用信息。例如，更易于显示对象之间的动态连接关系。

协作图中消息执行顺序的编号方案有很多种，可以自行挑选，最常用的有以下两种方案。

(1) 从 1 开始，由小到大顺序排列。

(2) 一种小数点制编号方案，其中整数位常常用来表示模块号。

蜂窝电话的协作图如图 6.15 所示。

序列图和协作图语义是等价的，可以在不丢失任何信息的情况下，从一种图转换成另一种图。它们都是建模系统的特征，建模用例片段。

虽然协作图和序列图均显示了交互，但它们强调不同的方面。序列图清晰地显示了时间次序，但没有显式地指明对象间关系。协作图清晰地了对象间关系，但时间次序必须从顺序号来获得。序列图最常用于场景显示，协作图更适合显示过程设计细节。两种图的不同之处如表 6.2 所示。

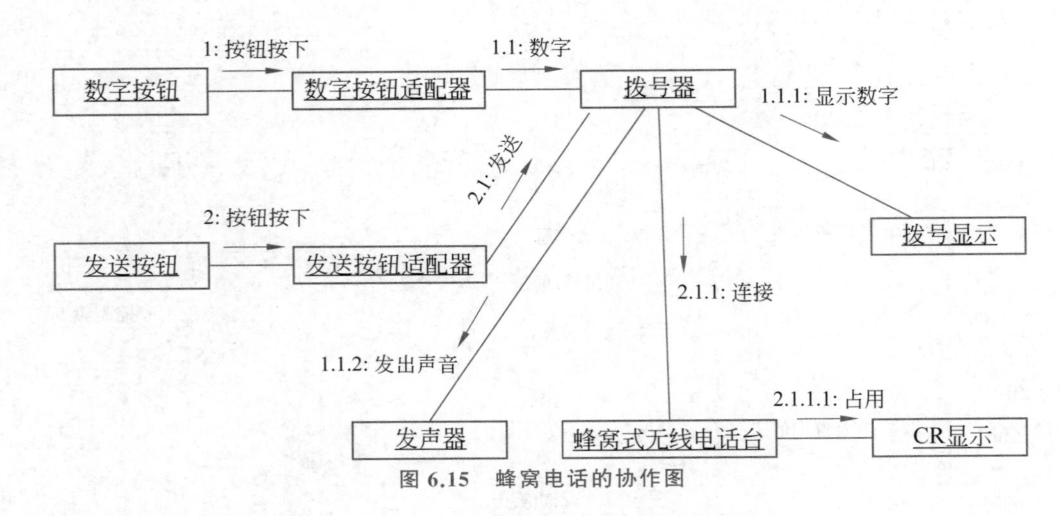

图 6.15 蜂窝电话的协作图

表 6.2 序列图与协作图的不同之处

序 列 图	协 作 图
显示控制焦点，更好地从整体上显示流程； 显式地表示了消息序列； 可以更好地表达实时的需求和复杂的片段	除了交互，也显示关系； 可以更好地表示协作的模式； 对于一个特定的对象，可以更好地表示作用的效果更易于在会话中使用

6.4.3 状态图

状态图是众多开发人员都十分熟悉甚至经常使用的工具，它描述了一个特定对象的所有可能状态以及由于各种事件的发生而引起的状态之间的转移。大多数面向对象技术都使用状态图来描述一个对象在其生命周期中的行为，尤其是通过给单个类绘制图以表示该类单个对象的生存期行为。

状态图适合于描述跨越多个用例的单个对象的行为，而不适合描述多个对象之间的行为协作。

对象从产生到结束，可以处于一系列不同的状态。状态影响对象的行为，当这些状态的数目有限时，就可以用状态图来为对象的行为建模，显示其生命的整个过程。状态图把系统或对象所经历的状态以及导致状态转变的事件以图的方式显示出来。在画对象的状态图时，需要考虑以下因素。

(1) 对象有哪些有意义的状态。

(2) 如何决定对象的可能状态。

(3) 对象的状态图和其他模型之间如何进行映射。

状态图由表示状态的节点和表示状态之间转换的带箭头的直线组成。若干个状态由一条或者多条转换箭头连接，状态的转换由事件触发。模型元素的行为可以由状态图中的一条通路表示，沿着此通路状态机随之执行了一系列动作。

在 UML 中，状态图由状态、转移、初始状态、最终状态、判定等元素组成。

例如，一个图书对象从它的起始点开始，首先转移到“在图书馆”。在状态之间的转移上可以带有一个标注，表示进行转移的动作。从起始点到“在图书馆”的状态转移上标有“购置书”，“购置书”称为动作。如果读者将书借走，则图书对象的状态改变为“已借出”。如果图书被归还图书馆，图书对象的状态又变为“在图书馆”。图书馆如果将图书对象废弃，则图书对象就不再存在，具体的状态图如图 6.16 所示。

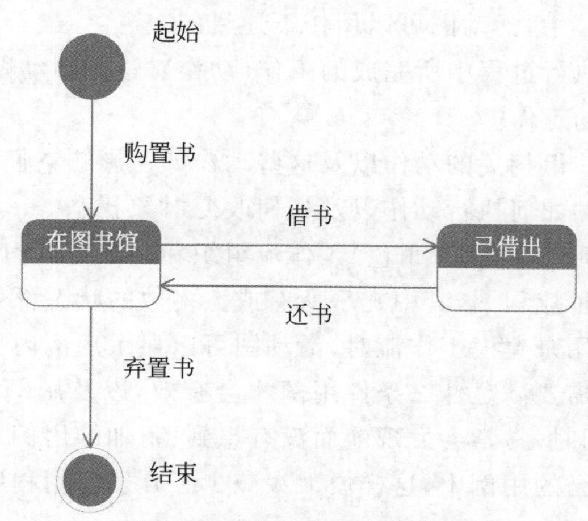

图 6.16　图书对象的状态图

状态图用初始状态表示对象被创建时的状态，每个状态图只有一个初始状态，用实心的圆点表示。每个状态图可能有多个终止状态，用一个圆内放一个实心圆表示。

转移用来显示从一个状态到另一个状态的控制流，它描述了对象在两种状态间的转变。当对象在第一个状态中执行一定的动作，并在某个特定事件发生后并且满足特定的条件，然后进入第二个状态时。当状态间发生这种转移时，称转移被激活。转移被激活之前对象处于状态称为源状态；转移激活之后，称对象所在状态为目标状态。

使用同步条可以显示并发转移，并发转移中可以有多个源状态和目标状态。并发转移表示一个同步将一个控制划分为并发的线程。状态图中使用到同步条是为了说明某些状态在哪里需要跟上或者等待其他状态。状态图中同步条是一条黑色的粗线，使用了同步条的状态图如图 6.17 所示。

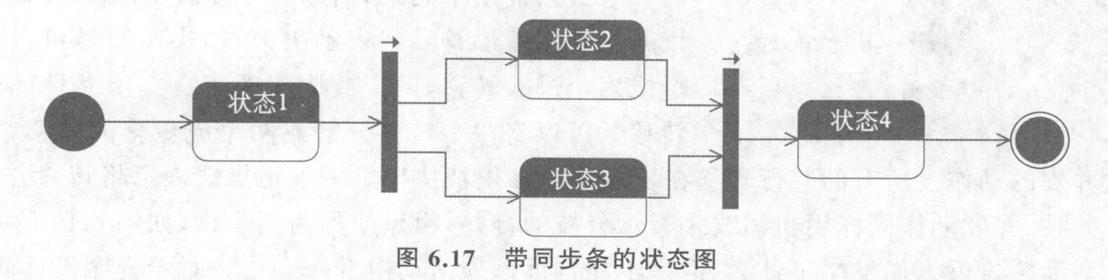

图 6.17　带同步条的状态图

在实际应用中，并不需要为所有的类建立状态图。但人们有时候往往关心某些关键类的行为，如果为这些类建立状态图，则可以帮助理解所研究的问题。其实，也只有在这种情况下，才有必要绘制状态图。

6.4.4　活动图

用例图显示系统应该做什么，活动图则指明了系统将如何实现它的目标。活动图显示链接在一起的高级动作，代表系统中发生的操作流程。活动图是融合了事件流图、SDL 状态建模、工作流建模以及 Peri 网等技术，用于在面向对象系统的不同组件之间建模工作流和并行过程行为。

活动图用来描述采取何种动作、做什么(对象状态改变)、何时发生(动作序列)以及在何处发生(泳道)。在 UML 中，活动图可以用作下述目的。

(1) 描述一个操作执行过程中所完成的工作(动作)，这是活动图最常见的用途。

(2) 描述对象内部的工作。

(3) 显示如何执行一组相关的动作以及这些动作如何影响它们周围的对象。

(4) 显示用例的实例如何执行动作以及如何改变对象状态。

(5) 说明一次商务活动中的人(角色)工作流组织和对象是如何工作的。

活动图本质上是一种流程图，其中几乎所有或大多数的状态都处于活动状态，它描述从活动到活动的控制流。用来建模工作流时，活动图可以显示用例内部和用例之间的路径；活动图还可以向读者说明需要满足什么条件用例才会有效，以及用例完成后系统保留的条件或者状态；在建模活动图时，常常会发现前面没有想到、附加的用例。在某些情况下，常用的功能可以分离到它们自己的用例中，这样便大大减少了开发应用程序的时间。

1. 活动图基本要素

活动图由**起始状态**(start state)、**终止状态**(end state)、**状态迁移**(state transition)、**决策**(decision)、**守卫条件**、**同步棒**(synchronization bars)和**泳道**(swimlane)组成。

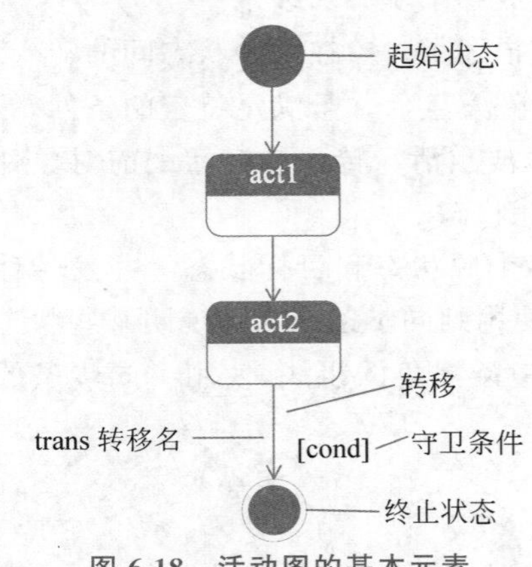

图 6.18 活动图的基本元素

起始状态显式地表示活动图中一个工作流程的开始，用实心圆表示。在一个活动图中，只有一个起始状态。终止状态表示了一个活动图的最后和终结状态，用实心圆外加一个小圆圈来表示。在一个活动图中，可以有 0 个或多个终止状态。活动图中的动作用一个圆角四边形表示。动作之间的转移用带有箭头的实线来表示，称为转移。箭头上可以还带有守卫条件、发送短句和动作表达式如图 6.18 所示。

守卫条件用来约束转移，守卫条件为真时转移才可以开始。用菱形符号来表示决策点，决策符号可以有一个或多个进入转移，两个或更多的带有守卫条件的外出转移。可以将一个转移分解成两个或更多的转移，从而导致并发的动作。所有的并行转移在合并之前必须被执行。一条粗黑线表示将转移分解成多个分枝，并发动作同样用粗黑线来表示分枝的合并，粗黑线称为同步棒，如图 6.19 所示。

活动图告诉人们发生了什么，但是不能告诉该项活动由谁来完成。对于程序设计而言，活动图没有指出每个活动是由哪个类负责。而对于建模而言，活动图没有表达出某些活动是由哪些人或哪些部门负责。虽然可以在每个活动上标记出其所负责的类，或者部门，但难免带出诸多麻烦。泳道的引用解决了这些问题。

泳道将活动图划分为若干组，每一组指定给负责这组活动的业务组织，即对象。在活动图中泳道区分了负责活动的对象，它明确地表示了哪些活动是由哪些对象进行的。在包含泳道的活动图中每个活动只能明确地属于一个泳道。

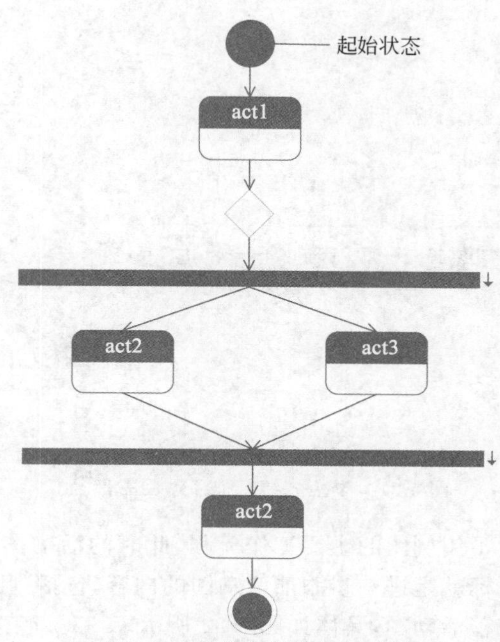

图 6.19 决策和同步棒示意图

2. 活动图建模步骤

活动图描述用例图,用活动流来描述系统活动者和系统之间的关系。建模活动图也是一个反复的过程,活动图具有复杂的动作和工作流,检查修改活动图时也许会修改整个工程。所以有条理地建模会避免许多错误,从而提高建模效率。建模活动图时,可以按照以下5步来进行。

(1) 标识需要活动图的用例。

(2) 建模每一个用例的主路径。

(3) 建模每一个用例的从路径。

(4) 添加泳道来标识活动的事务分区。

(5) 改进高层活动并添加到更多活动图。

下面以学生成绩管理系统中,学生对成绩查询用例建模活动图为例来介绍如何建立活动图。首先应该标识用例图,把学生查询成绩这个用例从完整的用例图中独立出来,具体的用例图如图6.20所示。

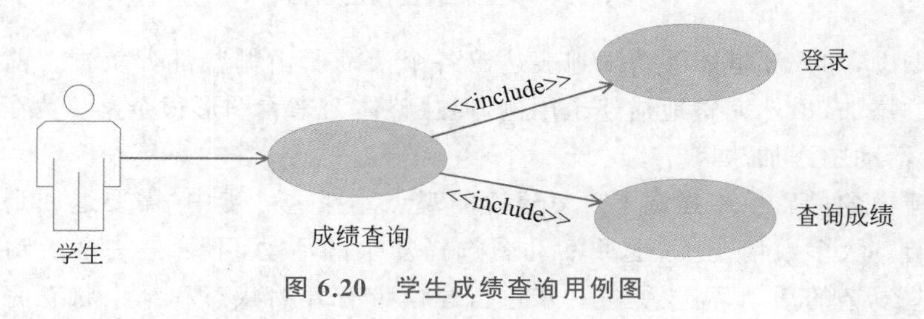

图 6.20 学生成绩查询用例图

然后建立主路径,表示主要的流程,如图6.21所示。

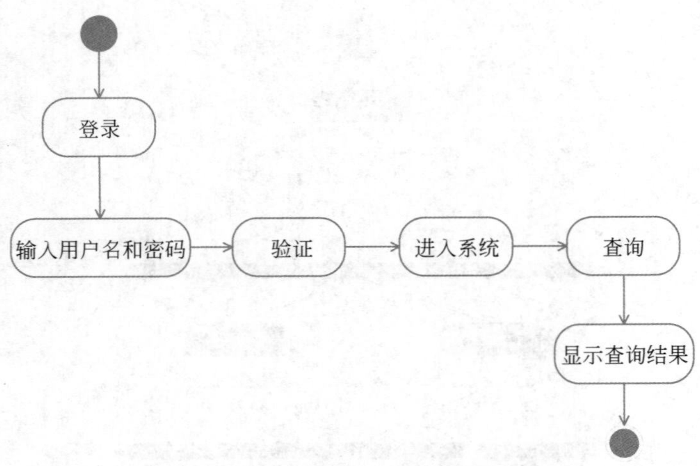

图 6.21　学生成绩查询活动图主路径

活动图的主路径描述了用例图的主要工作流程，此时的活动图没有任何转移条件或错误处理。建模从路径的目标就是进一步添加活动图的内容，包括判断、转移条件和错误处理等。在主路径的基础上完善活动图，具体如图 6.22 所示。

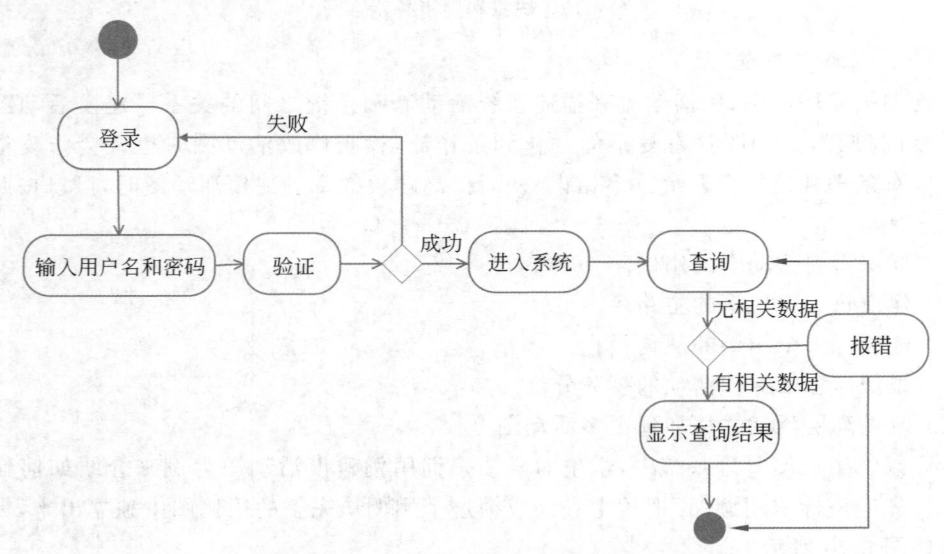

图 6.22　学生成绩查询活动图

在活动图中，加入泳道能够清晰地表达出各个活动所由哪些部分负责。前面已经完成了对从路径的添加，虽然完整地描述了用例，但从整体上来看图形很杂乱。为了解决图形杂乱的问题，为活动图添加泳道。

活动图建模的最后一步强调了反复建模的观点。在这一步中，需要退回到活动图中添加更多的细节。大多数情况下，退回活动图选择复杂的活动，不管是一个活动还是所有活动。对于这些复杂的活动，需要更进一步进行建模带有开始状态和结束状态完整描述活动的活动图，最后的活动图如图 6.23 所示。

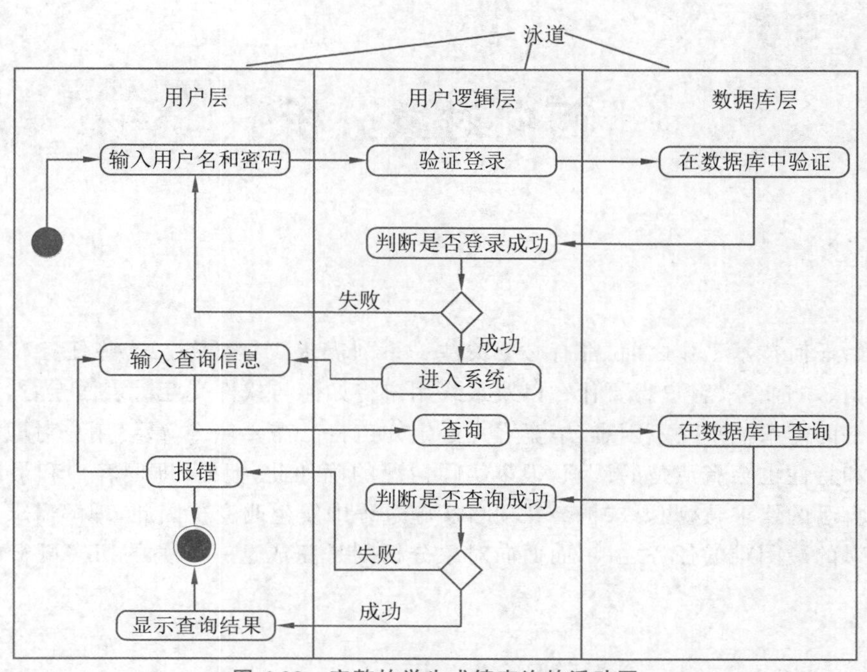

图 6.23 完整的学生成绩查询的活动图

6.5 本章小结

本章主要介绍了面向对象建模技术及UML建模语言，对UML建模中常用的用例图、静态建模图、动态建模图做了比较详细的介绍，通过对本章的学习读者可以充分了解面向对象建模的基本方法。

习题 6

1. 什么是UML?
2. 用例图的要素有哪些?
3. 如何区分静态模型图和动态模型图? 两者有何区别?
4. 尝试使用静态模型图对书中例子进行面向对象建模。
5. 尝试使用动态模型图对书中例子进行面向对象建模。

第7章

面向对象分析

在开始任何技术工作之前，都有必要关注一系列需求工程任务。这些任务有助于理解软件将如何影响业务、客户想要什么以及最终用户将如何与软件交互。表面上看，获取清晰且易于理解的需求似乎并不困难，毕竟客户必定知道自己需要什么，最终用户对即将使用的系统功能和特性也会有清楚的认识，很多实际情况的确如此，但是，即便客户和最终用户清楚地知道自己的要求，这些要求也会在项目实施过程中发生改变。因此，理解需求是软件工程师所面对的最困难的任务之一，而面向对象分析则是完成这一任务的切实可行的方法与技术。

需求工程

7.1 需求工程

设计和编程皆富有挑战性、创造性和趣味性。事实上，编程是如此吸引人，以至于很多软件开发人员在清晰了解用户需求之前就迫不及待地投入编程工作中。开发人员的错误观点包括如下。

(1) 在编程过程中事情总是会变得清晰。

(2) 只有在检验了软件的早期版本后，项目利益相关者才能够更好地理解需求。

(3) 事情变化太快，以至于理解需求细节是在浪费时间。

(4) 最终要做的是开发一个可运行的程序，其他都是次要的。

构成这些观点的原因在于其中也包含了部分真实情况，但是这其中的每个观点都存在一些小问题，汇集在一起就可能导致软件项目的失败。因此，在开始软件设计和构建之前，开展需求工程相关活动或任务是非常必要的。

7.1.1 需求工程

需求工程(Requirement Engineering，RE)是指致力于不断理解需求的大量任务和技术，从软件工程的角度来看，需求工程是一个软件工程动作，开始于沟通并持续到建模活动，适用于过程、项目、产品和人员的需求。

需求工程在设计和构建之间建立起联系的桥梁。包括项目经理、客户、最终用户在内的利益相关者定义业务需求、刻画用户场景、描述功能和特性、识别项目约束条件；其他利益相关者可能会建议需求工程从宽泛的系统定义开始，此时软件只是更大的系统范围内的一个构件。但是不管起始点在哪里，需求工程都将做到以下几点。

(1) 允许由软件团队检查将要进行的软件工作的内容。

(2) 必须提交设计和构建的特定要求。

(3) 完成指导工作顺序的优先级定义。

(4) 分析获取对随后设计有重大影响的信息、功能和行为。

需求工程包括7项明确的任务，即起始、获取、细化、协商、规格说明、确认和需求管理。

1. 起始

如何开始一个软件项目？有没有一个独立的事件能够成为新的软件系统或产品的催化剂？需求会随时间的流逝而发展吗？这些问题没有确定的答案。某些情况下，一次偶然的交谈可能导致大量的软件工程工作。但是多数项目都是在确定了商业目标或是发现了潜在的新市场、新服务时才开始的。包括从业管理人员、市场人员、产品管理人员在内的业务领域利益相关者定义业务用例，确定市场的宽度和深度，进行粗略的可行性分析，并确定项目范围的工作说明。所有这些信息都取决于变更，但是应该充分地与软件工程组织及时讨论。在项目起始阶段，要建立基本的理解，包括存在的问题、谁需要解决方案、所期望解决方案的性质，与项目利益相关者和开发人员之间达成初步交流合作的效果。

2. 获取

询问客户、最终用户和其他利益相关者如下问题：系统或产品的目标是什么？想要实现什么？系统和产品如何满足业务要求？最终系统或产品如何用于日常工作？这些问题看上去非常简单，实际上却非常难回答。

获取过程中建立商业目标是最重要的。目标是一个系统或产品必须达到的长期目的，涉及功能性要求和可靠、安全、可用等非功能性内容。需求工程师的工作就是与利益相关者约定，鼓励其诚实地分享商业目标。一旦建立了商业目标，就可以建立需求优先机制，并为满足利益相关者的商业目标而建立潜在架构的合理性设计；同时，也可以基于商业目标在利益相关者之间处理冲突和矛盾。

范围问题发生在系统边界不清楚的情况下，或是客户和最终用户的说明带有不必要的技术细节，这些细节可能会导致混淆而不是澄清系统的整体目标。理解问题发生在客户和最终用户并不完全确定需要什么的情况下，这些情况包括：对其计算环境的能力和限制所知甚少，对问题域没有完整的认识，与系统工程师在沟通上存在问题，忽略了那些他们认为是"明显的"信息，确定的需求和其他客户及最终用户的要求相冲突，需求说明有歧义或不可测试。易变问题发生在需求随时间推移而变更的情况下。为了帮助解决这些问题，需求工程师必须以有组织的方式开展需求收集活动。

3. 细化

在起始和获取阶段获得的信息将在细化阶段进行扩展和提炼。该任务的核心是开发一个精确的需求模型，用于说明软件的功能、特征和信息的各个方面。细化是由一系列的用户场景建模和求精任务驱动的。这些用户场景描述了如何让最终用户和其他活动者与系统进行交互。解析每个用户场景以便提取分析类，即最终用户可见的业务域实体。应该定义每个分析类的属性，确定每个类所需要的服务，确定类之间的关联和协作关系，并完成各种UML图。

4. 协商

业务资源有限，而客户和最终用户却提出了过高或过多的要求，这是常有的事。另一个相当常见的现象是，不同的客户或最终用户提出了相互冲突的需求，并坚持"我们的特殊要求是至关重要的”。

需求工程师必须通过协商过程来调解这些冲突。应该让客户、最终用户和其他利益相关者对各自的需求排序，然后按优先级讨论冲突。使用迭代方法为需求排序，评估每项需求的成本和风险，处理内部冲突，删除、组合或修改需求，最终使参与各方均能达到一定的满意度。

5. 规格说明

在基于计算机的软件系统环境下，术语规格说明对不同的人有不同的含义。规格说明可以是一份写好的文档、一套图形化的模型、一个形式化的数学模型、一组使用场景、一个原型或上述各项的任意组合。对于大型软件系统，规格说明文档最好采用自然语言描述和图形化模型的组合方式来撰写；而对于技术明确的小型系统或产品，使用场景可能就足够了。

Process Impact 公司的 Karl Wiegers 开发了一套完整的模板，能为那些必须建立完整规格说明的人提供指导。主题大纲如下：

目录
版本历史
1. 导言
1.1 目的
1.2 文档约定
1.3 适用人群和阅读建议
1.4 项目范围
1.5 参考文献
2. 总体描述
2.1 产品愿景
2.2 产品特性
2.3 用户类型和特征
2.4 操作环境
2.5 设计和实施约束
2.6 用户文档
2.7 假设和依赖
3. 系统特性
3.1 系统特性 1
3.2 系统特性 2
4. 外部接口需求
4.1 用户接口
4.2 硬件接口
4.3 软件接口
4.4 通信接口
5. 其他非功能需求

5.1 性能需求
5.2 安全需求
5.3 保密需求
5.4 软件质量属性
6. 其他需求
附录A：术语表
附录B：分析模型
附录C：问题列表

6. 确认

在确认这一步，将对需求工程的工作产品进行质量评估。需求确认要检查规格说明以保证：已无歧义地说明了所有的系统需求；已检测出不一致性、疏忽和错误并予以纠正；工作产品符合为过程、项目和产品建立的标准。

正式技术评审是最主要的需求确认机制。确认需求的评审小组包括软件工程师、客户、最终用户和其他利益相关者，其检查系统规格说明，查找内容或解释上的错误，以及可能需要进一步澄清的地方、丢失的信息、不一致性、冲突的需求或是不可实现的需求。

软件质量需求要以恰当的方式表达，从而保证交付最优价值。这意味着要对不能满足利益相关者质量要求的交付系统进行风险评估，并且试图以最小代价减轻风险。质量需求越关键，越需要采用量化术语来陈述。在某些情况下，常见质量需求可以使用定性技术进行验证，例如，用户调查或检查表。在其他情况下，质量需求可以使用定性和定量结合的评估方式进行验证。

为了说明发生在需求验证过程中的某些问题，考虑两个看似无关紧要的需求。

(1) 软件应该对用户友好。

(2) 成功处理未授权数据库干扰的比率应该小于0.0001。

第一个需求对开发者而言概念太模糊，以至于不能精确测试或评估。“用户友好”的精确含义是什么？想要确认它，必须采用定性或以某种方式量化。

第二个需求是一个量化元素，但“干扰”测试会很困难且很费时。这种级别的安全真的能保证应用系统吗？

7. 需求管理

对于基于计算机的软件系统，其需求会变更，而且变更的要求贯穿于软件系统的整个生命周期。需求管理适用于帮助项目组在项目进展中标识、控制和跟踪需求以及需求变更的一组活动。

7.1.2　起始

在理想情况下，利益相关者和软件工程师在同一个小组中工作。在这种情况下，需求工程就只是和组里熟悉的同事进行有意义的交谈，但实际情况往往不是这样。

客户或最终用户可能位于不同的城市或国家，对于想要什么可能仅有模糊的想法，对将要构建的系统可能存在有冲突的意见，其技术知识可能很有限，而且只有有限的时间与需求工程师沟通。这些事情都是不希望遇到的，但却又是十分常见的，软件开发团队经常被迫在这种限制环境下工作。

1. 确认利益相关者

利益相关者是指直接或间接地从正在开发的系统中获益的人。可以确定如下几个容易理解的利益相关者：业务运行管理人员、产品管理人员、市场销售人员、内部客户、外部客户、最终用户、顾问、产品工程师、软件工程师、支持和维护工程师以及其他人员。每个利益相关者对系统都有不同的考虑，当系统成功开发后所能获得的利益也不相同，同样，当系统开发失败时所面临的风险也是不同的。

在起始阶段，需求工程师应该创建一个人员列表，列出那些有助于获取需求的人员。最初的人员列表将随着接触的利益相关者人数的增多而增加，因为每个利益相关者都将被询问"你认为我还应该和谁交谈"。

2. 识别多重观点

因为存在很多不同的利益相关者，所以系统需求调研也将从很多不同的视角开展。例如，市场销售部门关心能激发潜在市场的、有助于新系统销售的功能和特性；业务经理关注应该在预算内实现的产品特性，并且这些产品特性应该满足已规定的市场限制；最终用户可能希望系统的功能是其所熟悉的并且易于学习和使用；软件工程师可能关注非技术背景的利益相关者关注不到的软件基础设施，使其能够支持更多的适于销售的功能和特性；软件支持工程师则更关注软件的可维护性。

上述的利益相关者中的每一位都将为需求工程贡献信息。当从多个角度收集信息时，所形成的需求可能存在不一致或相互矛盾。需求工程师的工作就是把所有的利益相关者提供的信息进行分类，分类方法应该便于决策制定者为系统选择一个内部一致的需求集合。为使软件满足用户而获取需求的过程面临很多问题，例如，项目目标不清晰，利益相关者的优先级不同，人们还没说出的假设，相关利益者解释含义的不同，很难用一种方式对陈述的需求进行验证。有效需求工程的目标是去除或尽力减少这些问题的发生。

3. 协同合作

假设一个项目中有 5 个利益相关者，那么对一套需求就会有 5 种或更多的观点或理解。前述内容中，我们已经注意到客户和其他利益相关者之间应该避免内讧，并和软件开发人员团结协作，这样才能成功完成软件系统。但是，如何实现协作？需求工程师的工作是标识公共区域和矛盾或不一致区域，公共区域是指所有的利益相关者都同意的需求，矛盾或不一致区域则是某个利益相关者提出的需求和其他利益相关者的需求相矛盾。当然，后一种矛盾区域的解决更有挑战性。

解决矛盾或不一致需求的一个有效方法是基于"优先点"投票，该方法为每位利益相关者分配一定数量的优先点，这些优先点可以适用于很多需求；每位利益相关者在一个需求列表上，通过向每个需求分配一个或多个优先点来表明该需求的相对重要性；优先点用过之后就不能再次使用，一旦某位利益相关者的优先点用完，其就不能再对需求实施进一步的操作；所有利益相关者在每项需求上的优先点总数显示了该需求的综合重要性。

当然，协作也并不意味着必须由委员会定义需求。在很多情况下，利益相关者的协作是提供他们各自关于需求的观点，而一位有力的"项目领导者"(业务经理或高级技术员)可能要对删减哪些需求做出最终判断。

4. 首次提问

在项目开始时的提问应该是“与环境无关的”。第一组与环境无关的问题集中于客户和其他利益相关者以及整体目标和收益。例如，需求工程师可能会问：

(1) 谁是这项工作的最初请求者？

(2) 谁将使用该解决方案？

(3) 成功的解决方案将带来什么样的经济收益？

(4) 对于这个解决方案你还需要其他资源吗？

这些问题有助于识别所有对开发软件感兴趣的利益相关者。此外，问题还确认了某个成功实现的可度量收益以及定制软件开发的可选方案。

下一组问题有助于软件开发组更好地理解问题，并允许客户表达其对解决方案的看法：

(1) 如何描述由某成功的解决方案产生的“良好”输出特征？

(2) 该解决方案强调解决了什么问题？

(3) 能展示或描述成功解决方案使用的商业环境吗？

(4) 存在将影响解决方案的特殊性能问题或约束吗？

最后一组问题关注沟通活动本身的效率，被称为“元问题”，其简单列举如下：

(1) 你是回答这些问题的合适人选吗？

(2) 你的回答是“正式”的吗？

(3) 我的问题是否太多了？

(4) 还有其他人员可以提供更多的信息吗？

(5) 还有我应该问的其他问题吗？

这些问题有助于交流的开始，这样的交流对成功获取需求至关重要；但问答方式并非是取得成功的唯一方法，实际上，问答形式应该仅限于首次接触，后续应该用问题求解、协商和规格说明等需求获取方法来取代问答。

7.1.3 需求获取

需求获取也称为需求收集，是将问题求解、细化、协商和规格说明等方面的元素结合在一起。为了鼓励合作，一个包括利益相关者和开发人员的团队共同完成如下任务：

(1) 确认问题。

(2) 为解决方案的相关元素提供建议。

(3) 商讨不同的方案并描述初步的需求解决方案。

1. 协作收集需求

(1) 关于需求收集，现在已经提出了很多不同的协同需求收集方法，各种方法适用于稍有不同的应用场景，而且所有这些均是在下面的基本原则之上做了某些改动：实际或虚拟的会议由软件工程师和其他利益相关者共同举办和参与。

(2) 制定筹备和参与会议的规则。

(3) 建议拟定一个会议议程，这个议程既要足够正式，使其涵盖所有的要点，但也不能太正式，以鼓励思维的自由交流。

(4) 由一个“主持人”(客户、开发人员或其他利益相关者)主持会议。

(5) 采用“方案论证手段”(工作表、活动挂图、不干胶贴纸、电子公告牌、聊天室或虚拟论坛)。

协作收集需求的目标是标识问题,提出假设解决方案的相关元素,协商不同方法以及确定一套解决需求问题的初步方案。

在需求的起始阶段写下一到两页的"产品要求",选择会议地点、时间和日期,选派主持人,邀请软件团队和其他利益相关者参加会议。在会议日期前,给所有参会者分发产品需求。

2. 质量功能部署

质量功能部署(Quality Function Deployment,QFD)致力于将客户需求转化成软件技术需求。QFD 的目的是"最大限度地让客户从软件工程过程中感到满意"。为了达到这个目标,QFD 强调理解"什么是对客户有价值的",然后在整个工程活动中部署这些价值。

在 QFD 语境中,常规需求是指在会议中向客户陈述一个产品或系统时的目标,如果这些需求存在,客户就会满意。期望需求指在产品或系统中客户没有清晰表述的基础功能,缺少了这些将会引起客户的不满。兴奋需求是超出客户预期的需求,当这些需求存在时会令人非常满意。虽然 QFD 概念可应用于整个软件工程,但是特定的 QFD 技术可应用于需求获取活动。QFD 通过客户访谈和观察、调查以及历史数据检查(如问题报告)为需求收集活动获取原始数据,然后把这些数据翻译成客户需求表,并由客户和利益相关者评审。

3. 使用场景

收集需求时,系统功能和特性的整体愿景开始具体化。但是在软件团队弄清楚不同类型的最终用户如何使用这些功能和特性之前,很难转移到更技术化的软件工程活动中。为实现这一点,开发人员和用户可以创建一系列的场景,场景可以识别对将要构建系统的使用线索。场景通常称为用例,它描述了人们将如何使用某一系统。

4. 获取工作产品

根据将要开发的系统或产品规模的不同,需求获取后产生的工作产品也不同。对于大多数系统而言,工作产品包括:

(1) 要求和可行性陈述。

(2) 系统或产品范围的界限说明。

(3) 参与需求获取的客户、用户和其他相关利益者的名单。

(4) 系统技术环境的说明。

(5) 需求列表(最好按照功能加以组织)以及每个需求适用的领域限制。

(6) 一系列使用场景,有助于深入了解产品在不同运行环境下的使用。

(7) 任何能够更好地定义需求的原型。

所有参与的人员需要评审以上的每一个工作产品。

需求分析

7.2 需求分析:用例模型

用例模型

尽管可以用多种方式度量软件系统或产品,但用户的满意度仍是其中最重要的。如果软件工程师了解最终用户或其他活动者希望如何与系统交互,软件团队将能够更好、更准确地刻画需求特征,完成更有针对性的分析和设计模型。因此,使用 UML 需求建模将从开发用例、活动图和泳道图形式的场景开始。

7.2.1 开发用例

一个用例描述了对某位利益相关者的请求做出响应时，系统在各种条件下的行为。本质上，用例讲述了程序化的故事：扮演多种可能角色的最终用户如何在特定环境下和系统交互。这个故事可以是叙述性的文本、任务或交互概要、基于模板的说明或图形表示。不管其形式如何，用例都从最终用户的角度描述了软件或系统应该具有的功能。

开发用例的第一步是确定故事中所包含的"活动者"。活动者是要说明的功能和行为环境内使用系统或产品的各类人员或设备。活动者代表了系统运行时人或设备所扮演的角色，更为正式的定义是：活动者是包括最终用户在内的人员或者是任何与软件系统或产品通信的事物，且对系统本身而言活动者是外部的。在使用系统时，每位活动者都有一个或多个目标。

要注意的是，活动者和最终用户并非一回事。典型用户可能在使用系统时扮演了许多不同的角色，而活动者表示了一类外部实体，经常是人员，但并不总是如此，在用例中其仅扮演一种角色。例如，作为最终用户的机床操作员，在布置了许多机器人和数控机床的生产车间内控制计算机交互。在仔细考察需求后，控制计算机的软件系统需要 4 种不同的交互模式或角色，即编程模式、测试模式、监控模式和故障检查模式。因此，4 类活动者可定义为程序员、测试员、监控员和故障检修员。有些情况下，机床操作员可以扮演所有这些角色，而另一些情况下，每个活动者角色可能由不同的人员扮演。

需求获取是一个逐步演化的活动，因此在第一次迭代中并不能确认所有的活动者。在第一次迭代中有可能识别主要活动者，而对系统了解更多之后，才能识别出次要活动者。主要活动者直接且经常使用软件，其要获取所需的系统功能并从系统得到预期收益。次要活动者为系统提供支持，以便主要活动者能够完成其工作。

一旦确认了活动者，就可以开发用例了。对于应该由用例回答的问题，Jacobson 提出了以下建议。

(1) 主要活动者和次要活动者分别是谁？

(2) 活动者的目标是什么？

(3) 故事开始前有什么前提条件？

(4) 活动者完成的主要工作或功能是什么？

(5) 按照故事所描述的还可能需要考虑什么异常？

(6) 活动者的交互中有什么可能的变化？

(7) 活动者将获得、产生或改变哪些系统信息？

(8) 活动者必须通知系统外部环境的改变吗？

(9) 活动者希望从系统获取什么信息？

(10) 活动者希望得知意料之外的变更吗？

图 7.1 展示了老人与传感器如何参与用例，活动者有两个：老人和传感器。

用例有 4 个：正常活动；配置温湿度传感器、烟雾传感器、火焰传感器和超声波传感器；配置传感器参数并与前端相连接；设置数据报警范围。

老人参与用例的情况是进行正常活动，而传感器参与用例的情况是：配置温湿度传感器、烟雾传感器、火焰传感器和超声波传感器；配置传感器参数并与前端相连接；设置数据报警范围。这样传感器就参与了 3 个用例，老人只参与了一个用例。

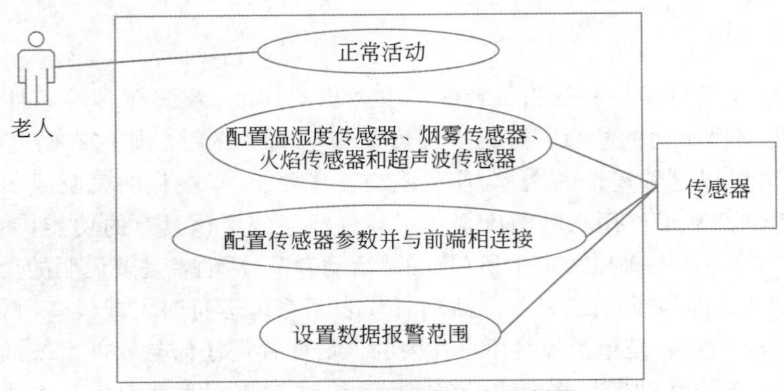

图 7.1 老人与传感器参与用例图

7.2.2 创建初始用例

用例从某位特定活动者的角度出发，采用简明的语言描述一个特定的使用场景。但是如何知道：

(1) 编写什么？

(2) 写多少？

(3) 编写说明应该多详细？

(4) 如何组织说明？

1. 编写什么

两个首要的需求工程任务，即起始和获取，提供了开始编写用例所需要的信息。运用需求收集会议、质量功能部署和其他需求工程机制确定利益相关者，定义问题范围，说明整体运行目标，建立优先级顺序，概述所有已知的功能需求，描述系统将处理的信息或对象。

开始开发用例时，应列出特定活动者执行的功能或活动。这些可以借助所需系统功能的列表，通过与利益相关者交流，或通过评估活动图(作为需求建模中的一部分而开发)获得。

在获取用例前要先确定系统的活动者，可以根据以下的一些问题来寻求系统活动者。

(1) 使用系统主要功能的人是谁？

(2) 需要借助于系统完成日常工作的人是谁？

(3) 谁来维护管理系统保证系统正常工作？

(4) 系统控制的硬件有哪些？

(5) 系统与哪些其他系统交互？

(6) 对本系统产生的结果感兴趣的人或事有哪些？

2. 活动者之间的关系

多个活动者之间可以具有与类之间相同的关系。在用例图中，可以使用泛化关系来描述多个活动者之间的公共行为。

例如，在图书馆管理系统中，如图 7.2 所示，借书者可以具体化为两类：学生和老师。

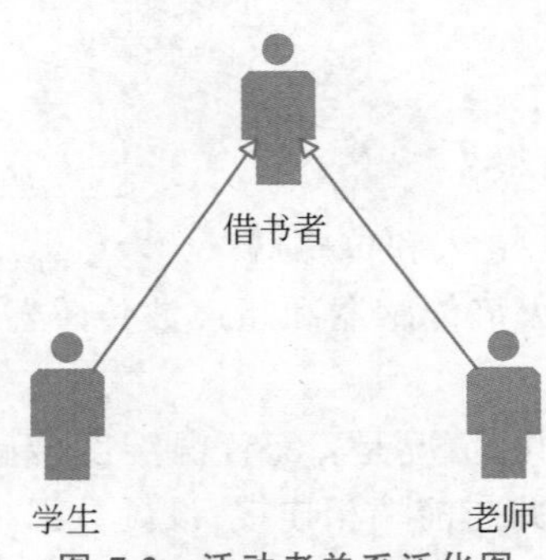

图 7.2 活动者关系泛化图

用例是在活动者的立场上看到的系统所提供的功能。

（1）用例是系统中的功能。

（2）一个用例表示一个功能，集中所有的用例，可完整描述如何使用该系统。

（3）可以通过关联线与活动者连接，一个用例至少与一个活动者相关联。

（4）给用例取名字要站在活动者的立场上考虑。

（5）可以用系统边界把用例框起来以区分系统内外。

（6）在UML中，用例用一个椭圆表示，用例的名字可以写在椭圆下方。

用例图对整个系统的建模过程非常重要，在绘制系统用例图前，有许多工作需要做。系统分析员必须分析系统的活动者和用例，它们分别描述了"谁来做"和"做什么"。识别用例最好的方法就是从分析系统的活动者开始，考虑每个活动者是如何使用系统的。

实例：企业进销存管理系统

（1）需求分析。

采购员根据生产原料的使用情况判断采购用品，对需要订购产品信息统计订货的，并制定产品订单。最后根据订单进行采购活动。

仓库管理员负责产品的库存管理：入库管理、处理盘点信息、处理报损产品信息和一些信息的设置。这些设置信息包括供应商信息、产品信息。仓库管理员每天对产品进行一次盘点，当发现库存产品有损坏时，及时处理报损信息。当产品生产后，将产品进行入库。当产品销售后，对产品进行出库处理。

统计人员负责统计分析管理，包括查询产品信息、查询销售信息、查询供应商信息、查询缺货信息、查询报表信息，并制作报表。统计分析师使用系统的统计分析功能，了解产品信息、销售信息、供应商信息、库存信息。

销售员为客户提供售货服务时，接受客户购买产品，根据系统的定价计算出产品的总价，客户付款，系统自动保存客户购买记录。

系统管理员负责本系统的系统维护。系统管理员负责员工信息管理、供货商信息管理以及系统维护等。每种关系者都通过自己的用户名称和密码登录到各自的管理系统中。

（2）识别活动者。

销售员：为客户提供销售产品的服务。

仓库管理员：负责库存产品的管理活动。

采购员：负责企业生产原料的订购。

统计人员：负责企业经营状况的统计。

系统管理员：负责企业员工信息管理、供应商信息管理以及系统维护等。

（3）构建用例模型。

针对销售员的需求分析结果，从销售员维度描述系统用例模型的用例图如图7.3所示。

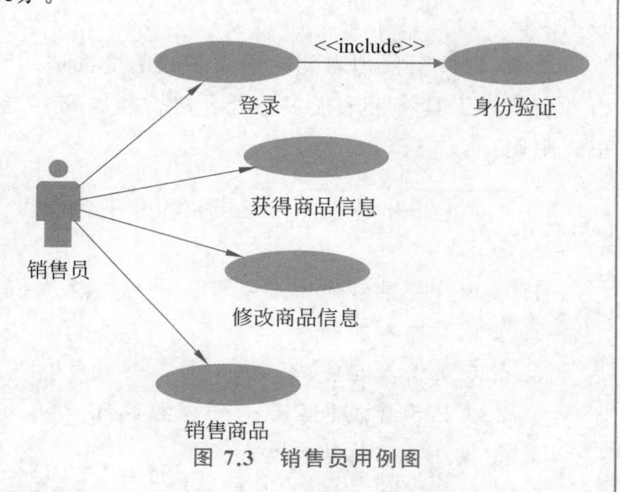

图7.3　销售员用例图

7.2.3 细化初始用例

为了全面理解用例描述功能，对交互操作给出另外的描述是非常有必要的。因此，主场景中的每个步骤将通过如下提问得到评估。

在这一步，活动者能做一些其他动作吗？

在这一步，活动者有没有可能遇到一些错误条件？如果有可能，这些错误会是什么？

在这一步，活动者有没有可能遇到一些其他行为？如果有过，这些行为是什么？

这些问题的答案导致创建一组次场景，次场景属于原始用例的一部分，但是表现了可供选择的行为。

考虑图7.3销售员用例图中的获得商品信息和修改商品信息两个用例。

在这一步，活动者（销售员）能做一些其他动作吗？答案是肯定的。考虑到商品信息数量庞大，活动者（销售员）可以按照一定需求筛选出部分商品。因此，一个次场景可能是"对获得的商品信息排序"。

在这一步，活动者（销售员）有没有可能遇到一些错误条件？作为基于计算机的操作系统，任何数量的错误条件都可能发生。在该语境内，仅考虑上述两个用例中说明的活动的直接错误条件，问题的答案还是肯定的。"获得商品信息"时，可能商品还未被录入系统，就会导致错误的条件"不存在该商品信息"。该错误条件就是一个次场景。

7.2.4 编写正式用例

7.2.1节表述的非正式用例对于需求建模常常是够用的。但是，当用例需要包括关键活动或描述一套具有大量异常处理的复杂步骤时，就会希望采用更为正式的方法。

在很多情况下，不需要创建图形化表示的用户场景。然而，在场景比较复杂时，图表化的表示更有助于理解。正如本书前面所提到的，UML的确提供了图形化表现用例的能力。

每种建模注释方法都有其局限性，用例方法也无例外。和其他描述形式一样，用例的好坏取决于它的描述者。如果描述不清晰，用例可能会误导或有歧义。用例关注功能和行为需求，一般不适用于非功能需求。对于必须特别详细和精准的需求建模情境，用例方法就不够用了。

然而，软件工程师遇到的绝大多数情境都适用于基于用例建模。如果开发得当，用例作为一个建模工具将带来很多益处。以智能居家养老平台管理员检查传感器为例，试着编写正式用例。

智能居家养老平台管理员检查传感器

场景：

1. 管理员登录智能家居平台。
2. 管理员输入其账号。
3. 管理员输入其密码。
4. 系统显示智能居家养老平台主界面。
5. 管理员登录前端查看。
6. 管理员点击选择"整体"按钮。

7. 管理员观看整体视图。
8. 管理员点击选择某个"传感器"按钮。
9. 管理员观看某个传感器视图。
10. 系统在前端显示某个视图。
11. 系统显示"查看另一个传感器"提示框。
12. 管理员选择退出系统。
异常处理:
1. 账号错误——重新输入。
2. 密码错误——重新输入。
3. 不存在"整体"视图按钮——系统显示错误信息。
4. 不存在其他传感器——系统提示传感器数量异常。

图7.4为场景5"登录前端查看"对应的活动图。

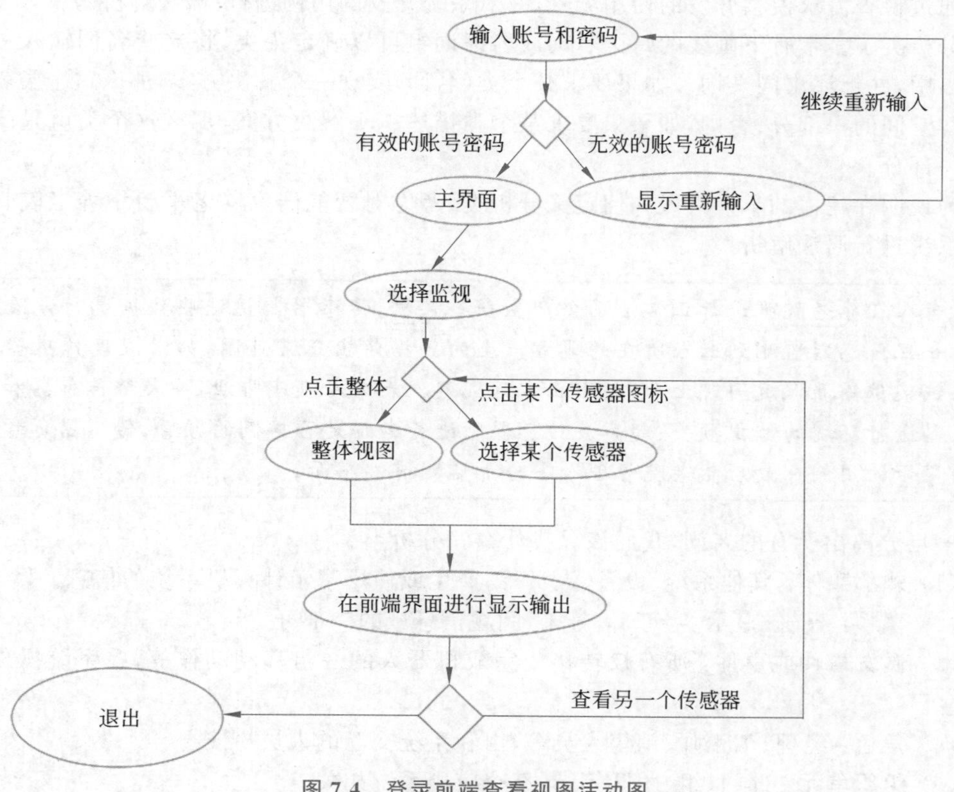

图7.4　登录前端查看视图活动图

7.3　需求分析:类模型

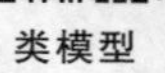

20世纪90年代早期,第一次引入基于类的需求建模方法时,常以面向对象分析作为分类方法。虽然有大量不同的基于类的方法和表达方式,但Coad和Yourdon为所有人注明

了其统一特征：

面向对象方法的基础都是我们最初学到的内容：对象和属性，全局和部分，类和成员。

在需求建模中使用基于类的方法可以精巧地表达这些常规内容，使非技术性的利益相关者理解项目。随着需求建模的细化和扩展，它还将包含一份规格说明，以帮助软件工程师创建软件的设计部分。

基于类建模表示了系统操作的对象，应用于对象间能有效控制的操作，也称为方法或服务，这些对象间(某种层级)的关系以及已定义类之间的协作。基于类的分析模型的元素包括类和对象、属性、操作、CRC 模型、协作图和包。下面将提供一系列有助于识别和表示这些元素的指导原则。

7.3.1 识别分析类

当你环顾房间时，就可以发现一组容易识别、分类和定义的对象。但当你"环顾"软件应用的问题空间时，了解类和对象就没有那么容易了。

通过检查需求模型开发的使用场景，并对系统开发的用例进行"语法解析"，就可以开始识别分析类了。带有下画线的每个名词或名词词组可以确定为类，将这些名词输入一个简单的表中，并标注出同义词。如果要求某个类(名词)实现一个解决方案，那么这个类就是解决方案空间的一部分；否则，如果只要求某个类描述一个解决方案，那么这个类就是问题空间的一部分。

为说明在建模的早期阶段如何定义分析类，考虑对智能居家养老平台中养老院管理者管理系统进行语法解析。

> 老人在养老院里进行正常活动会产生一些数据，传感器监视这些数据进行危险的预警。一旦传感器监测到老人所在的地方产生的数据超出正常范围，如温湿度传感器检测到床铺某位置温湿度同时上升，超出正常范围则代表老人可能排泄了；火焰传感器和烟雾传感器进行环境的监视预警；超声波传感器则进行老师是否摔倒的预警，传感器负责前端界面显示的用例。最后养老院管理人士负责监测前端界面。

一旦分离出所有的名词，我们该寻找什么？分析类。

(1) 外部实体：其他系统、设备、人员等，产生或使用基于计算机系统的信息。

(2) 事物：报告、显示、字母、信号等，问题信息域的一部分。

(3) 偶发事件或事件：所有权转移或完成机器人的一组移动动作等，在系统操作环境内发生。

(4) 角色：经理、工程师、销售人员等，由和系统交互的人员扮演。

(5) 组织单元：部门、组、团队等，同某个应用系统相关。

(6) 场地：制造车间等，建立问题的环境和系统的整体功能。

(7) 结构：传感器、四轮交通工具、计算机等，定义了对象的类或与对象相关的类。

这种分类只是文献中已提出的大量分类之一。例如，Budd 建议了一种分类方法，包括数据生成者(源点)、数据消费者(汇点)、数据管理者、查看或观察者以及帮助类。

还需要特别注意的是：什么不能是类或对象。通常，决不应该使用"命令过程式的名称"为类命名。例如，如果医疗图像系统的软件开发人员使用名字 InvertImage 甚至

ImageInversion 定义对象，就可能犯下一个小错误。从软件获得的图像 Image 当然可能是一个类，图像的翻转可被认为是该对象的一个操作或方法，但不应该单独定义 ImageInversion 类来表达“图像翻转”。面向对象的目的是封装，但仍保持独立的数据以及对数据的操作。

Coad 和 Yourdon 为完善的类建议了 6 个选择特征，在分析模型中，系统分析员考虑每个潜在类是否应该使用如下特征。

(1) 保留信息。只有记录潜在类的信息才能保证系统正常工作，这样潜在类才能在分析过程中发挥作用。

(2) 所需服务。潜在类必须具有一组可确认的操作，这组操作能用某种方式改变类的属性值。

(3) 多个属性。在需求分析过程中，焦点应在于“主”信息；事实上，只有一个属性的类可能在设计中有用，但是在分析活动阶段，最好把它作为另一个类的某个属性。

(4) 公共属性。可以为潜在类定义一组属性，这些属性适用于类的所有实例。

(5) 公共操作。可以为潜在类定义一组操作，这些操作适用于类的所有实例。

(6) 必要需求。在问题空间中出现的外部实体，以及任何系统解决方案运行时所必需的生产或消费信息，几乎都被定义为需求模型中的类。

例如，在智能居家养老平台中，由于需要检测老年人的活动范围，设计 RdfStream 类与 RDFStreamFM 类来分别充当被观察者和观察者，与实际环境中老人和监护人相对应。其中，Observer 作为观察者接口，Observable 类是被观察者类，具体如图 7.5 所示。

7.3.2 描述属性

属性描述了已经选择包含在需求模型中的类。实质上，属性定义了类，已澄清类在问题空间的环境下意味着什么。例如，如果建立一个系统来跟踪职业棒球手的统计信息，那么类 Player 的属性与用于职业棒球手的养老系统中的属性就是截然不同的。对于前者，属性可能涉及名字、位置、平均击球次数、担任防守百分比、从业年限、比赛次数等相关信息。对于后者，以上某些属性仍是有意义的，但另外一些属性将会更换(或扩充)，例如，平均工资、充分享受优惠权后的信用、所选的养老计划、邮件地址等。

为了给分析类开发一个有意义的属性集合，软件工程师应该研究用例并选择那些合理的“属于”类的“事物”。此外，每个类都应回答如下问题：

什么数据项能够在当前问题环境内完整地定义这个类?

考虑智能居家养老平台中，定义 Observable 类与 RdfStream 类。其中，Observable 类是父类，定义 Vector 数组用于记录对应的所有观察者；而在 RdfStream 类中，则需要更多的数据项，比如 lastUpdated 和 iri，以进一步完整地定义 RdfStream 类，具体如图 7.6 所示。

7.3.3 定义操作

操作定义了某个对象的行为。尽管存在很多不同类型的操作，但通常可以粗略地划分为 4 种类型。

(1) 以某种方式进行的数据操作，如添加、删除、重新格式化、选择等。

(2) 执行计算的操作。

(3) 请求某个对象的状态操作。

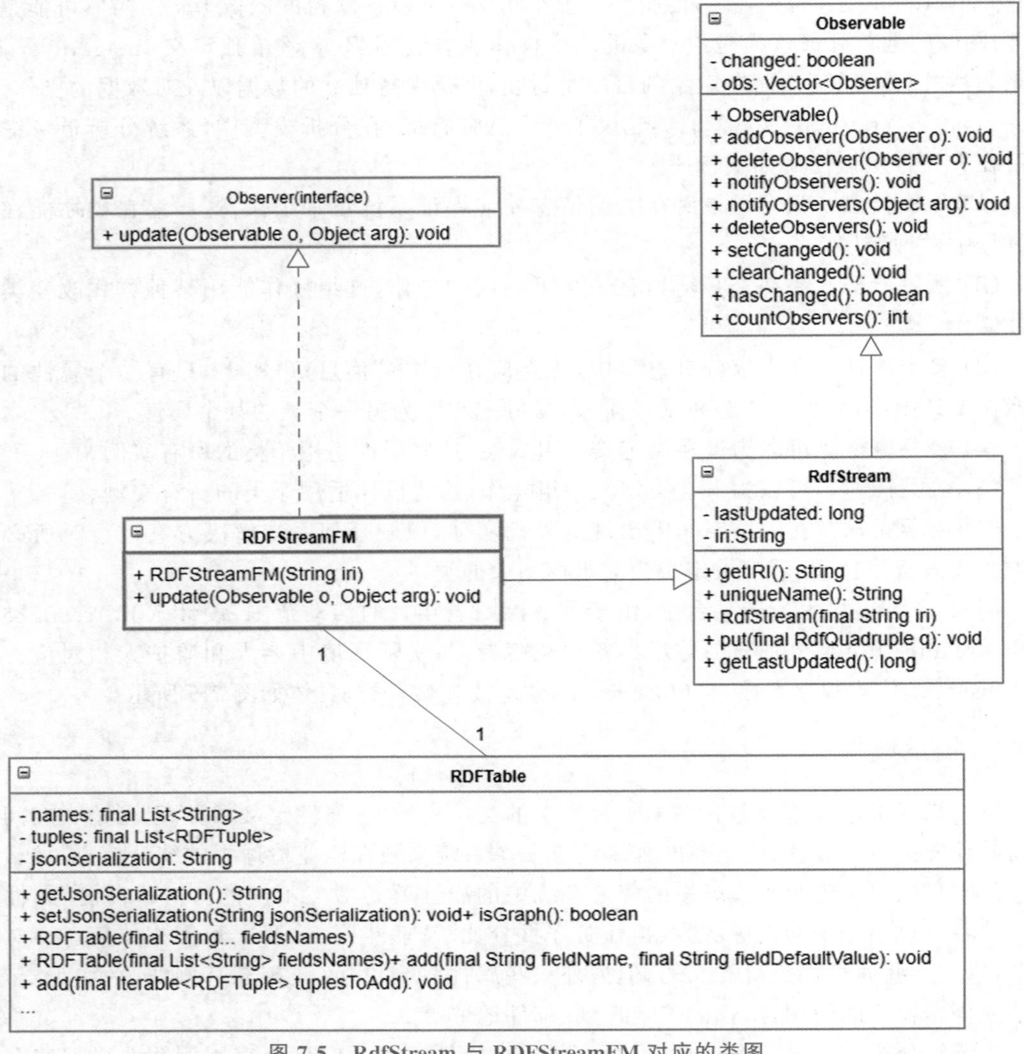

图 7.5 RdfStream 与 RDFStreamFM 对应的类图

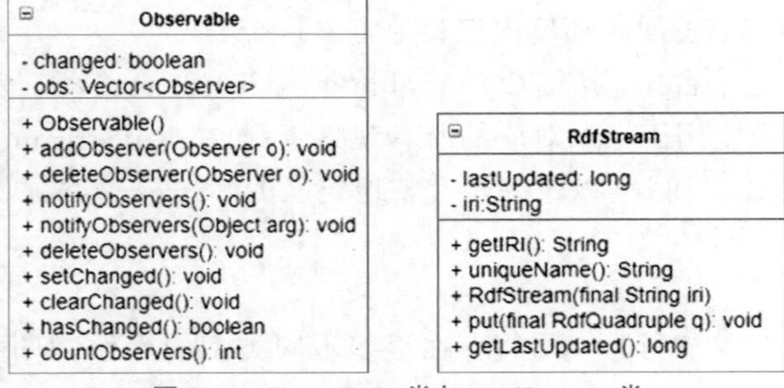

图 7.6 Observable 类与 RdfStream 类

（4）监视某个对象发生某个控制事件的操作。

这些功能通过在属性或相关属性上的操作来实现。因此，操作必须“理解”类的属性和相关属性的性质。

在第一次迭代涉及一组分析类的操作时，可以再次研究处理说明（或用例）并合理地选择属于该类的操作。为了实现这个目标，可以再次研究语法解析并分离动词。这些动词中的一部分将是合法的操作并能够很容易地连接到某个特定类。例如，在智能居家养老平台实例中，RdfStream 中的 put 方法用于通知各观察者。

7.3.4 类-职责-协作者建模

操作-职责-协作者（Class-Responsibility-Collaborator，CRC）建模提供了一种简单方法，可以识别和组织同系统产品需求相关的类。

CRC 建模实际上是表示类的标准索引卡片的集合。这些卡片分三部分，顶部写类名，卡片主题左侧部分列出类的职责，右侧部分列出类的协作者。

事实上，CRC 模型可以使用真实的或虚拟的索引卡，意图是有组织地表示类。职责是和类相关的属性和操作。简单地说，职责就是“类所知道或能做的任何事”。协作者是提供完成某个职责所需要信息的类。通常，写作意味着信息请求或某个动作请求，图 7.7 给出了 CRC 建模的一种方法示例。

类：FloorPlan	
说明	
职责：	协作者：
定义住宅平面图的名称/类型	
管理住宅平面图的布局	
缩放显示住宅平面图	
合并墙、门和窗	Wall
显示摄像机的位置	Camera

图 7.7 CRC 模型索引卡

1. 类

（1）实体类，也称为模型或业务类，是从问题说明中直接提取出来的。这些类一般代表保存在数据库中和贯穿在应用程序中的事物。

（2）边界类，用于创建用户可见的和在使用软件时交互的接口。实体类包含对用户来说很重要的信息，但是并不显示这些信息。边界类的职责是管理实体对象呈现给用户的方式。

（3）控制类，自始至终管理“工作单元”。也就是说，控制类可以管理：①实体类的创建或更新；②边界类从实体对象获取信息后的实例化；③对象集合间的复杂通信；④对象间或用户和应用系统间交换数据的确认。通常，直到设计开始时才开始考虑控制类。

2. 职责

（1）职责应分布在所有类中以求最大限度地满足问题的需求。每个应用系统都包含一定程度的职责,也就是系统所知道的以及所能完成的。职责在类中可以有多种分布方式。建模时可以把“不灵巧”类(几乎没有职责的类)作为一些“灵巧”类(有很多职责的类)的从属。尽管该方法使得系统中的控制流简单易懂,但同时有如下缺点:把所有的职责集中在少数类,使得变更更为困难;将会需要更多的类,因此需要更多的开发工作。

(2) 每个职责的说明应尽可能具有普遍性。这条指导原则意味着应在类的层级结构的上层保持职责(属性和操作)的通用性,使它们更有一般性,将适用于所有的子类。

(3) 信息和与之相关的行为应放在同一个类中。这实现了面向对象原则中的封装,数据和操作数据的处理应包装在一个内聚单元中。

(4) 某个事物的信息应局限于一个类中而不要分布在多个类中。通常应由一个单独的类负责保存和操作某特定类型的信息。通常这个职责不应由多个类分担。如果信息是分布的,软件将变得更加难以维护,测试也会面临更多挑战。

(5) 适合时,职责应由相关类共享。很多情况下,各种相关对象必须在同一时间展示同样的行为。

3. 协作

类用一种或两种方法来实现其职责。

(1) 类可以使用其自身的操作控制各自的属性,从而实现特定的职责。

(2) 类可以和其他类协作。

要识别协作可以通过确认类本身是否能够实现自身的每个职责。如果不能,那么需要和其他类交互,因此就要有协作。

行为模型

7.4 需求分析:行为模型

前面章节讨论的建模表示方法表达了需求模型中的静态元素,现在是把它转换成系统或产品的动态行为的时候了。要实现这一任务,可以把系统行为表示成一个特定的时间和时间函数。

行为模型显示了软件如何对外部事件或刺激做出响应。要生成模型,系统分析师必须按如下步骤进行。

(1) 评估所有的用例,以保证完全理解系统内的交互顺序。

(2) 识别驱动交互顺序的事件,并理解这些事件如何与特定的对象相互关联。

(3) 为每个用例生成顺序图。

(4) 创建系统状态图。

(5) 评审行为模型以验证准确性和一致性。

如图 7.8 所示,活动者完成整个监测过程的步骤与时间成正比,每个用例之间交互进行。

7.4.1 识别用例事件

用例事件一般分为:

(1) 信号事件 signal。

(2) 调用事件名(参数列表)。

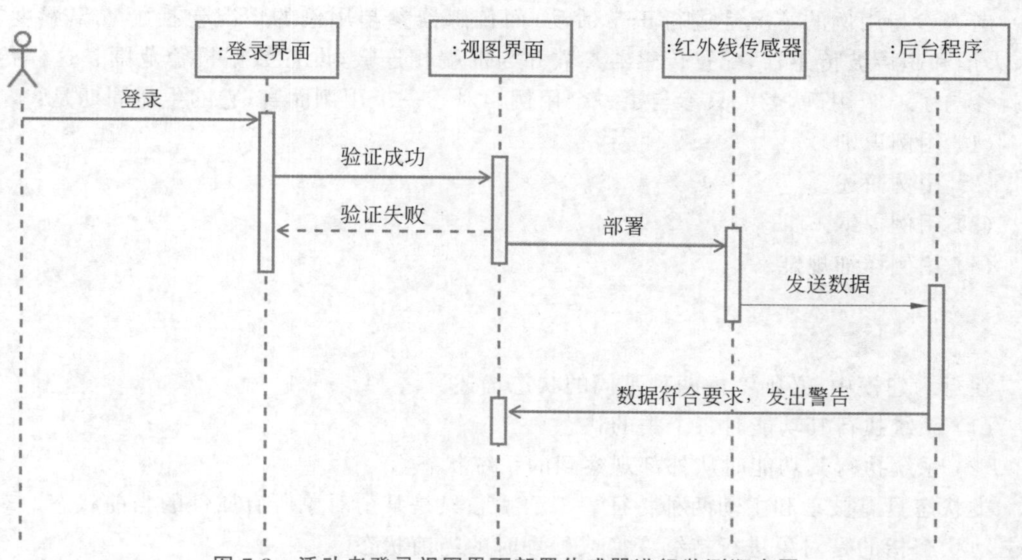

图 7.8　活动者登录视图界面部署传感器进行监测顺序图

(3) 改变事件 when(条件)/动作。

(4) 时间事件。

一般而言,只要系统和活动者之间交换了信息就发生事件。事件应该不是被交换的信息,而是已交换信息的事实。一旦确定了所有的事件,这些事件将被分配到所涉及的对象,对象负责生成事件,具体如图 7.9 所示。

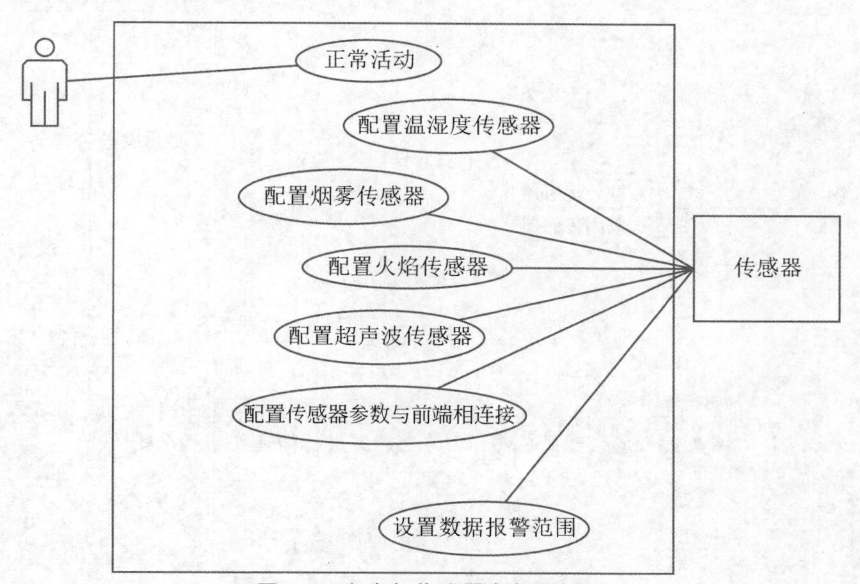

图 7.9　老人与传感器参与用例图

图 7.9 展示了老人与传感器如何参与用例,活动者有两个:老人和传感器。用例有 4 个:①正常活动;②配置温湿度、烟雾、火焰和超声波传感器;③配置传感器参数并与前端相连接;④设置数据报警范围。

老人参与用例的情况是进行正常活动，而传感器参与用例的情况包括配置温湿度、烟雾、火焰和超声波传感器，配置传感器参数并与前端相连接，设置数据报警范围。这样传感器就参与了6个用例，老人只参与了一个用例。对于一个用例而言，它的生命周期是：

(1) 用例识别。

(2) 用例简述。

(3) 用例提纲。

(4) 用例详细规定。

7.4.2 状态表达

在行为建模中，必须考虑两种不同的状态描述。

(1) 系统执行其功能时每个类的状态。

(2) 系统执行其功能时从外部观察到的系统状态。

类状态具有被动和主动两种特征。被动状态只是某个对象所有属性的当前状态。对象的主动状态指的是对象进行持续变换或处理时的当前状态。

图7.10展示了登录查看布局开启传感器并进行推理判断状态图，开始进入登录界面状态，通过登录后查看屋内布局和信息提示，然后通过部署传感器开启传感器，传感器发送数据给后台，后台进入处理状态，处理完毕后进入推理状态，符合条件则在界面显示信息，不符合条件则返回后台处理，然后可以通过取消部署关闭传感器。

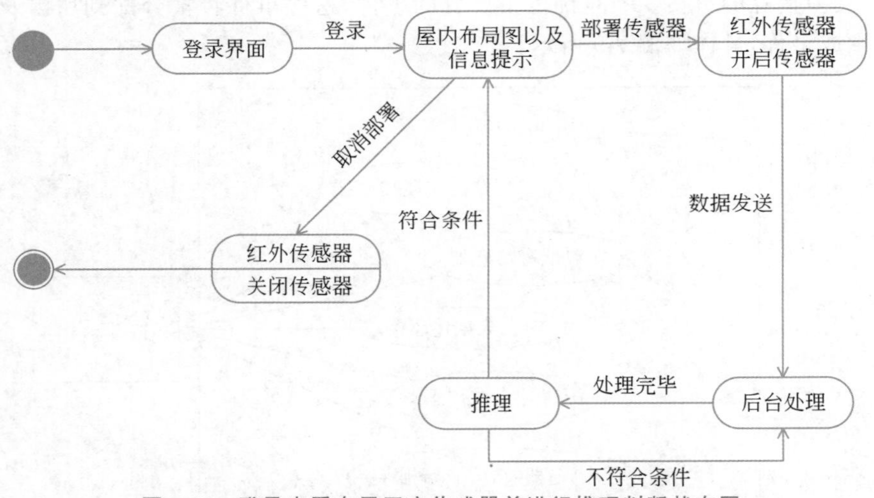

图7.10　登录查看布局开启传感器并进行推理判断状态图

7.5 本章小结

本章主要介绍了面向对象分析方法以及如何对需求进行分析。通过对本章的学习，可以较好地了解需求工程的重要性，学习需求分析方法等。

习　题　7

1. 什么是面向对象分析？
2. 需求工程的任务有哪些？
3. 简述使用用例模型或类模型进行需求分析的步骤。
4. 在行为模型中，如何识别用例事件？
5. 尝试对书中例子进行完整的需求分析。

第8章

面向对象设计

面向对象设计(Object-Oriented Design,OOD)方法是 OO 方法中一个中间过渡环节,其主要作用是对 OOA 分析的结果作进一步的规范化整理,以便能够被 OOP 直接接受。

OOD 的目标是管理程序内部各部分的相互依赖。为了达到这个目标,OOD 要求将程序分成块,每个块的规模应该小到可以管理的程度,然后分别将各个块隐藏在接口(interface)的后面,让它们只通过接口进行交互。比如说,如果用 OOD 的方法来设计一个服务器-客户端(server-client)应用,那么服务器和客户端之间不应该有直接的依赖,而是应该让服务器接口和客户端接口相互依赖。

这种依赖关系的转换使得系统的各部分具有了可复用性。上述例子中,客户端就不必依赖于特定的服务器,所以就可以复用到其他环境下。如果要复用某一个程序块,只要实现必需的接口就行了。

OOD 是一种解决软件问题的设计范式(paradigm),是一种抽象的范式。使用 OOD 这种设计范式,可以用对象(object)来表现问题域实体,每个对象都有相应的状态和行为。OOD 的抽象可以有多个层次,从非常抽象的到非常具体的都有,而对象可能处于任何一个抽象层次上。另外,彼此不同但又互有关联的对象可以共同构成抽象,实际上,只要这些对象之间有相似性,就可以把它们当成同一类的对象来处理。

软件设计

8.1 设计过程

软件设计是一个迭代过程,通过这个过程,需求被变换为用于构建软件的"蓝图"。刚开始,蓝图描述了软件的整体视图,也就是说,设计是在高抽象层次上的表达,在该层次上可以直接观察到特定的系统目标以及更详细的数据、功能和行为需求。随着设计迭代地进行,后续的细化导致更低抽象层次的设计表示。这些表示仍然能够跟踪到需求,但连接更加错综复杂了。

8.1.1 软件质量指导原则和属性

在整个设计过程中,使用一系列技术评审来评估设计演化的质量。下面是可以指导良好设计演化的 3 个特征。

(1) 设计应当实现所有包含在需求模型中的明确需求,而且必须满足利益相关者期望的所有隐含需求。

(2) 对于那些编程者和测试者以及随后的软件维护者而言,设计应当是可读的、可理解

的指南。

(3) 设计应当提供软件的全貌,从实现的角度对数据域、功能域和行为域进行说明。

以上每一个特征实际上都是设计过程的目标。

为了评估某个设计表示的质量,软件团队中的成员必须建立良好设计的技术标准,需要下面的质量指导原则。

(1) 设计应展现出这样一种体系结构：已经使用可识别的体系结构风格或模式创建;由能够展现出良好设计特征的构件构成;能够以演化的方式实现,从而便于实施与测试。

(2) 设计应该模块化,也就是说,应将软件逻辑地划分为元素或子系统。

(3) 设计应该包含数据、体系结构、接口和构件的清晰表示。

(4) 设计应导出数据结构,这些数据结构适用于要实现的类,并从可识别的数据模式提取。

(5) 设计应导出显示独立功能特征的构件。

(6) 设计应导出接口,这些接口降低了构件之间以及构件与外部环境之间连接的复杂性。

(7) 设计的导出应采用可重复的方法进行,这些方法由软件需求分析过程中获取的信息而产生。

(8) 应使用能够有效传达其意义的表示法来表达设计。

软件质量属性 FURPS,其中各字母分别代表功能性(functionality)、易用性(usability)、可靠性(reliability)、性能(performance)及可支持性(supportability)。FURPS 质量属性体现了所有软件设计的目标：

(1) **功能性**通过评估程序的特征集和能力、所提交功能的通用性以及整个系统的安全性来评估。

(2) **易用性**通过考虑人员因素、整体美感、一致性和文档来评估。

(3) **可靠性**通过测量故障的频率和严重性、输出结果的精确性、平均故障时间(Mean-Time-To-Failure,MTTF)、故障恢复能力和程序的可预见性来评估。

(4) **性能**通过考虑处理速度、响应时间、资源消耗、吞吐量和效率来度量。

(5) **可支持性**综合了可扩展性、可适应性和可用性,这 3 个属性体现了一个更通用的术语：可维护性。此外,还包括可测试性、兼容性、可配置性、系统安装的简易性和问题定位的容易性。

在进行软件设计时,并不是每个软件质量属性都具有相同的权重。有的应用问题可能强调功能性,特别突出安全性;有的应用问题可能要求性能,特别突出处理速度;还有的可能关注可靠性。抛开权重不谈,重要的是必须在设计开始时就考虑这些质量属性,而不是在设计完成后和构建已经开始时才考虑。

8.1.2　软件设计的演化

软件设计的演化是一个持续的过程,它已经经历了 60 多年的发展。早期的设计工作注重模块化程序开发的标准和以自顶向下的“结构化”方式对软件结构进行求精的方法。较新的设计方法则为面向对象设计方法。近年来,软件体系结构和可用于实施软件体系结构及较低级别设计抽象的设计模式已经成为软件设计的重点。面向方面的方法、模型驱动开发以及测试驱动开发日益受到重视，这些方法强调在设计中实现更有效的模块化和体系结构的技术。

许多设计方法刚刚被提出，它们从工作中产生，并正被运用于整个行业。每一种软件设计方法引入了独特的启发式和表示法，同时也引入了某种标定软件质量特征的狭隘观点。不过，这些方法都有一些共同的特征。

(1) 将需求模型转化为设计表示的方法。

(2) 表示功能性构件及它们之间接口的表示法。

(3) 细化和分割的启发式方法。

(4) 质量评估的指导原则。

无论使用哪种设计方法，都应该将一套基本概念运用到数据设计、体系结构设计、接口设计和构件级设计，这些基本概念将在后面几节中介绍。

设计概念（一）

设计概念（二）

8.2 设计概念

软件设计包括一系列原理、概念和实践，可以指导高质量系统或产品的开发。设计原理建立了指导设计工作的最重要原则。在运用技术和方法进行设计实践之前，必须先理解设计概念，设计实践本身会产生软件的各种表示，以指导随后的构建活动。软件设计在软件工程过程中属于核心技术，并且它同所采用的软件过程模型无关。一旦对软件需求进行分析和建模，软件设计就开始了。软件设计是建模活动的最后一个软件工程动作或任务，接着便要进入构建阶段，即编码和测试。

需求模型的每个元素都提供了创建 4 种设计模型所必需的信息，这 4 种设计模型是完整的设计规格说明所必需的。由基于场景的元素、基于类的元素和行为元素所表示的需求模型是设计任务的输入。

软件设计的重要性可以用一个词来表达——质量。在软件工程中，设计是质量形成的地方，设计提供了可以用于质量评估的软件表示，设计是将利益相关者的需求准确地转化为最终软件产品或系统的唯一方法。软件设计是所有软件工程活动和随后的软件支持活动的基础。没有设计，将会存在构建不稳定系统的风险，这样的系统稍作改动就无法运行，而且难以测试，直到软件过程的后期才能评估其质量，而那时时间已经不够并且已经花费了大量经费。

8.2.1 抽象

当考虑某一问题的模块化解决方案时，可以给出许多抽象级别。在最高的抽象级上，使用问题所处环境的语言以开阔性的术语描述解决方案。在较低的抽象级上，将提供更详细的解决方案说明。当力图陈述一种解决方案时，面向问题的术语和面向实现的术语会同时使用。最后，在最低的抽象级上，以一种能直接实现的方式陈述解决方案，如图 8.1 所示。

在开发不同层次的抽象时，软件设计师力图创建过程抽象和数据抽象。过程抽象是指具有明确和有限功能的指令序列。“过程抽象”这一命名暗示了这些功能，但隐藏了具体的细节。过程抽象的例子如开门，开门隐含了一长串的过程性步骤，具体如图 8.2 所示。

数据抽象是描述数据对象的具名数据集合。在过程抽象开门的场景下，可以定义一个

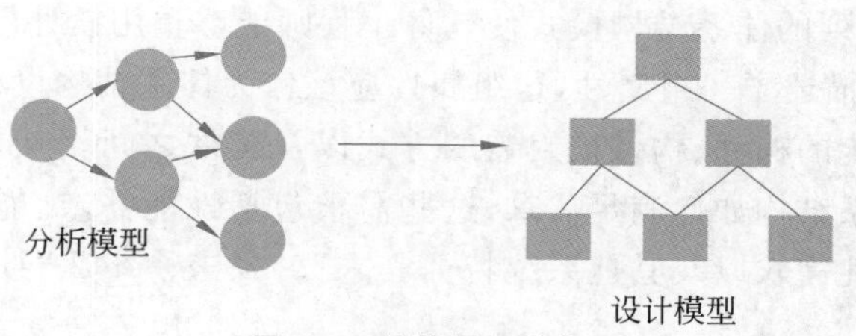

图 8.1 结构层级分析

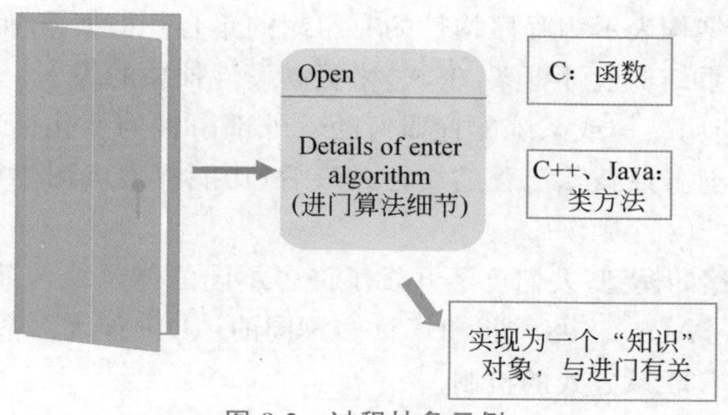

图 8.2 过程抽象示例

名为 Door 的数据抽象。同任何数据对象一样，Door 的数据抽象将包含一组描述门的属性。因此，过程抽象利用数据抽象 Door 的属性中所包含的信息，具体如图 8.3 所示。

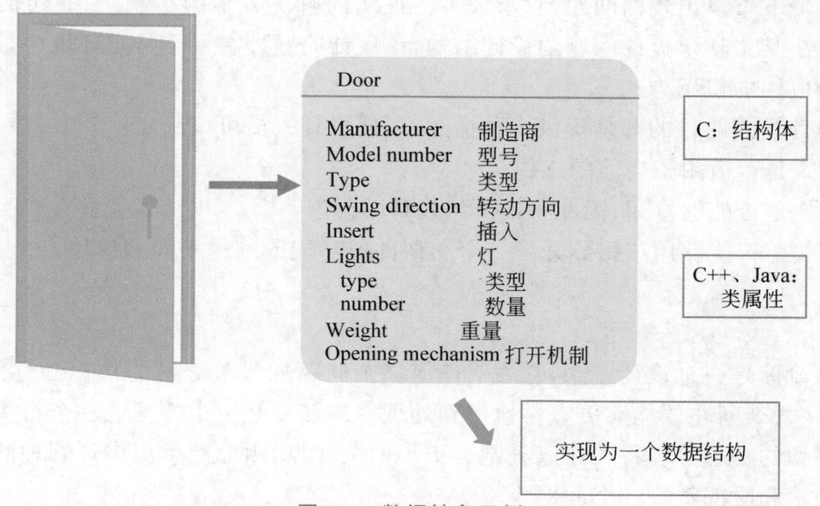

图 8.3 数据抽象示例

8.2.2 体系结构

软件体系结构意指“软件的整体结构和这种结构为系统提供概念完整性的方式”。从最简单的形式看，体系结构是程序构件的结构化或组织这些构件交互的方式以及这些构件所用的数据结构。然而在更广泛的意义上，构件可以概括为主要的系统元素及其交互方式的表示。

软件设计的目标之一是导出系统体系结构示意图，该示意图作为一个框架，将知道更详细的设计活动。一系列的体系结构模式使软件工程师能够重用设计层概念。

Shaw 和 Carlan 描述了一组属性,这组属性应该作为体系结构设计的一部分进行描述。结构特性定义了"系统的构件、构件被封装的方式以及构件之间相互作用的方式"。外部功能特性指出"设计体系结构如何满足需求,这些需求包括性能需求、能力需求、可靠性需求、变全性需求、可适应性需求以及其他系统特征需求"。相关系统族"抽取出相似系统设计中常遇到的重复性模式"。

一旦给出了这些特性的规格说明,就可以用一种或多种不同的模型来表示体系结构设计。结构模型将体系结构表示为程序构件的有组织的集合。框架模型可以通过确定相似应用中遇到的可复用体系结构设计框架(模式)来提高设计抽象的级别。动态模型强调程序体系结构的行为方面,指明结构或系统配置如何随着外部事件的变化而产生变化。过程模型强调系统必须提供的业务或技术流程的设计。最后,功能模型可用于标识系统的功能层次结构。

为了表示以上描述的模型,人们已经开发了许多不同的体系结构描述语言(Architectural Description Language,ADL)。尽管提出了许多不同的 ADL,但大多数 ADL 都提供描述系统构件和构件之间相互联系方式的机制。

8.2.3 模式

Brad Appleton 以如下方式定义设计模式:"模式是具名的洞察力财宝,对于竞争事件中某确定环境下重复出现的问题,它承载了已证实的解决方案的精髓"。换句话说,设计模式描述了解决某个特定设计问题的设计结构,该设计问题处在一个特定环境中,该环境会影响到模式的应用的使用方式。

每种设计模式的目的都是提供一种描述,以使设计人员可以决定:

(1) 模式是否适用于当前的工作。

(2) 模式是否能够复用,因此可以节约设计时间。

(3) 模式是否能够用于指导开发一个相似的但功能或结构不同的模块。

8.2.4 关注点分离

关注点分离是一个设计概念,它表明任何复杂问题如果被分解为可以独立解决或优化的若干块,该复杂问题便能够更容易地得到处理。关注点是一个特征或一个行为,被指定为软件需求模型的一部分。将关注点分割为更小的关注点,由此产生更多可管理的块,便可用更少的工作量和时间解决一个问题。

另一个结果是:两个问题被结合到一起的认知复杂度经常高于每个问题各自的认知复杂度之和。这就引出了"分而治之"的策略,也就是把一个复杂问题分解为若干可管理的块来求解时将会更容易。这对于软件的模块化具有重要的意义。

关注点分离在其他相关设计概念中也有体现,包括模块化、方便、功能独立、求精。

8.2.5 模块化

模块化是关注点分离最常见的表现。软件被划分为独立命名的、可处理的构件,有时被称为模块,把这些构件集成到一起可以满足问题的需求。

有人提出“模块化是软件的单一属性，它使程序能被智能化地管理”。软件工程师难以掌握单块软件。对于单块大型程序，其控制路径的数量、引用的跨度、变量的数量和整体的复杂度使得理解这样的软件几乎是不可能的。绝大多数情况下，为了理解更容易，都应当将设计划分成许多模块，这样做的结果是降低构建软件所需的成本。

回顾关于关注点分离的讨论，可以得出结论：如果无限制地划分软件，那么开发软件所需的工作量将会小到忽略不计。不幸的是，其他因素开始起作用，导致这个结论是不成立的。如图 8.4 所示，开发单个软件模块的工作量（成本）的确随着模块数的增加而下降。给定同样的需求，更多的模块意味着每个模块的规模更小。然而，随着模块数量的增加，集成模块的工作量（成本）也在增加。这些特性形成了图示中的总体成本或工作量曲线。事实上，的确存在一个模块数量 M，这个数量可以带来最小的开发成本。但是，缺乏成熟的技术来精确地预测 M。

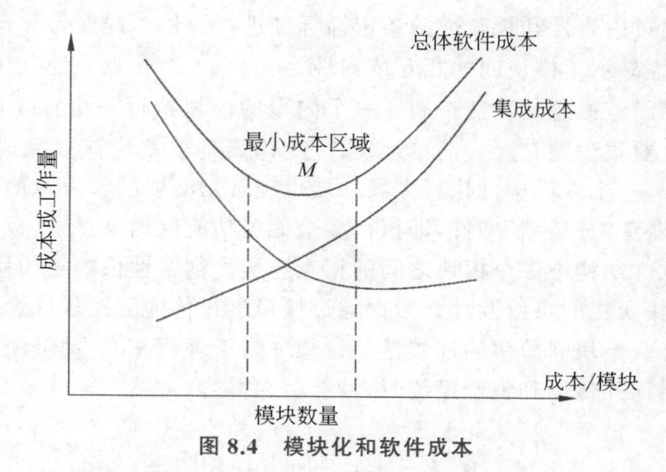

图 8.4　模块化和软件成本

在考虑模块化的时候，图 8.4 所示的曲线确实提供了有益的指导。在进行模块化的时候，应注意保持在 M 附近，避免不足的模块化或过度的模块化问题。

模块化设计使开发工作更易于规划；可以定义和交付软件增量；更容易实施变更；能够更有效地开展测试和调试；可以进行长期维护而没有严重的副作用。

8.2.6　信息隐蔽

模块化概念面临的一个基本问题是：“应当如何分解一个软件解决方案以获得最好的模块集合？”**信息屏蔽**原则建议模块应该具有的特征是：“每个模块对其他所有模块都隐蔽自己的设计决策。”换句话说，模块应该被特别说明并设计，使信息都包含在模块内，其他模块无须对这些信息进行访问。

信息隐蔽的含义是，通过定义一系列独立的模块得到有效的模块化，独立模块之间只交流实现软件功能所必需的信息。抽象有助于定义构成软件的过程或信息实体。信息隐蔽定义并加强了对模块内过程细节的访问约束以及对模块所使用的任何局部数据结构的访问约束。

将信息隐蔽作为系统模块化的一个设计标准，在测试过程以及随后的软件维护过程中需要进行修改时，将受益匪浅。由于大多数数据和过程对软件的其他部分是隐蔽的，因此，在修改过程中不小心引入的错误就不太可能传播到软件的其他地方。

8.2.7 功能独立

功能独立的概念是关注点分离、模块化、抽象和信息隐蔽概念的直接产物。在关于软件设计的一篇里程碑性的文章中，Wirth 和 Parnas 间接提到增强模块独立性的细化技术。

通过开发具有"专一"功能和"避免"与其他模块过多交互的模块，可以实现功能独立。换句话说，软件设计时应使每个模块满足设计需求的某个特定子集，并且当从程序结构的其他部分观察时，每个模块只有一个简单的接口。

人们会提出一个很合理的问题：独立性为什么如此重要？具有有效模块化的软件更容易开发，这是因为功能被分割而且接口被简化。独立模块更容易维护，因为修改设计或修改代码所引起的副作用被限制，减少了错误扩散，而且模块复用也成为可能。

独立性可以通过内聚性和耦合性两条定性标准进行评估。内聚性显示了某个模块相关功能的强度；耦合性显示了模块间的相互依赖性。

内聚性是信息隐蔽概念的自然扩展。一个内聚的模块执行一个独立的任务，与程序的其他部分构件只需要很少的交互。简单地说，一个内聚的模块应该只完成一件事情。即使总是争取高内聚性，一个软件构件执行多项功能也经常是必要的和可取的。然而，为了实现良好的设计，应该避免"分裂型"构件，即执行多个无关功能的构件。

耦合性表明软件结构中多个模块之间的相互连接。耦合性依赖于模块之间的接口复杂性、引用或进入模块所在的点以及什么数据通过接口进行传递。在软件设计中，应当尽力做到最低可能的耦合。模块间简单的连接性使得软件易于理解并减少"涟漪效果"的倾向。当在某个地方发生错误并传播到整个系统时，就会引起"涟漪效果"。

设计模型

8.3 设计模型

可以从两个不同维度观察设计模型。过程维度表示设计模型的演化，设计任务作为软件过程的一部分被执行。抽象维度表示详细级别，分析模型的每个元素转化为一个等价的设计，然后迭代求精。

设计模型的元素使用了很多 UML 图，有些 UML 图在分析模型中也会用到。差别在于这些图被求精和细化为设计的一部分，并且提供了更多具体的实施细节，突出了体系结构的结构和风格、体系结构中的构件、构件之间以及构件与外界之间的接口，如图 8.5 所示。

然而，要注意到沿横轴表示的模型元素并不总是顺序开发的。大多数情况下，初步的体系结构设计是基础，随后是接口设计和构件级设计。通常，直到设计全部完成后才开始部署模型的工作。

8.3.1 数据设计元素

同其他软件工程活动一样，从客户或用户的数据观点出发，数据设计或数据体系结构创建了在高抽象级上表示的数据模型和信息模型。之后，数据模型被逐步求精为特定实现的表示，亦即计算机系统能够处理的表示。在很多软件应用中，数据体系结构对于必须处理该数据的软件的体系结构将产生深远的影响。

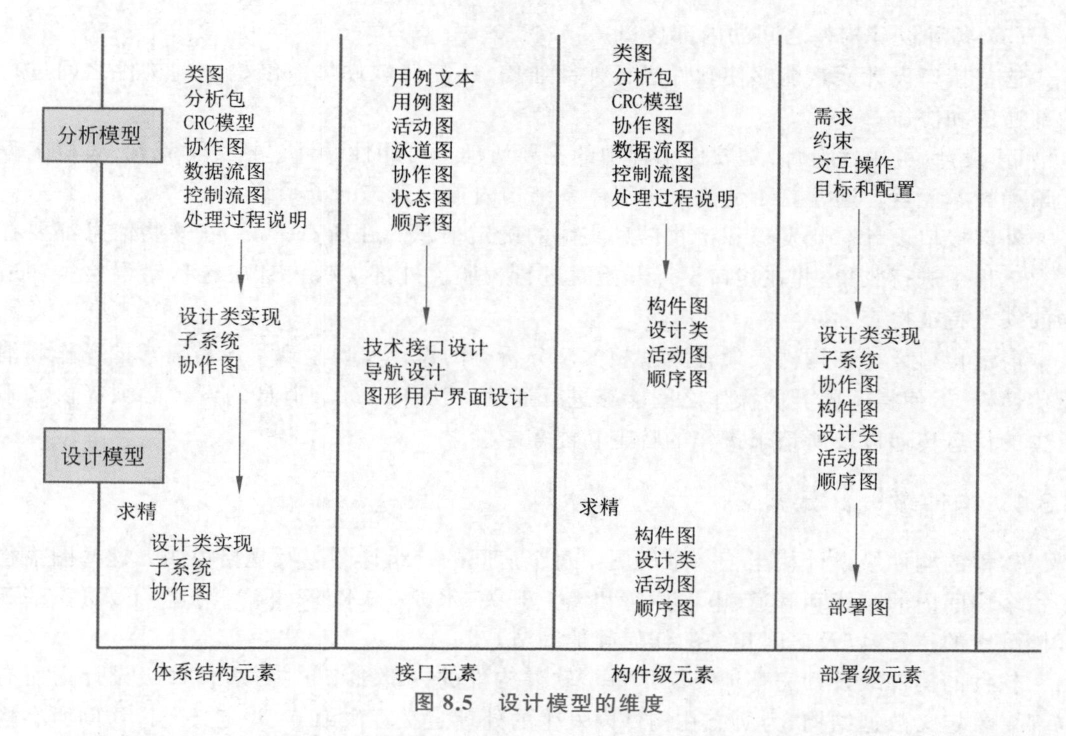

图 8.5 设计模型的维度

数据结构通常是软件设计的重要部分。在程序构件级,数据结构设计以及处理这些数据的相关算法对于创建高质量的应用程序是至关重要的。在应用级,从源自于需求工程的数据模型到数据库的转变是实现系统业务目标的关键。在业务级,收集存储在不同数据库中的信息并重新组织为"数据仓库"要使用数据挖掘或知识发现技术,这些技术将会影响到业务本身的成功。在每种情况下,数据设计都发挥了重要作用。

8.3.2 体系结构设计元素

软件的**体系结构设计**等效于房屋的平面图。平面图描绘了房间的整体布局,包括每个房间的尺寸、形状、相互之间的联系,能够进出房间的门窗。平面图提供了房屋的整体视图;而体系结构设计元素为我们提供了软件的整体视图。

体系结构设计元素通常被描述为一组互相联系的子系统,且常常从需求模型中的分析包中派生出来。每个子系统有其自己的体系结构,后续章节将详细介绍。

8.3.3 接口设计元素

软件的接口设计相当于一组房屋的门、窗和外部设施的详细绘图。门、窗、外部设施的详细图纸作为平面图的一部分,大体上描述事件和信息如何流入和流出住宅以及如何在平面图的房间内流动。软件接口设计元素描述了信息如何流入和流出系统,以及被定义为体系结构一部分的构件之间是如何通信的。

接口设计有 3 个重要元的元素。

(1) 用户界面(User Interface,UI)。

(2) 同其他系统、设备、网络、信息生成者或使用者的外部接口。

(3) 各种设计构件之间的内部接口。

这些接口设计元素能够使软件进行外部通信，还能使软件体系结构中的构件之间进行内部通信和协作。

UI设计(可用性设计)是软件工程中的主要活动。可用性设计包括美学元素、人机工程元素和技术元素。通常，UI是整个应用体系结构内独一无二的子系统。

外部接口设计需要发送和接收信息实体的确定信息。在所有情况下，这些信息都要在需求工程中进行收集，并在接口设计开始时进行校验。外部接口设计应包括错误检查和适当的安全特征检查。

内部接口设计和构件级设计紧密相关。分析类的设计实现呈现了所有需求的操作和消息传递模式，使得不同类的操作之间能够进行通信和协作。每个消息的设计必须提供必不可少的信息传递以及所请求操作的特定功能需求。

8.3.4 构件级设计元素

软件的构件级设计相当于一个房屋中每个房间的一组详图以及规格说明。这些图描绘了每个房间内的布线和管道、电器插座和墙上开关、水龙头、水池、淋浴、浴盆、下水道、壁橱和储藏室的位置，以及房间相关的任何其他细节。

软件的构件级设计完整地描绘了每个软件构件的内部细节。为此，构件级设计为所有局部对象定义数据结构，为所有在构件内发生的处理定义算法细节，并定义允许访问所有构件操作(行为)的接口。

体系结构设计

8.4 体系结构设计

设计通常被描述为一个多步过程，该过程从信息需求中综合出数据和程序结构的表示、接口特征和过程细节。软件设计方法是通过仔细考虑分析模型的3个域而得到的。数据、功能和行为这3个域是创建软件设计的指南。

这里将介绍建立设计模型的数据和体系结构层的“内聚的、规划良好的表示”所需的方法。目标是提供一种导出体系结构的系统化方法，而体系结构设计是构建软件的初始蓝图。

Shaw和Garlan在他们划时代的著作中以如下方式讨论了软件的体系结构：

从第一个程序被划分成模块开始，软件系统就有了体系结构。同时，程序员已经开始负责模块间的交互和模块装配的全局属性。从历史的观点看，体系结构隐含了不同的内容——实现的偶然事件或先前的遗留系统。优秀的软件开发人员经常采用一个或者多个体系结构模式作为系统组织策略，但是他们只是非正式地使用这些模式，并且在最终系统中没有将这些模式清楚地体现出来。

如今，有效的软件体系结构及其明确的表示和设计已经成为软件工程领域的主流话题。

当考虑建筑物的体系结构时，脑海中会出现很多不同的属性。在最简单的层面上，会考虑物理结构的整体形状。但在实际中，体系结构还包含更多的方面。它是各种不同建筑构件集成为一个有机整体的方式；是建筑融入所在环境并与相邻的其他建筑相互吻合的方式；是建筑满足既定目标和满足主人要求的程度；是对结构的一种美学观感，以及纹理、颜色和材料结合在一起创建外部和内部“居住环境”的方式；是很多微小的细节——灯具、地板类型、壁挂布置等的设计。

Bass、Clements 和 Kazman 对于软件体系结构这一概念给出了如下定义：

程序或计算系统的软件体系结构是指系统的一个或者多个结构，它包括软件构件、构件的外部可见属性以及它们之间的相互关系。

体系结构并非可运行的软件。确切地说，它是一种表达，可以由软件工程实现。

(1) 对设计在满足既定需求方面的有效性进行分析。

(2) 在设计变更相对容易的阶段，考虑体系结构可能的选择方案。

(3) 降低与软件构建相关的风险。

该定义强调了"软件构件"在任意体系结构中表示的作用。在体系结构设计环境中，软件构件可能会像程序模块或者面向对象的类那样简单，但也可能扩充到包括数据库和能够完成客户与服务器网络配置的"中间件"。构件的属性是理解构件之间如何相互作用的必要特征。在体系结构层次上，不会详细说明内部属性。构件之间的关系可以像从一个模块对另一个模块进行过程调用那样简单，也可以像数据库访问协议那样复杂。

8.4.1 体系结构类型

尽管体系结构设计的基本原则适用于所有类型的体系结构，但对于需要构建的结构，体系结构类型(genre)经常会规定特定的体系结构方法。在体系结构设计环境中，类型隐含了在整个软件领域中的一个特定类别。在每种类别中，会有很多的子类别。例如，在建筑物类型中，会有以下几种通用风格：住宅房、单元楼、公寓、办公楼、工厂厂房、仓库等。在每一种通用风格中，也会运用更多的具体风格。每种风格有一个结构，可以用一组可预测模式进行描述。

8.4.2 体系结构风格

当建筑师用短语"中式房屋"来描述某座房子时，大多数熟悉中国房子的人能够产生一种整体画面，即房子看起来是什么样子以及主平面图看起来是什么样子。建筑师使用体系结构风格作为描述手段，将该房子和其他风格(如砖房等)的房子区分开来。但更重要的是，体系结构风格也是建筑的样板。必须进一步规定房子的细节，具体说明它的最终尺寸，进一步给出定制的特征，确定建筑材料等。实际上是建筑风格——"中式房屋"——指导了建筑师的工作。

基于计算机系统构造的软件也展示了众多体系结构风格中的一种。每种风格描述一种系统类别，包括：

(1) 完成系统需要的某种功能的一组构件，例如，数据库、计算模块。

(2) 能使构件间实现"通信、合作和协调"的一组连接件。

(3) 定义构件如何集成为系统的约束。

(4) 语义模型，能使设计者通过分析系统组成成分的已知属性来理解系统的整体性质。

体系结构风格就是施加在整个系统设计上的一种变换，目的是为系统的所有构件建立一个结构。在对已有体系结构再工程时，体系结构风格的强制采用会导致软件结构的根本性改变，包括对构件功能的再分配。

与体系结构风格一样，体系结构模式也对体系结构设计施加一种变换。然而，体系结构模式与体系结构风格在许多基本方面存在不同。

(1) 模式涉及的范围要小一些，它更多集中在体系结构的某一方面而不是体系结构的整体。

(2) 模式在体系结构上施加规则，描述了软件是如何在基础设施层次(例如并发)上处理某些功能性方面的问题。

(3) 体系结构模式倾向于在体系结构环境中处理特定的行为问题，例如，实时应用系统如何处理同步和中断。模式可以与体系结构风格结合起来建立整个系统结构的外形。

8.4.3 体系结构的简单分类

在过去的60年中，尽管已经创建了数百万的计算机系统，但绝大多数都可以归为少数的几种体系结构风格之一。

1. 以数据为中心的体系结构

数据存储(如文件或数据库)位于这种体系结构的中心，其他构件会经常访问该数据存储，并对存储中的数据进行更新、增加、删除或者修改。图8.6描述了一种典型的以数据为中心的体系结构风格，其中，客户软件访问中心存储库。在某些情况下，数据存储库是被动的，也就是说，客户软件独立于数据的任何变化或其他客户软件的动作而访问数据。该体系结构的一个变种是将中心存储库变换成“黑板”，当客户感兴趣的数据发生变化时，它将通知客户软件，具体结构如图8.6所示。

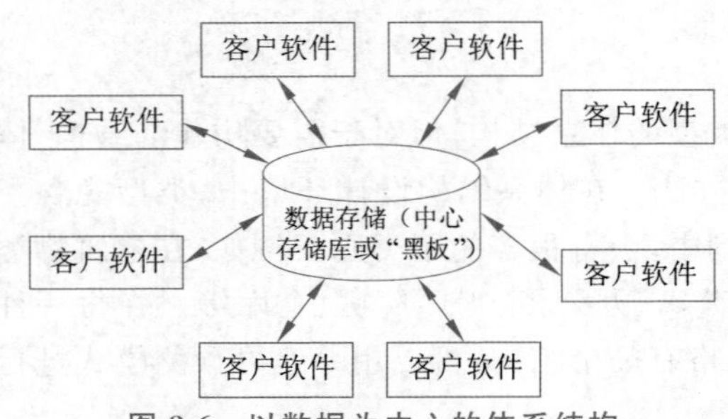

图8.6 以数据为中心的体系结构

以数据为中心的体系结构促进了可集成性，也就是说，现有的构件可以被修改，而且新的客户构件可以加入体系结构中，而无须考虑其他的客户，因为客户构件是独立运作的。另外，数据可以在客户间通过“黑板”机制传送，即黑板构件负责协调信息在客户间的传递，客户构件独立地执行过程。

2. 数据流体系结构

这种体系结构就是从输入数据经过一系列计算构件和操作构件的变换形成输出数据。管道与过滤器模式拥有一组称为过滤器的构件，这些构件通过管道链接，管道将数据从一个构件传送到下一个构件。每个过滤器作为独有的构件而工作，过滤器的设计要针对某种形式的数据输入，并且为下一个过滤器产生某种特定形式的输出。然而，过滤器没有必要了解与之相邻的其他过滤器的工作。

如果数据流退化成单线变换，则称为批处理序列。这种结构接收一批数据，然后应用一系列连续的构件(过滤器)完成变换。

3. 调用和返回体系结构

该体系结构风格能够设计出一个相对易于修改和扩展的程序结构。在此类体系结构中，存在如下常见风格。

(1) 主程序/子程序体系结构。这种传统的程序结构将功能分解为一个控制层次，其中“主”程序调用一组程序构件，这些程序构件又去调用其他构件。

(2) 远程过程调用体系结构。主程序/子程序体系结构的构件分布在网络中的多台计算机上。

4. 面向对象体系结构

系统的构件封装了数据和必须用于控制该数据的操作，构件间通过信息传递进行通信与合作。

5. 层次体系结构

这种体系结构定义了一系列不同的层次，每个层次各自完成操作，这些操作逐渐接近机器的指令集。在外层，构件完成建立用户界面的操作；在内层，构件完成建立操作系统接口的操作；中间层提供各种实用工具服务和应用软件功能。采用这种体系结构的典型代表是操作系统。

以上描述的体系结构风格仅仅是可用风格中的一小部分。一旦需求工程揭示了待构建系统的特征和约束，就可以选择最适合这些特征和约束的体系结构风格或风格组合。在很多情况下，会有多种模式是适合的，需要对可选的体系结构风格进行设计和评估。

8.4.4　体系结构考虑要素

Buschnann 和 Henny 提出了几个考虑要素，指导软件工程师在体系结构设计时做出决策。

(1) 经济性。许多软件体系结构深受不必要的复杂性所害，它们充斥着不必要的产品特色或无用的需求，如无目的的可重用性。最好的软件应该是整洁的并依赖抽象化以减少无用的细节。

(2) 易见性。设计模型建立后，对于那些随后将验证这些模型的软件工程师而言，体系结构的决策及其依据应该是显而易见的。如果重要的设计和专业领域概念与随后的设计和开发人员没有进行有效沟通，所产生的设计模型往往是晦涩难懂的。

(3) 隔离性。不产生隐藏依赖的关注点分离是非常理想的设计思想，有时将此称为隔离性。适当的隔离产生模块化的设计，但过分的隔离又会导致碎片化和易见性的丧失。

(4) 对称性。体系结构的对称性意味着它的属性是均衡一致的，对称的设计更易于理解、领悟和沟通。比如，设想一个客户账户的对象，其生命周期可被软件体系结构直接模式化为同时提供 open 和 close 方法。体系结构的对称性可同时包括结构上的对称性和行为上的对称性。

(5) 应急性。紧急的、自组织的行为和控制常常是创建可扩展的、经济高效的软件体系结构的关键。比如，许多实时性的软件应用是由事件驱动的，定义系统行为的事件序列和它们的持续时间确定了应急响应的质量，很难预先规划好事件所有可能的序列，相反，系统体系结构设计师应构建一个灵活系统，能够适应这类突发事件的出现。

以上这些考虑要素并非独立存在，它们之间既相互作用又相互调节。例如，隔离性可因经济性加强而减轻，隔离性也可平衡易见性。

软件产品的体系结构描述在实现它的源代码中并非显而易见。相应地，随着源代码的不断修改，如软件维护活动，软件体系结构也将逐渐被侵蚀。对设计者而言，如何对体系结构信息进行适当的抽象是一项挑战。这些抽象可潜在地提高源代码的结构化程度，从而改善可读性和可维护性。

8.4.5 体系结构设计

在体系结构设计开始的时候，应先建立相应的环境。为达成此目标，应该定义与软件交互的外部实体（其他系统、设备、人）和交互的特性。这些信息一般可以从需求模型中获得。一旦建立了软件的环境模型，且描述出所有的外部软件接口，就可以确定体系结构原型集。

原型是表示系统行为元素的一种抽象，类似于类。这个原型集提供了一个抽象集，如果要使系统结构化，就必须要对这些原型进行结构化建模，但原型本身并不提供足够的实施细节。因此，设计人员通过定义和细化实施每个原型的软件构件来指定系统的结构。这个过程持续迭代，直到获得一个完善的体系结构。

当软件工程师建立有真实意义的体系结构图时，应先自问并回答一系列问题：该图是否能显示系统对输入或事件的响应？哪些部分可以可视化地表达出来，以突出显示风险领域？如何将隐藏的系统设计模式展现给其他开发者？可否以多个视角展现最佳路径以分解系统的特定部分？设计中的各种权衡取舍能否有意义地展现出来？如果一个软件体系结构的图示可以回答以上这些问题，那么对于使用它的软件工程师而言将是很有价值的。

1. 系统环境表示

在体系结构设计层，软件体系结构设计师用体系结构环境图（Architectural Context Diagram，ACD）对软件与其外围实体的交互方式进行建模，图 8.7 给出了体系结构环境图的一般结构。

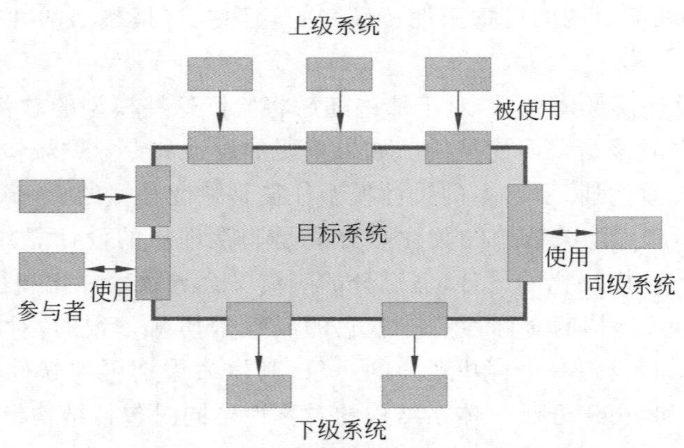

图 8.7 体系结构环境图的一般结构

根据图 8.7 中所示，与目标系统（为该系统所开发的体系结构设计）交互的系统可以表示如下。

（1）**上级系统**——这些系统把目标系统作为某些高层处理方案的一部分。

（2）**下级系统**——这些系统被目标系统使用，并为完成目标系统的功能提供必要的数据和处理。

（3）**同级系统**——这些系统在对等的基础上相互作用，即信息或者由同级系统和目标系统产生，或者被目标系统和同级系统使用。

（4）**活动者**——通过产生和消耗必要处理所需的信息，实现与目标系统交互的实体（人、设备）。

每个外部实体都通过某一接口(图中带阴影的小矩形),与目标系统进行通信。

2. 定义原型

原型(archetype)是表示核心抽象的类或模式,该抽象对于目标系统体系结构的设计非常关键。通常,即使设计相对复杂的系统,也只需要相对较小的原型集合。目标系统的体系结构由这些原型组成,这些原型表示体系结构中稳定的元素,但可以基于系统行为以多种不同的方式对这些元素进行实例化。很多情况下,可以通过检验作为需求模型一部分的分析类来导出原型。

3. 将体系结构细化为构件

在将软件体系结构细化为构件时,系统的结构就开始显现了。但是,如何选择这些构件呢?为了回答这个问题,先从需求模型所描述的类开始。这些分析类表示软件体系结构中必须处理的应用(业务)领域的实体。因此,应用领域是构件导出和细化的一个源泉。另一个源泉是基础设施域。体系结构必须提供很多基础设施构件,使应用构件能够运作,但是这些基础设施构件与应用领域没有业务联系。例如,内存管理构件、通信构件、数据库构件和任务管理构件经常集成到软件体系结构中。

继续以智能居家养老平台体系结构为例,可以完成如下顶级构件集合。

(1) 后台管理页面——管理用户登录。

(2) 前台使用页面——管理个人信息的填写、房屋平面图的添加、传感器的配置。

图 8.8 展示了平台 Web 应用程序与前后台构件图,描述了整体体系结构。居家养老系统主要由两个构件组成,一个是构件用来实现用户界面,其中有另外 3 个子构件用来实现用户界面的功能,包括编写个人信息、选择和添加房屋平面图以及选择和配置传感器;另一个则是用来实现后台管理界面,后台页面用于实现修改前端的配置和管理用户的登录。

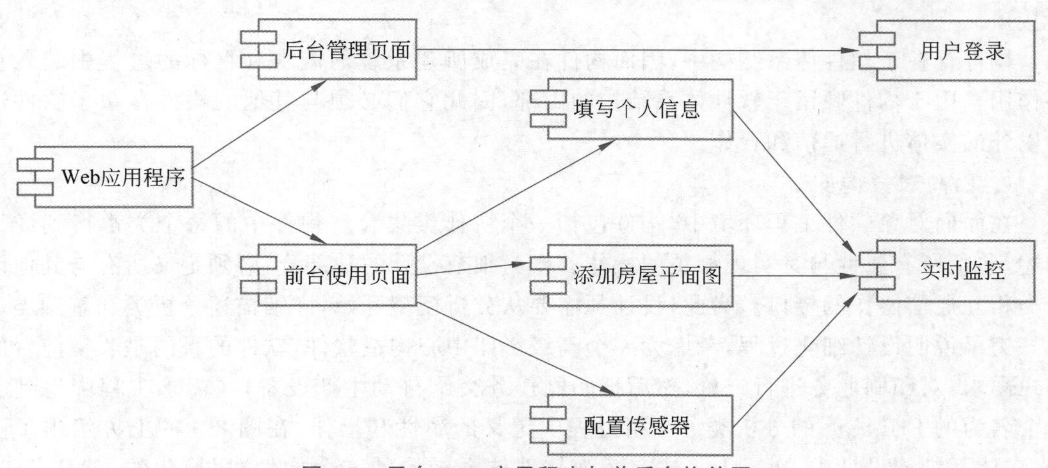

图 8.8 平台 Web 应用程序与前后台构件图

体系结构环境图描述的接口隐含着一个或者多个特定的构件,这些构件处理经过接口的数据。在某些情况下(如图形用户界面)需要设计具有许多构件的、完整的子系统体系结构。

4. 体系结构评审

体系结构评审是一种特定的技术性评审,它提供了一种评估方法,该方法可以评估软件体系结构满足系统质量需求(如可扩展性或性能)的能力以识别任何潜在风险的能力。体系结构评审可以尽早检测到设计问题,具有降低项目成本的潜能。

与需求评审会涉及所有利益相关者的代表不同,体系结构评审往往只涉及软件工程团队成员,并辅以独立的专家。业界最常用的体系结构评审技术有基于经验的推理、原型评估、情境评审以及检查单的使用。许多体系结构的评审在项目生命周期的早期就开始了,当在基于构件的设计中需要新增构件或程序包时也应进行体系结构评审。软件工程师们在进行体系结构评审时,有时会发现体系结构的工作成果中有所缺失或不足,这样会使得评审难以完成。

面向对象设计

8.5 构件设计

体系结构设计第一次迭代完成之后,就应该开始构件级设计。在这个阶段,全部数据和软件的程序结构都已经建立起来。其目的是把设计模型转化为运行软件。但是现有设计模型的抽象层次相对较高,而可运行程序的抽象层次相对较低。这种转化具有挑战性,因为可能会在软件过程后期引入难以发现和改正的微小错误。

当设计模型被转化为源代码时,必须遵循一系列设计原则,以保证不仅能够完成转化任务,而且不在开始时就引入错误。

8.5.1 构件概念

通常来讲,构件是计算机软件中的一个模块化的构造块。OMG统一建模语言规范这样定义构件:系统中模块化的、可部署的和可替换的部件,该部件封装了实现并对外提供一组接口。

构件存在于软件体系结构中,因而构件在完成所建系统的需求和目标的过程中起着重要作用。由于构件驻留于软件体系结构的内部,因此它们必须与其他的构件存在于软件边界以外的实体进行通信和合作。

1. 面向对象构件

在面向对象软件工程环境中,构件包括一个协作类集合。构件中的每个类都得到详细阐述,包括所有属性与其实现相关的操作。作为细节设计的一部分,必须定义所有与其他设计类相互通信协作的接口。为此,设计师需要从分析模型开始,详细描述分析类和基础类。

为了说明设计细化过程,考虑为一个高级影印中心构造软件,软件的目的是收集前台的客户需求,对印刷业务进行定价,然后把印刷任务交给自动生产设备,在需求工程中得到了一个名为的PrintJob的分析类。分析过程中定义的属性和操作,在图8.9的上方给出了注释,在体系结构设计中,PrintJob被定义为软件体系结构的一个构件,用简化的UML符号表示的该构件显示在图8.9中部靠右的位置,需要注意的是,PrintJob有两个接口:computeJob和initiateJob。computeJob具有对任务进行定价的功能,initiateJob能够把任务传给生产设备。这两个接口在图8.9下方的左边给出,即所谓的棒棒糖式符号。

构件级设计将由此开始,必须对PrintJob构件细节进行细化,以提供指导实现的充分信息,通过不断补充作为构建PrintJob的类的全部属性和操作,逐步细化最初的分析类,正如图8.9右下方部分的描述,细化后的设计类PrintJob包含更多的属性信息和构件实现所需要的更广泛的操作描述。computeJob 和 initiateJob 接口隐含着与其他构件(图 8.9 中没有显示出来)的通信和协作。例如,computePageCost 操作(compute 接口的组成部分)可能与包含任务定价信息的 PricingTable 构件进行协作。checkPriority 操作(initiateJob 接口的组成部分)可能与 JobQueue 构件进行协作,用来判断当前等待生产的任务类型和优先级。

对于体系结构设计组成部分的每个构件都要实施细化。细化一旦完成,要对每个属性、每个操作和每个接口进行更进一步的细化。对适合每个属性的数据结构必须予以详细说明。另外还要说明实现与操作相关的处理逻辑的算法细节。最后是实现接口所需机制的设计。对于面向对象软件,还包括对实现系统内部对象间消息通信机制的描述。

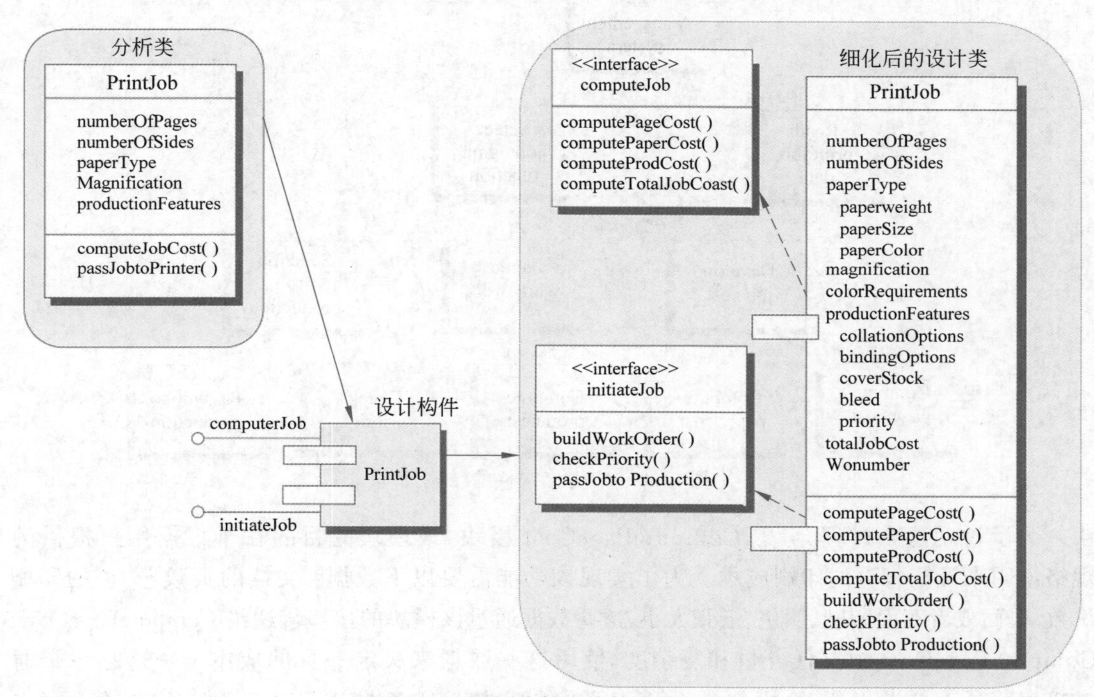

图 8.9　面向对象构件的设计细化

2. 结构化构件

在传统软件工程环境中,一个构件就是程序的一个功能要素,程序由处理逻辑及实现处理逻辑所需的内部数据结构以及能够保证构件被调用和实现数据传递的接口构成。结构化构件也称为模块,作为软件体系结构的一部分,它扮演如下 3 个重要角色之一。

(1) 控制构件,协调问题域中所有其他构件的调用。

(2) 问题域构件,完成客户需要的全部功能或部分功能。

(3) 基础设施构件,负责完成问题域中所需的支持处理的功能。

与面向对象构件相似,传统的机构化构件也来自于分析模型。不同的是在这种情况下,是以分析模型中的构件细化作为导出构件的基础。构件层次结构上的每个构件都被映射为某一层次上的模块。一般来讲,控制构件位于层次结构顶层附近,在构件细化的过程中采用了功能独立性的设计概念。

为了说明传统结构化构件的细化过程，再来考虑为一个高级影印中心构造的软件，一个分层的体系结构的导出如图 8.10 所示，图中每个方框都表示一个软件构件，带阴影的方框在功能上相当于为 PrintJob 类定义的操作，然而在这种情况下，每个操作都被表示为如图 8.10 所示的能够被调用的单独模块，其他模块用来控制处理过程，也就是前面提到的控制构件。

在构件级设计中，图 8.10 中的每个模块都要被细化。需要明确定义模块的接口，即每个经过接口的数据或控制对象都需要明确加以说明。还需要定义模块内部使用的数据结构，采用逐步求精方法设计完成模块中相关功能的算法，有时需要用状态图表示模块行为。

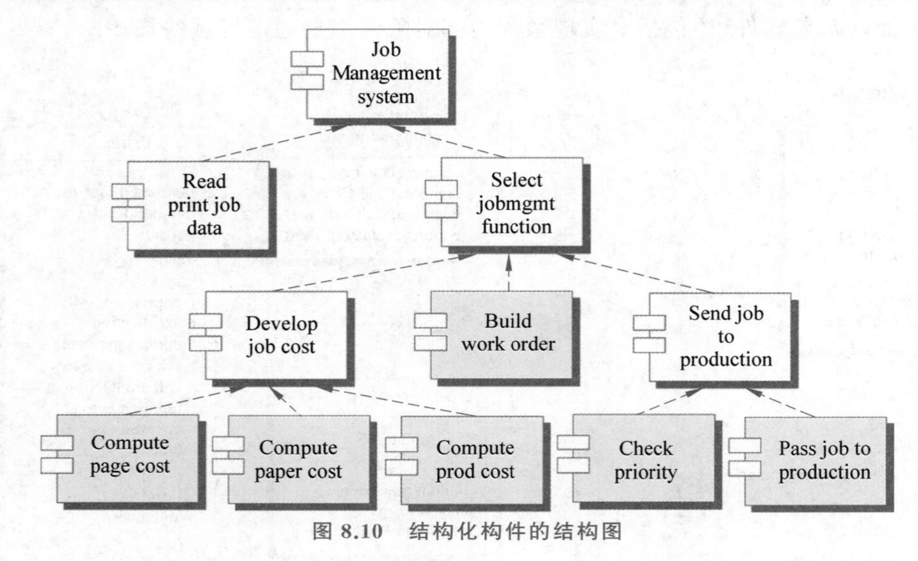

图 8.10　结构化构件的结构图

为了说明这个过程，考虑 ComputePageCost 模块，该模块的目的在于根据用户提供的规格说明来计算每页的印刷成本。为了实现该功能需要以下数据：文档的页数、文档的印刷份数、单面或者双面印刷、颜色、纸张大小，这些数据通过该模块的接口传递给 ComputePageCost。ComputePageCost 根据任务量和复杂度，使用这些数据来决定一页的成本——这是一个通过接口将所有数据传递给模块的功能，每页的成本与任务量成反比，与任务的复杂度成正比。

图 8.11 给出了使用改进的 UML 建模符号描述的构件级设计，其中 ComputePageCost 模块通过调用 getJobData 模块（允许所有相关数据都传递给该构件）和数据库接口 accessCostDB(能够使该模块访问存放所有印刷成本的数据库）来访问数据。接着，对 ComputePageCost 模块进一步细化，给出算法和接口的细节描述，如图 8.10 所示。其中算法的细节，可以由图中显示的伪代码或者 UML 活动图来表示，接口被表示为一组输入和输出的数据对象或者数据项的集合。结构化构件设计细化的过程一直进行下去，直到能够提供指导构件构建的足够细节为止。

3. 过程构件

在过去的 30 年间，软件工程已经开始强调使用已有的构件或设计模式来构造系统的必要性，实际上，软件工程师在设计过程中可以使用已经过验证的设计或代码级构件目录。当软件体系结构设计完后，就可以从目录中选出构件或者设计模式，并用于组装体系结构，由

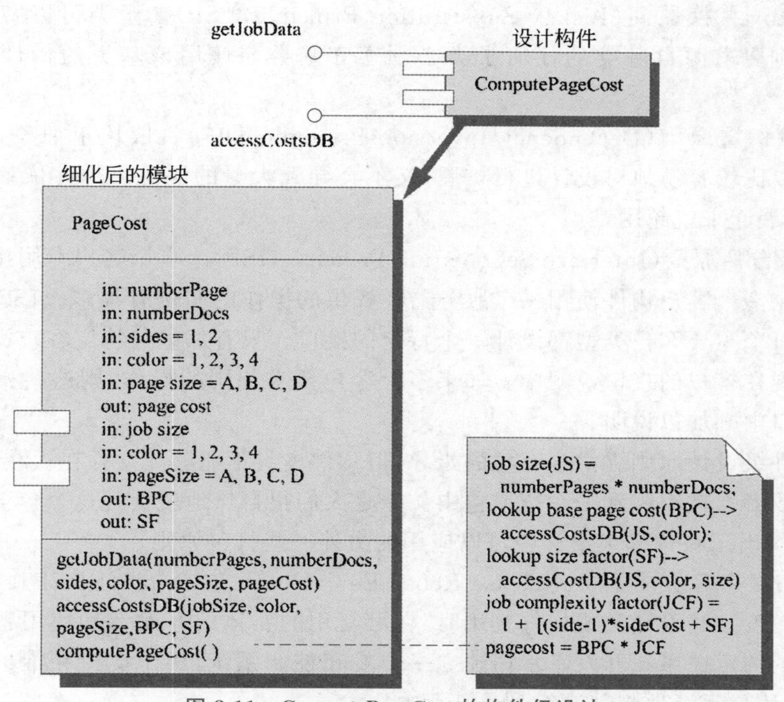

图 8.11 ComputePageCost 的构件级设计

于这些构件是根据软件复用思想来创建的，所以其接口的完整描述，要实现的功能和需要的通信与协作等，对于设计者来说都是可以得到的。

8.5.2 基于类的构件设计

构件级设计利用了需求模型开发的信息和体系结构模型表示的信息。选择面向对象软件工程方法后，构件级设计主要关注需求模型中问题域特定类的细化和基础类的定义与细化。这些类的属性、操作和接口的详细描述是开始构建活动之前所需的设计细节。

1. 基本设计原则

有 4 种适用于构件级设计的基本设计原则，这些原则在使用面向对象软件工程方法时被广泛使用。使用这些原则的根本动机在于，使得产生的设计在发生变更时能够适用变更并且减少副作用的传播。设计者以这些原则为指导进行软件构件的开发。

(1) 开闭原则(Open-Closed Principle，OCP)。模块(构件)应该对外延具有开放性，对修改具有封闭性。简单地说，设计者应该采用一种无须对构件自身内部(代码或内部逻辑)做修改就可以进行扩展的方式来说明构件。为了达到这一目的，设计者需要进行抽象，在那些可能需要扩展的功能与设计类本身之间起到缓冲区的作用，如图 8.12 所示。

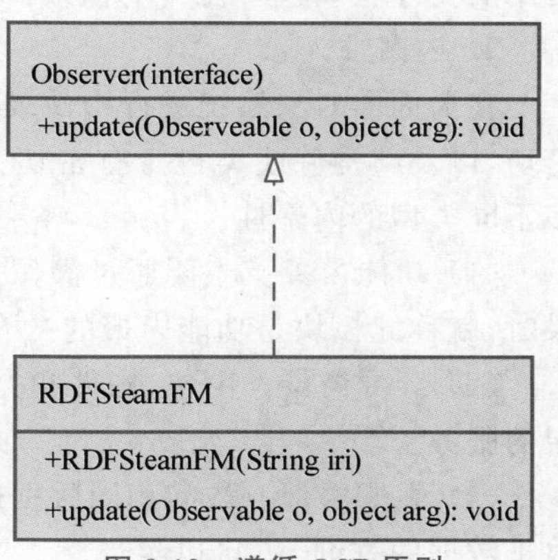

图 8.12 遵循 OCP 原则

(2) Liskov 替换原则(Liskov Substitution Principle,LSP)。子类可以替换它们的基类。LSP 原则要求源自基类的任何子类必须遵守基类与使用该基类的构件之间的隐含约定。

(3) 依赖倒置原则(Dependency Inversion Principle,DIP)。依赖于抽象,而非具体实现。抽象可以比较容易地对设计进行扩展,又不会导致大量的混乱。构件依赖的其他具体构件越多,扩展起来就越困难。

(4) 抽象分离原则(Interface Segregation Principle,ISP)。多个客户专用接口比一个通用接口要好。多个客户构件使用一个服务器类提供的操作的实例有很多。ISP 原则建议设计者应该为每个主要客户类型都设计一个特定的接口。只有那些与特定客户类型相关的操作才应该出现在客户的接口说明中。如果多个客户要求相同的操作,则这些操作应该在每个特定的接口中都加以说明。

尽管构件级设计原则提供了有益的指导,但构件本身不能够独立存在。在很多情况下,单独的构件或者类被组织到子系统或包中。于是人们很自然地就会问这个包会有怎样的活动。Martin 给出了在构件级设计中可以应用的另外一些打包原则。

(1) 发布复用等价性原则(Release Reuse Equivalency Principle,RREP)。复用的粒度就是发布的粒度。当设计类或构件复用时,在可复用的实体的开发者和使用者之间就建立了一种隐含的约定关系。开发者承诺建立一个发布控制系统,用于支持和维护实体的各种老版本,同时用户逐渐地将其升级到最新版本。

(2) 共同封装原则(Common Closure Principle,CCP)。一同变更的类应该合在一起。类应该根据其内聚性进行打包,也就是说,当类被打包成设计的一部分时,它们应该处理相同的功能或者行为域。当某个域的一些特征必须变更时,只有相应包中的类才有可能需要修改。这样可以进行更加有效的变更控制和发布管理。

(3) 共同复用原则(Common Reuse Principle,CRP)。不能一起复用的类不能被分到一组。当包中的一个或者多个类变更时,包的发布版本号也会发生变更。所有那些依赖于已经发生变更的包的类或者包,都必须升级到最新版本,并且都需要进行测试以保证新发布的版本能够无故障运转。如果类没有根据内聚性进行分组,那么这个包中与其他类无关联的类有可能会发生变更,而这往往会导致进行没有必要的集成和测试。因此,只有那些一起被复用的类才应该包含在一个包中。

2. 内聚性

在为面向对象系统进行构件级设计时,内聚性意味着构件或者类只封装那些相互关联密切,以及与构件或类自身有密切关系的属性和操作。Lethbridge 和 Laganiere 定义了许多不同类型的内聚性。

(1) 功能内聚。主要通过操作来体现,当一个模块完成一组且只有一组操作并返回结果时,就称此模块是功能内聚的。

(2) 分层内聚。由包、构件和类来体现。高层能够访问低层的服务,但低层不能访问高层的服务。

(3) 通信内聚。访问相同数据的所有操作被定义在一个类中。一般来说,这些类只着眼于数据的查询、访问和存储。

那些体现出功能、层和通信等内聚性的类和构件,相对来说易于实现、测试和维护。设计者应该尽可能获得这些级别的内聚性。然而，要强调的是，实际的设计和实现问题有时会迫使设计者选择低级别的内聚性。

3. 耦合性

在前面关于分析和设计的讨论中，知道通信和协作是面向对象系统中的基本要素。然而，这个重要或必要特征存在一个黑暗面。随着通信和协作数量的增长，也就是说，随着类之间的联系程度越来越强，系统的复杂性也随之增长了。同时，随着系统复杂度的增长，软件实现、测试和维护的困难也随之增大。

耦合是类之间彼此联系程度的一种定性度量。随着类（构件）之间的相互依赖越来越多，类之间的耦合程度亦会增加。在构件级设计中，一个重要的目标就是尽可能保持低耦合。

有多种方法来表示类之间的耦合。Lethbridge 和 Laganiere 定义了一组耦合分类。例如，内容耦合发生在当一个构件“暗中修改其他构件内部数据”时，这违反了基本设计概念当中的信息隐蔽原则。控制耦合发生在当操作 A 调用操作 B，并向 B 传递了一个控制标记时。外部耦合发生在当一个构件和基础设施构件进行通信和协作时。

软件必须进行内部和外部的通信，因此，耦合是必然存在的。然而在不可避免出现耦合的情况下，设计者应该尽力降低耦合，并且要充分理解高耦合的后果。

8.5.3 实施构件级设计

构件级设计

在本节的前半部分，已经知道构件级设计本质上是通过细化逐步求精的。应用于面向对象系统时，下面的步骤表示出构件级设计典型的任务集。

步骤 1：标识出所有与问题域相对应的设计类。要使用需求模型。

步骤 2：确定所有与基础设施域相对应的设计类。这种类型的类和构件包括图形用户界面（Graphical User Interface，GUI）构件、操作系统构件以及对象和数据管理构件等。

步骤 3：细化所有不需要作为复用构件的设计类。详细描述实现类细化所需要的所有接口、属性和操作。在实现这个任务时，必须考虑设计的启发式原则，如构件的内聚和耦合。

步骤 3a：在类或构件协作时说明消息的细节。需求模型中用协作图来显示分析类之间的相互协作。在构件级设计过程中，某些情况下有必要通过对系统中对象间传递消息的结构进行说明来表现协作细节。尽管这是一个可选的设计活动，但是它可以作为接口规格说明的前提，这些接口显示了系统构件之间通信和协作的方式。图 8.13 给出了前面提到的影印系统的一个简单协作图。ProductionJob、WorkOrder 和 JobQueue 这 3 个对象相互协作，为生产线准备印刷作业。图中的箭头表示对象间传递的消息。在需求建模时，消息说明如图 8.13 所示。

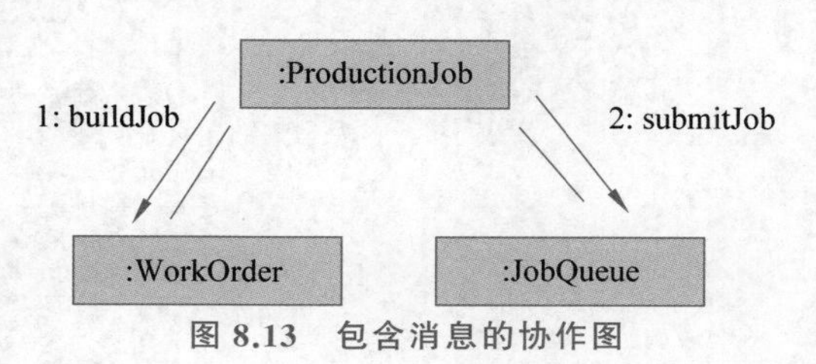

图 8.13 包含消息的协作图

步骤 3b：为每个构件确定适当的接口。在构件级设计中，一个 UML 接口是“一组外部可见的操作。接口不包括内部结构，没有属性，没有关联……”。更正式地讲，接口就是某个抽象类的等价物，该抽象类提供了设计类之间的可控连接。

步骤 3c：细化属性，并且定义实现属性所需要的数据类型和数据结构。描述属性的数据类型和数据结构一般都需要在实现时所采用的程序设计语言中进行定义。UML 采用下面的语法来定义属性的数据类型：

```
name:type-expression =initial-value{property string}
```

其中，name 是属性名，type-expression 是数据类型，initial-value 是创建对象时属性的取值，property string 用于定义属性的特征或特性。

步骤 3d：详细描述每个操作中的处理流。这可能需要由基于程序设计语言的伪代码或者由 UML 活动图来完成。每个软件构件都需要应用逐步求精概念通过很多次迭代进行细化。

在第一轮迭代中，将每个操作都定义为设计类的一部分。在任何情况下，操作应该确保具有高内聚性的特征；也就是说，一个操作应该完成单一的目标功能或者子功能。下一次迭代只是完成对操作名的详细扩展。图 8.14 给出了操作 ComputePaperCost()的 UML 活动图。当活动图用于构件级设计的规格说明时，通常都在比源码更高的抽象级上表示。

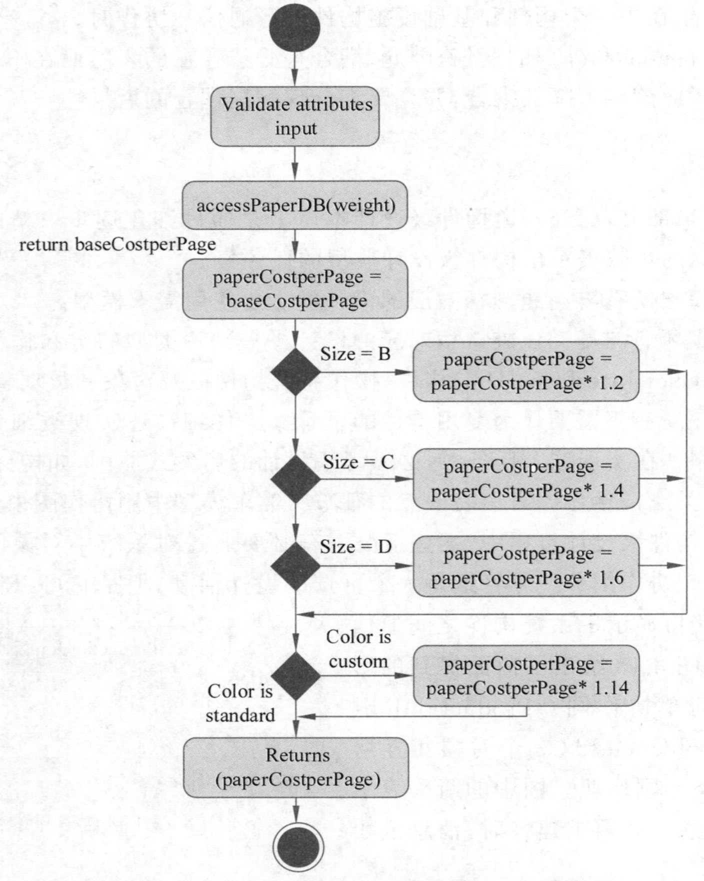

图 8.14 ComputePaperCost()操作的 UML 活动图

步骤 4：说明持久数据源(数据库和文件)并确定管理数据源所需要的类。数据库和文件通常都凌驾于单独的构件设计描述之上。在多数情况下这些持久数据存储最初都作为体系结构设计的一部分进行说明，然而，随着设计细化过程的不断深入，提供关于这些持久数据源的结构和组织等额外细节常常是有用的。

步骤 5：开发并细化类或构件的行为表示。 UML 状态图被用作需求模型的一部分，表示系统的外部可观察的行为和更多地分析类个体的局部行为。在构件级设计过程中，有些时候对设计类的行为进行建模是必要的。

对象（程序执行时的设计类实例）的动态行为受到外部事件和对象当前状态（行为方式）的影响。为了理解对象的动态行为，设计者必须检查设计类生命周期中所有相关的用例，这些用例提供的信息可以帮助设计者描述影响对象的事件，以及随着时间流逝和事件的发生对象所处的状态。图 8.15 描述了使用 UML 状态图表示的状态之间的转换。

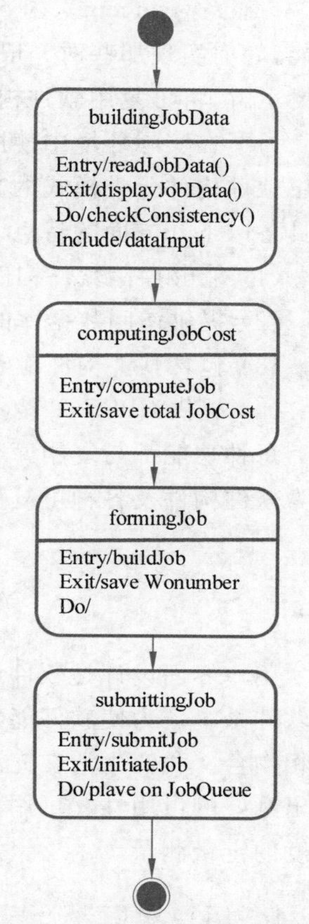

图 8.15　PrintJob 类的状态图

步骤 6：细化部署图以提供额外的实现细节。 部署图作为体系结构设计的一部分，采用描述符形式来表示。在这种表示形式中，主要的系统功能（经常表现为子系统）都表示在容纳这些功能的计算环境中。

在构件级设计过程中，应该对部署图进行细化，以表示主要构件包的位置。然而，一般在构件图中不单独表示构件，目的在于避免图的复杂性。某些情况下，部署图在这个时候被细化成实例形式。这意味着要对指定的硬件和使用的操作系统环境加以说明，而构件包在这个环境中的位置也需要确定。

步骤 7：考虑每个构件级设计表示，并且时刻考虑其他可选方案。 纵观全书，始终强调设计是一个迭代过程。创建的第一个构件级模型总没有迭代多次之后得到的模型那么全面、一致或精确。在进行设计工作时，重构是十分必要的，图 8.16 是对 PrintJob 类接口和类定义的重构。

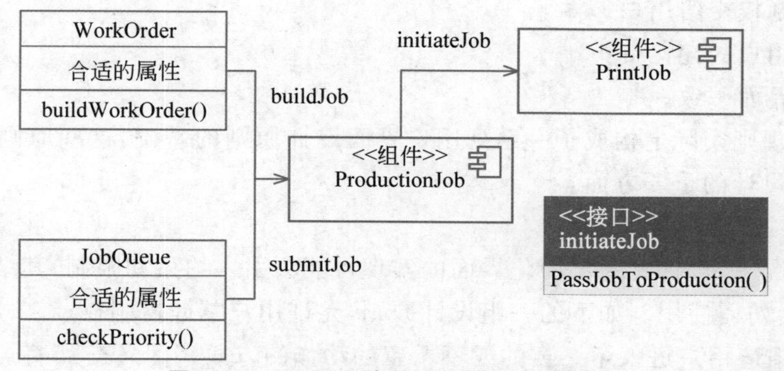

图 8.16　PrintJob 类接口和类定义的重构

8.5.4　构件的分类与检索

考虑一个大型构件库，其中存放了成千上万的可复用构件。但是，软件工程师如何才能找到所需要的构件呢？为了回答这个问题，又出现了另一个问题：如何以无歧义的、可分类的术语来描述软件构件？这些问题太难，至今还没有明确答案。

可以用很多种方式来描述可复用软件构件，但是理想的描述应包括 Tracz 提出的 3C 模型——概念（concept）、内容（content）和环境（context），也就是说，描述构件能够实现什么功能，如何实现那些对一般用户来讲是隐蔽的内容，只有那些想要修改或测试该构件的人才需要了解，将可复用软件构件放到什么样的应用领域中去。

为了在实际环境中使用，概念、内容和环境必须被转换为具体的规格说明模式。关于可复用软件构件分类模式的文章很多，所有这些分类模式都应该在可复用环境中实现，该环境应具备以下几方面的特点。

（1）能够存储软件构件和检索该构件所需分类信息的构建数据库。

（2）提供访问数据库的管理系统。

（3）包含软件构件检索系统，允许客户应用从构件库服务器中检索构件和服务。

（4）提供 CBSE 工具，支持将复用的构件集成到新的设计或实现中。

每种功能都与复用库交互，或是嵌入在复用库中。复用库是更大型软件库的一个元素，并为软件构件及各种可复用的工作产品提供存储设备。

8.6 用户界面设计

用户界面设计是软件设计过程中的必要组成部分，设计人机交互方式让用户操作和控制软件系统。为使软件能发挥全部潜能，用户界面的设计应与其目标用户的技能、经验和期望相吻合。我们生活在充满高科技产品的世界里，如果要使一个产品取得成功，它就必须展示出良好的可用性。可用性指的是用户在使用产品所提供的功能和特性时，对使用的容易程度的定量测量。

黄金规则

8.6.1 用户界面设计黄金原则

用户界面设计的 3 条黄金规则如下。

（1）把控制权交给用户。

（2）减轻用户的记忆负担。

（3）保持界面一致。

这些黄金规则实际上构成了一系列用户界面设计原则的基础，这些原则可以使软件工程师探知软件设计的重要方面。

1. 把控制权交给用户

在很多情况下，设计者为了简化界面的实现可能会引入约束和限制，其结果可能是界面易于构建，但会妨碍使用。如下的一组设计原则，允许用户掌握控制权。

（1）以不强迫用户进入不必要的或不希望的动作的方式来定义交互模式。交互模型就是界面当前的状态。

（2）提供灵活的交互。由于不同的用户有不同的交互偏好，因此应该提供选择机会。

（3）允许用户交互被中断和撤销。即使陷入一系列动作中，用户也应该能够中断动作序列去做某些其他事情，而不会失去已经做过的动作。用户也应该能够“撤销”任何动作。

（4）当技能水平高时可以使交互流线化并允许定制交互。

(5) 使用户与内部技术细节隔离开来。

(6) 设计应允许用户与出现在屏幕上的对象直接交互。当用户能够操纵完成某任务所必需的对象,并且以一种该对象好像是真实存在的方式来操纵它时,用户就会有一种控制感。

2. 减轻用户的记忆负担

一个经过精心设计的用户界面不会加重用户的记忆负担,因为用户必须记住的东西越多,同系统交互时出错的可能性就越大。

(1) 减少短期记忆的要求。界面的设计应该尽量不要求记住过去的动作、输入和结果。

(2) 建立有意义的默认设置。初始的默认集合应该对一般的用户有意义。

(3) 定义直观的快捷方式。

(4) 界面的视觉布局应该基于真实世界的象征。

(5) 以一种渐进的方式揭示信息。

3. 保持界面一致

用户应该以一致的方式展示和获取信息。

(1) 允许用户将当前任务放入有意义的环境中。

(2) 在完整的产品线内保持一致性。

(3) 如果过去的交互模型已经建立起了用户期望,除非有不得已的理由,否则不要改变它。

8.6.2　用户界面分析与设计

用户界面设计

分析和设计用户界面时要考虑4种模型:工程师建立用户模型;软件工程师创建设计模型;最终用户在脑海里对界面产生印象,成为用户的心理模型或系统感觉;系统的实现者创建实现模型。这4种模型可能相差甚远,界面设计人员的任务就是消解这些差距,导出一致的界面表示。

用户模型确立了系统的最终用户的轮廓。用户的心理模型是最终用户在脑海里对系统产生的印象。实现模型组合了计算机系统的外在表现,结合了所有用来描述系统语法和语义的支撑信息。当系统实现模型和用户心理模型相一致的时候,用户通常就会对软件感到很舒服,使用起来就很有效。

用户界面分析与设计的过程包括界面分析、界面设计、界面构建和界面确认4个活动,如图8-17所示。

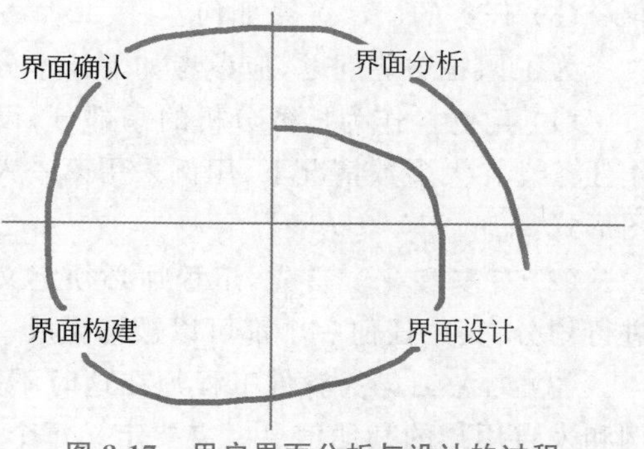

图8.17　用户界面分析与设计的过程

界面分析活动的重点在于那些与系统交互的用户的轮廓。界面设计的目的是定义一组界面对象和动作,使得用户能够以满足系统所定义的每个使用目标的方式完成所有定义的任务。界面构建通常开始于创建可评估使用场景的原型。随着迭代设计过程的继续,用户界面开发工具可用来完成界面的构造。

界面确认的重点包括:

(1) 界面正确地实现每个用户任务的能力，适应所有任务变化的能力以及达到所有一般用户需求的能力。

(2) 界面容易使用和学习的程度。

(3) 作为工作中的得力工具，用户对界面的接受程度。

8.6.3 界面分析

所有软件工程过程模型的一个重要原则是：在试图设计一个解决方案之前，最好对问题有所理解。在用户界面的设计中，理解问题就意味着了解：

(1) 通过界面和系统交互的人（最终用户）。

(2) 最终用户为完成工作要执行的任务。

(3) 作为界面的一部分而显示的内容。

(4) 任务处理的环境。

1. 用户分析

用户界面要求我们理解用户：最终用户是什么人，什么可能令用户感到愉悦，如何对用户进行分类，其对系统的心理模型是什么样子，用户界面必须具有哪些特性才能满足用户需求。

下面的问题将有助于界面设计师更好地理解系统用户。

(1) 用户是经过训练的专业人员、技术员、办事员，还是制造业工人？

(2) 用户平均正规教育水平如何？

(3) 用户是否有学习书面资料的能力？

(4) 用户群体的年龄范围如何？

(5) 是否需要考虑用户的性别差异？

2. 任务分析

任务分析的目标就是给出如下问题的答案。

(1) 在指定环境下用户将完成什么工作？

(2) 用户工作时将完成什么任务和子任务？

(3) 在工作中用户将处理什么特殊的问题域对象？

(4) 工作任务的顺序（工作流）如何？

(5) 任务的层次关系如何？

为了回答这些问题，应参考如下技术分析。

(1) 用例。作为任务分析的一部分，设计用例来显示最终用户如何完成指定的相关工作任务。在大多数情况下，用例采用第一人称并以非正式形式来书写，当然也可以采用用例图形式。

(2) 任务细化。首先，工程师必须定义完成系统或应用程序目标所需的任务并对任务进行划分，其中任何一个都可以被细化成一系列的子任务。

(3) 对象细化。软件工程师在这时不是着眼于用户必须完成的任务，而是需要检查用例和来自用户的其他信息。需要定义每个类的属性，并通过对每个对象动作的评估为软件设计师提供一个操作列表。

(4) 工作流分析。当大量扮演不同角色的用户使用某个用户界面时，有时候除了任务分析和对象细化之外，还有必要进行工作流分析。该技术使得软件工程师可以很好地理解在涉及多个成员时，工作过程是如何完成的。

(5) 层次表示。在界面分析时，会产生相应的细化过程。一旦建立了工作流，就为每个用户类都定义一个任务层次。该任务层次来自于为用户定义的每项任务的逐步细化。

8.6.4 界面设计步骤

一旦完成了界面分析，最终用户要求的所有任务都已经被详细确定下来，界面设计活动就开始了。与所有的软件工程设计一样，界面设计是一个迭代的过程。每个用户界面设计步骤都要进行很多次迭代，每次精细化的信息都来源于前面的步骤。

建议结合以下步骤。

(1) 定义界面对象和动作。

(2) 确定事件，即会导致用户界面状态发生变化的事件。

(3) 描述每个状态的表示形式。

(4) 说明用户如何利用界面提供的信息来解释每个状态。

图 8.18 展示了平面图界面设计图，把控制权交给用户，在用户点击各个传感器之后才会与传感器建立连接，如果不点击传感器则前端界面显示的仅是一张室内配置图，更加方便用户的控制，同时在界面上用图标标出各个传感器，方便用户一目了然地看出这是哪个种类的传感器，减少用户的记忆负担，更加简洁明了，最后界面整体布局的颜色选用基本一致。

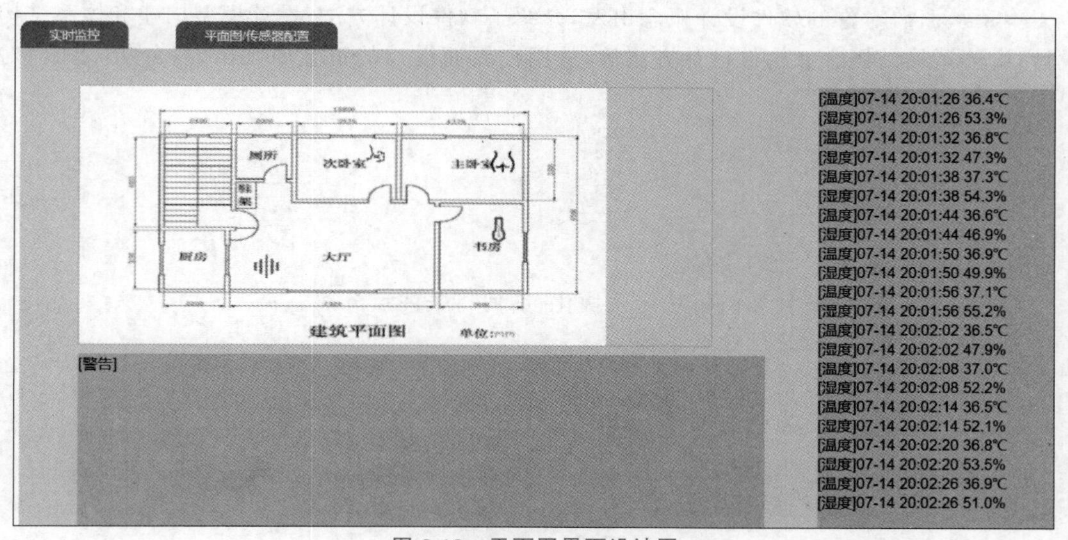

图 8.18　平面图界面设计图

8.6.5 设计评估

一旦建立好可操作的用户界面原型，必须对其进行评估，以确定满足用户的需求。评估可以从非正式的“测试驱动”到正式的设计研究，用户可以通过测试临时提供一些反馈，而正式设计研究则可以向一定数量的最终用户发放评估问题表，采用统计学的方法进行评估。

原型开发方法是有效的，但是否可以建立原型以前就对用户界面的质量进行评估呢？

如果能够及时发现和改正潜在的问题，就可以减少评估循环执行的次数，从而缩短开发时间。界面设计模型完成后，就可以运用下面的一系列评估标准对其进行早期评审。

(1) 系统及其界面的需求模型或书面规格说明的长度和复杂性在一定程度上体现了用户学习系统的难度。

(2) 指定用户任务的个数以及每个参与用户动作的平均数在一定程度上体现了系统的交互时间和系统的总体效率。

(3) 设计模型中动作、任务和系统状态的数量体现了用户学习系统时所要记忆内容的多少。

(4) 界面风格、帮助设施和错误处理协议在一定程度上体现了界面的复杂度和用户的接受程度。

一旦第一个原型完成后，设计者就可以收集到一些定性和定量的数据以帮助进行界面评估。为了收集定性数据，可以进行问卷调查，使用户能够评估界面原型。如果需要得到定量数据，就必须进行某种形式的定期研究分析。观察用户与界面的交互，记录以下数据：错的数目、错误的类型、错误恢复时间、使用帮助的时间、标准时间段内查看帮助的次数。这些数据都可以用于指导界面的修改。

8.7 本章小结

本章从面向对象的软件设计概念出发，介绍了软件设计方法、设计模型构建和体系结构设计，讲述了构件概念和构件设计方法等，从用户界面设计的黄金原则出发，分析了如何对界面进行设计与分析评估。

习 题 8

1. 如何评估软件设计的质量？
2. 用你自己的话解释如何将功能模块化、如何将关注点分离。
3. 用自己的话解释软件体系结构。
4. 如何进行构件级设计？
5. 用户界面的黄金原则有哪些？
6. 测试设计为什么很重要？

第9章 软件复用

软件复用是指在开发新软件时，沿用原有软件或者其模块，从而提高开发效率。开发团队将复杂软件分为模块，按照“高内聚、低耦合”软件复用原则进行开发。一个具有高内聚的模块只做一件事，只具有一项功能。低耦合则是尽量减少模块之间的联系。“高内聚、低耦合”与“分而治之”是异曲同工的。

软件开发行业在长期的工程实践中总结经验、教训，提炼为C、C++、Java等常用语言的编程规范。数十年来，软件公司、程序员社团(community)、学校持续丰富、深化着这些具体、实用的编程规范。这些编程规范是软件工程最佳实践的经验总结，属于软件复用范畴。

9.1 结构化软件复用

E. W. Dijkstra(1930—2002)在1965年提出结构化编程思想：“自顶向下、逐步求精”。1968年，E. W. Dijkstra和他的学生在荷兰的埃因霍温技术学院(Technische Hogeschool Eindhoven)开发了THE多道程序系统。

在构思阶段(conception stage)将THE系统从下至上共分为6层。

第0层(即最底层)将处理器分配给进程。本层处理实时时钟中断，防止进程独占处理器资源。在第0层进行了抽象，因此其上的各层不需考虑实际的处理器数量。

第1层是存储控制器。本层记录并处理内存、外存之间的数据交换。一个逻辑段对应于实际存储的页面。在第1层之上的各层存取数据时只考虑逻辑段，与实际存储的页面无关。

第2层是消息解释器，它是一个单独的进程，负责控制台键盘分配。操作者通过键盘与进程进行会话。每当用户在键盘输入一个字符时，所产生的中断信号由消息解释器进行处理，然后消息解释器生成输出指令，显示这个字符。在操作者和进程会话的第一行语句中，要给出进程标识符。进程标识符由消息解释器进行识别。消息解释器也管理控制台的显示器。

第3层的进程负责存取输入流和输出流的缓冲区。在本层对实际外部设备进行了抽象，将其分配给逻辑通信单元。在第3层之上的各层只需考虑逻辑通信单元。

第4层是独立用户的程序。

第5层是操作者。

在构建阶段(construction stage)用机器语言实现THE系统。由于采用了层次结构和抽象，当系统规格说明(specification)变化时，只需改写少量代码。

在验证阶段(verification stage),采用一台"干净"的计算机,不安装任何辅助开发者进行调试的软件。从第0层开始,向上逐层测试。当下层测试通过后,再进行上层的测试。每一项测试包含多个测试进程,使得系统进入不同状态,并检验系统能够按照规格说明正常运行。

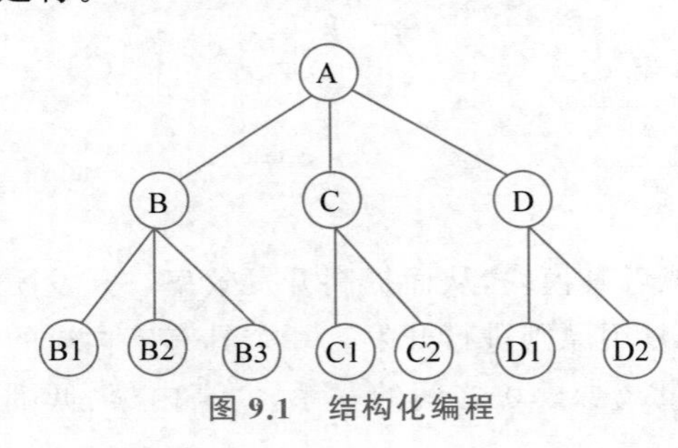

图 9.1 结构化编程

传统的系统软件和应用软件按照结构化编程思想开发,将规模大、难度高的问题逐步分解为规模小、难度低的问题。在图9.1中,程序A规模太大、难度太高。程序员将程序A分解为3个较小的模块B、C、D,根据需要还可以对B、C、D逐步分解,依次设计、实现各个模块。

规模最小的软件模块是函数。在结构清晰、代码易读的前提下,一个高内聚的函数通常不超过200行,有的编程规范推荐单个函数不超过80行。将几十个、上百个函数拼装起来,就构成一个相对复杂的软件大模块。

遵循"高内聚、低耦合"原则,将实现某种功能的模块定义为函数。

定义 9.1 函数声明:函数的声明包含5部分,即函数名称、参数、返回值、功能描述、异常处理方式。

例 9.1 printf 函数的声明。

```
//C99标准前
int printf(const char * format, …);
//C99标准起
int printf(const char * restrict format, …);
```

printf 函数按照 format 中说明的格式在屏幕上显示一个字符串;返回值是实际输出的字符数,若出错,则返回一个负值。

一个函数具有封装性,其内部的具体代码可以隐藏,只暴露其函数声明。

软件复用可分为黑盒方式和白盒方式。采用黑盒方式,一般是指开发团队没有得到所使用软件模块的源代码;或者有源代码,但不对其进行分析。例如,开发团队采用 Microsoft 公司提供的 Visual Studio 进行C语言开发,Visual Studio 提供了库函数的声明,开发团队调用C语言库函数 printf 在屏幕上输出一个字符串,但不阅读库函数的源代码。白盒方式则是首先对原有软件模块的源代码进行分析,然后进行增加、删除、修改。更深入的白盒方式是消化了原有源代码后,自己从空白开始编写新的源代码。

定义 9.2 重构(refactoring)是指:在不改变模块外在行为的前提下,修改模块内部代码以改进程序的内部结构。

重构是迭代进行的,对模块内部代码求精,同时不改变模块外在行为,使得软件整体性能提升。具体做法是改进模块内部的算法设计、数据结构设计以及代码。

定义 9.3 函数重构(function refactoring)只改正或改进函数内部代码,保持其声明不变,这称为函数重构。

同软件复用相关的C语言编程规范包括如下5点。

(1) 通常在软件开发的概要设计阶段,开发团队设计函数的声明。在编码、测试、调试阶段，开发团队可能对某些函数进行重构。函数重构之前和之后，整个软件结构不变。修改仅限于函数内部。修改代码的工作量趋于收敛，而不是越改越多，无法收拾。

(2) 注意用户进程内存栈区溢出问题。栈区比较小，为1MB、2MB、8MB、10MB不等，其大小取决于编译器和操作系统。局部变量在内存栈区。

例 9.2 C函数局部变量的定义。

【反例】

```
#include <stdio.h>
void f(){
    int  a[1000][1000]; //程序运行到本行出错，栈区溢出
}

int main(){
    f();
}
```

【正例】

```
#include <stdio.h>
#include <stdlib.h>
void  f(){
int i;
    int * a;  //a是一维数组名
    int * * b; //b是二维数组名

    a =(int *)malloc(sizeof(int) * 1000000);
    a[10] =6;
    printf("%d\n", a[10]);
    free(a);

    b =(int * *)malloc(sizeof(int *) * 1000);
    for(i=0; i<1000; i++){
        b[i] =(int *)malloc(sizeof(int) * 1000);
    }
    b[4][1] =8;
    printf("%d\n", b[4][1]);
    for(i=0; i<1000; i++){
        free(b[i]);
    }
    free(b);
}

int  main(){
    f();
}
```

在例9.2的反例中，局部变量a是二维数组，共有100万个int型单元。一个int数据用32位补码表示，为4B。二维数组a需要在栈区占据4MB。f函数在编译阶段不会出错，在运行时有可能因为栈区溢出而使得进程崩溃。

VC6 和 Visual Studio 2015 默认的栈区大小是 1MB。例 9.2 反例中的程序在 VC6 中的运行结果如图 9.2 所示。

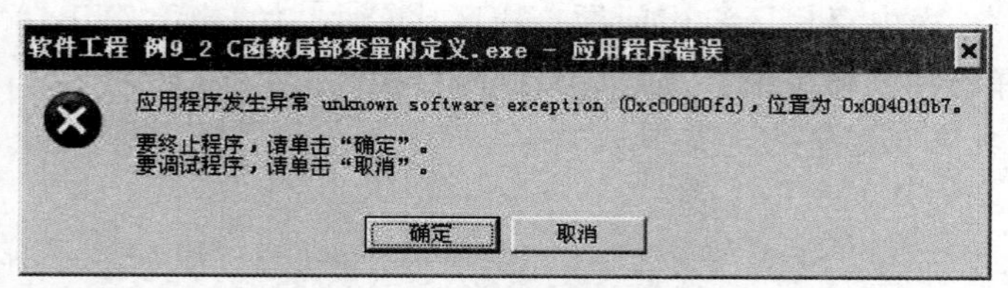

图 9.2　栈区溢出错误

如果要在 VC6 和 Visual Studio 2015 中使用超过 1MB 的局部变量，则需要进行设置。以 VC6 中文版为例，选择工程→设置→连接，在“分类”中选择“输出”，在“保留”下方的文本输入框中输入十进制数 8000000，表示堆栈为 800 万字节（略小于 8MB），如图 9.3 所示。也可以输入十六进制数 0x800000 表示 8MB。

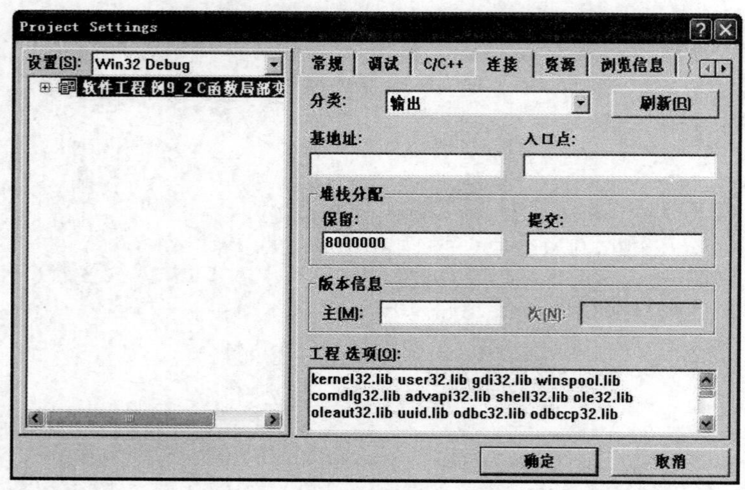

图 9.3　VC6 设置栈区大小

Linux 系统中可以用 ulimit -a 命令显示栈区大小，用 ulimit -s 命令设置栈区大小，单位是 kbytes。例如，ulimit -s　8192 将栈区设置为 8MB。

例 9.2 的正例中改为用 malloc 函数在堆区分配内存。内存使用完毕后，用 free 函数释放内存。

每一次递归调用，系统要在栈区为进程分配内存（保存现场）。因此递归调用的层次不能超过上限，否则可能会使得栈区溢出。

（3）注意浮点数的舍入误差。float 和 double 类型的数据按照 IEEE 754 标准进行存储，可能产生舍入误差。

例 9.3　浮点数的舍入误差。

【反例】

```
#include <stdio.h>
int main(){
    double a =2.7 +2.6, b =5.3;
```

```
    if(a ==b){
        printf("a ==b\n");
    }else{
        printf("a !=b\n");
    }
}
```

【正例】

```
#include <stdio.h>
#include <math.h>
int main(){
    double a =2.7 +2.6, b =5.3;
    if(fabs(a -b)<=1e-6){ //库函数 fabs 返回 double 数据的绝对值
        printf("a ==b\n");
    }else{
        printf("a !=b\n");
    }
    printf("%.20lf %.20lf\n",a, b);
}
```

例 9.3 的反例会输出 a!=b。其原因是将浮点数 2.7、2.6、5.3 按照 IEEE 754 标准进行存储时，产生了舍入误差。

可以采用<、>、<=、>=运算符进行浮点数的比较。当两个浮点数差的绝对值小于或等于一个较小的数 10^{-6}（百万分之一），就可以判定这两个浮点数相等。

例 9.3 的正例输出结果见图 9.4。

```
"E:\软件工程 例9_3\Debug\软件工程 例9_3.exe"
a == b
5.30000000000000070000 5.29999999999999980000
Press any key to continue
```

图 9.4　例 9.3 的正例输出结果

(4) 命名规范。除了公认的循环控制变量 i、j、k，一般不采用单个字母给函数、变量命名。在课堂教学时为简单起见，允许用 f、a、b 这样的单个字母给函数、变量命名。但是在实际工程中的标识符应采用英文单词、词组（或者规范的缩写形式）给函数、变量命名，做到见名知义。

(5) 善用结构体。在保持软件整体结构稳定的前提下，可以根据用户需求的变化对结构体中的成员进行修改。

例 9.4　结构体的声明。

```
struct  MedicalSurgicalMaskCertification {        //医用外科口罩合格证
    char  [20]  typeSpecification;                //规格型号
    char  [9]  batchNumber;                       //生产批号
    char  [9]  productionDate;                    //生产日期
    char  [9]  expiringDate;                      //失效日期
    char  [20]  inspectorNumebr;                  //检验员代码
}
```

例 9.4 中的结构体封装了医用外科口罩合格证的数据。程序员用函数、结构体(或者类)以提高程序的封装性。

9.2 面向对象软件复用

面向对象语言将事物的属性和行为封装为对象(object),其封装性比 C 语言更高,更便于编写大规模应用软件。面向对象语言(如 Java)的类库比 C 语言的函数库更便于使用。

“开放—封闭”原则是指对扩展功能开放,对修改代码关闭。用户需求是与时俱进的,因此有必要扩展软件功能。

为实现软件复用,当软件经过测试、调试、运行后,就将代码冷冻(code freeze)。为了满足用户新的需求,将原有软件代码封装起来不做修改,写新子类和新函数(方法)。

同软件复用相关的 Java 语言编程规范包括如下 4 点。

1. 命名风格

(1) 用规范的英文为标识符命名。类名采用 UpperCamelCase 风格。方法名、参数名、成员变量、局部变量使用 lowerCamelCase 风格。常量命名全部大写,单词间用下画线隔开,力求语义表达完整清楚,不要嫌名字长。

(2) 抽象类命名使用 Abstract 或 Base 开头;异常类命名使用 Exception 结尾;测试类命名以它要测试的类的名称开始,以 Test 结尾。

(3) 简单 Java 类(Plain Ordinary Java Object,POJO 类),是只有 setter、getter、toString 方法的简单类中的任何布尔类型的变量,都不要加 is 前缀,否则部分框架解析会引起序列化错误。

(4) 避免在子类、父类的成员变量之间或者不同代码块的局部变量之间采用完全相同的命名,降低可理解性。非 setter、getter 的参数名称,不允许与本类成员变量同名。

例 9.5 命名冲突。

【反例】

```
public class ConfusingName {
    public int stock;
    public void get(String str){
        if(condition) {
            final int money =666;
        }
        for(int i =0; i <10; i++) {
            //在同一方法体中,不允许与其他代码块中的 money 命名相同
            final int money =777;
        }
    }
}
Class Son extends ConfusingName {
    //不允许与父类的成员变量名称相同
    public int stock;
}
```

2. 常量定义

(1) 不允许任何魔法值(即未经预先定义的常量)直接出现在代码中。

(2) 在对 long 或 Long 赋值时,数值后使用大写字母 L,不能用小写字母 l,小写字母 l 容易跟数字 1 混淆,造成误解。

(3) 不要使用一个常量类维护所有的常量,要按常量功能进行归类,分开维护。例如,缓存相关常量放在类 CacheConsts 下,系统配置相关常量放在类 SystemConfigConsts 下。

3. OOP 规约

(1) 避免通过一个类的对象引用访问此类的静态变量或静态方法,造成编译器解析成本无谓的增加,直接用类名访问即可。

(2) 所有的覆写方法都必须加@Override 注解。

(3) 对外部正在调用或者二方库依赖的接口,不允许修改方法签名,避免对接口调用方产生影响。一方库是本工程内部子项目模块依赖的库(jar 包),二方库是公司内部发布到中央仓库,可供公司内部其他应用依赖的库,三方库是公司之外的开源库。

(4) 当 Object 为 null 时,Object 的 equals 方法会抛出空指针异常,应使用常量或确定有值的对象调用 equals。

(5) 所有整型包装类对象之间值的比较,全部使用 equals 方法,不用==。

例 9.6 整型包装类对象之间值的比较。

```
Integer a =127;
Integer b =127;
System.out.println(a==b);
System.out.println(a.equals(b));

Integer c =128;
Integer d =128;
System.out.println(c==d);
System.out.println(c.equals(d));

Integer e =new Integer(127);
Integer f =new Integer(127);
System.out.println(e==f);
System.out.println(e.equals(f));
```

程序输出结果为:

```
true
true
false
true
false
true
```

说明:

采用"Integer a = 整数"这样的方式来创建整型包装类对象时,要注意以下两点。

第一,在[-128, 127]范围内两个值相同的对象 a、b,系统不会在堆区分配两个不同的内存单元,而是在 IntegerCache 类中复用已有对象。因此 a、b 的引用相同,当然值也相同。

第二,在此范围之外的两个值相同的 Integer 对象 c、d,系统会在堆区分配两个不同的内存单元。

对于采用"Integer e = new Integer(127)"方式创建的 Integer 对象,系统会在堆区分配新的内存单元,其引用不同。

(6) 对于任何货币金额,均以最小货币单位且整型类型存储。

(7) 浮点数之间的等值判断,基本数据类型不能用==进行比较,包装数据类型不能用 equals 方法判断。浮点数采用 IEEE 754 标准存储,有舍入误差。应该指定一个误差范围(如 10^{-6}),若两个浮点数的差值在此范围之内,则认为是相等的。也可以使用 BigDecimal 定义值,再进行浮点数的运算操作。

(8) 当定义数据对象 DO 类(DO 是 Data Object 的简称)时,属性类型要与数据库字段类型相匹配。例如,数据库字段的 bigint 必须与类属性的 Long 类型相对应。

(9) 禁止使用构造方法 BigDecimal(double)的方式把 double 值转化为 BigDecimal 对象,这样做存在精度损失风险。优先推荐入参为 String 的构造方法。或使用 BigDecimal 的 valueOf 方法。

例 9.7　BigDecimal 对象。

【反例】

```
BigDecimal g =new BigDecimal(0.1f);
```

【正例】

```
BigDecimal good1 =new BigDecimal("0.1");
BigDecimal good1 =new BigDecimal.valueOf(0.1);
```

(10) 基本数据类型与包装数据类型的使用标准如下。

【强制】所有的 POJO 类属性都必须使用包装数据类型。

【强制】远程过程调用(remote procedure call, RPC)方法的返回值和参数必须使用包装数据类型。

【推荐】所有的局部变量都使用基本数据类型。

【正例】数据库的查询结果可能是 null,因为自动拆箱,所以用基本类型接收有空指针异常(Null Pointer Exception,NPE)的风险。

【反例】某业务的交易报表上显示成交总额涨跌情况,即正负 x%,x 为基本数据类型,调用的 RPC 服务在调用不成功时,返回的是默认值,页面显示为 0,这是不合理的,应该显示成中画线"-"。所以,包装数据类型的 null 值能够表示额外的信息,如远程调用失败、异常退出。

(11) 在循环体内,字符串的连接方式使用 StringBuilder 的 append 方法扩展。例 9.8 中,对字节码文件进行反编译,可以看出,每次循环都会 new 一个 StringBuilder 对象,然后进行 append 操作,最后通过 toString 方法返回 String 对象,造成内存资源浪费。

例 9.8　循环体内字符串的连接方式使用 StringBuilder 的 append 方法。

【反例】

```
String str ="start";
for(int i =0; i <100; i++) {
```

```
    str =str +"hello";
}
```

4. 日期时间

(1) 不要在程序中固定一年为 365 天，避免在闰年时出现日期转换错误或程序逻辑错误。

例 9.9 考虑闰年和平年。

【正例】

```
//获取今年的天数
int days =LocalDate.now().lengthOfYear();

//获取指定某年的天数
LocalDate.of(2021,1,1).lengthOfYear();
```

【反例】

```
//第一种情况：在闰年时，出现数组越界异常
int [ ]  dayArray[365];
//第二种情况：一年有效期的会员制，2020 年 1 月 26 日注册，
//硬编码一年为 365 天，返回的却是 2021 年 1 月 25 日
Calendar calendar =Calendar.getInstance();
calendar.set(2020,0,26);
calendar.add(Calendar.DATE, 365);
```

(2) 避免出现闰年 2 月问题。闰年的 2 月有 29 天，一年后的那一天不可能是 2 月 29 日。

此外，类的公有(public)成员方法、成员变量要保持稳定，不可轻易修改。如果修改了本类 public 的成员，则调用了这些 public 成员的其他类可能也要修改，将导致修改蔓延，增加了程序员的工作量。

对于单例模式，为了防止外部模块通过 new 来创建对象，要将单例类的构造方法设置为 private。

对于单例模式，在多线程环境中要注意线程安全问题。懒汉式单例是线程不安全的，而饿汉式单例是线程安全的。

例 9.10 单例模式。

```
class Singleton{
    private static Singleton singleton =new Singleton();
    private Singleton(){
    }
    public static Singleton GetInstance(){
        return singleton;
    }
}

class SingletonTest{
    public static void main(String [] args){
```

```
        Singleton singletonOne =Singleton.GetInstance();
        Singleton singletonTwo =Singleton.GetInstance();
        if(singletonOne.equals(singletonTwo)){
            System.out.println("singletonOne 和 singletonTwo 代表同一个实例");
        }else{
            System.out.println("singletonOne 和 singletonTwo 代表不同实例");
        }
    }
}
```

程序输出结果为：

```
singletonOne 和 singletonTwo 代表同一个实例
```

9.3 基于软件复用的软件工程

基于软件复用的软件工程符合“开放—封闭”原则，从而构件具有可替换性、可扩展性。要实现“开放—封闭”原则，具体做法是：对抽象编程，使用抽象类和接口。

例 9.11 欧几里得平面旅行商问题的一种描述是：平面上给定 n 个点，每两点之间的直线距离是已知的正实数，从某一个起点出发，经过其余点恰好一次，最后回到起点。要求给出一种走法，使得回路的长度最短。

【算法思路】

先动手制作模型，在木板上钉一些钉子表示城市，用棉线在钉子之间以不同顺序进行连接，从而对问题产生直观感觉。

开局：找到 n 个点的外接凸多边形，使得其余点均在外接凸多边形内部，外接凸多边形构成初始的部分回路 L。

从当前格局向新格局演化时，考虑所有不在 L 上的点，选择其中一个点将其插入 L，使得新的部分回路长度尽量短。

【算法具体步骤】

用扫描算法找到 n 个点的外接凸多边形(图 9.5)。从纵坐标 y 值最小的点开始(若存在多个点 y 值并列最小，则取其中横坐标 x 值最小的点)，将其记为 v_1。v_1一定是外接凸多边形的一个顶点。v_1向左水平引出一条射线，这条射线逆时针旋转，所碰到的第一个点记为 v_2。从 v_2出发，沿 v_1v_2的延长线引出一条射线，逆时针旋转，所碰到的第一个点记为 v_3，以此类推，直到回到 v_1为止。算法所扫描到的这些点是 n 个点的外接凸多边形的顶点。扫描算法的时间复杂度是 $O(n^2)$。

如图 9.6 所示，Graham 扫描算法的速度更快，复杂度为 $O(n\log n)$。从 y 值最小的点开始(若存在多个点 y 值并列最小，则取其中 x 值最小的点)，将其记为点 1。点 1 向左水平引出一条射线，这条射线逆时针旋转，所碰到的点依次记为 2、3、4、5、6、7、8、9、10。

推广到一般情形，用解析几何的方式来叙述：从点 1 到其余 $n-1$ 个点连线，考虑从 x 轴正向逆时针旋转到这 $n-1$ 条线的角度，按照角度从小到大的顺序排序，对 $n-1$ 个点编号为从 2 到 n。

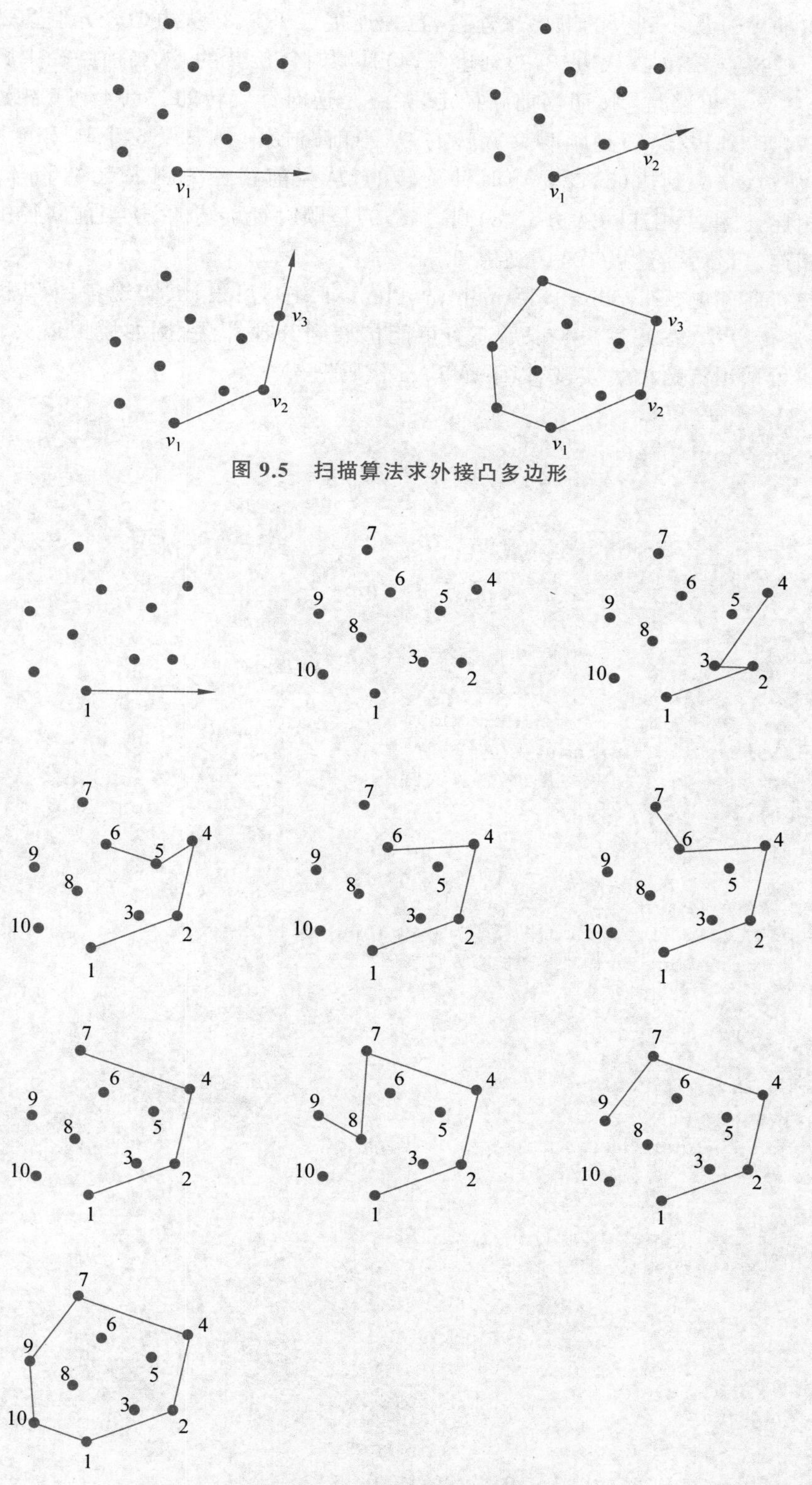

图 9.5 扫描算法求外接凸多边形

图 9.6 Graham 扫描算法

按照点的序号从小到大的顺序来连接，首先连接点1、2、3，从边(1,2)到边(2,3)是逆时针旋转的。连接点3和4，从边(2,3)到边(3,4)是顺时针旋转的，从当前路径中删去点3，将2和4相连。算法思路是：按照当前路径走，始终是逆时针旋转的。点4和5相连，点5和6相连，从边(4,5)到边(5,6)是顺时针旋转的，从当前路径中删去点5，将4和6相连。点6和7相连，从边(4,6)到边(6,7)是顺时针旋转的，从当前路径中删去点6，将4和7相连。点7和8相连，8和9相连。从边(7,8)到边(8,9)是顺时针旋转的，从当前路径中删去点8，将7和9相连。最后9连接10，10连接1。

对于旅行商问题(traveling salesman problem，TSP)，可设计、实现各种算法策略，例如蚁群算法、遗传算法、贪心算法。以后还有可能扩展到其他算法，例如模拟退火、拟人算法、拟物算法。可采用策略模式实现，以下是Java代码框架。

```
interface IStrategy{
    void algorithm();
}

class GeneticAlgorithm implements IStrategy{
    public void algorithm(){
        System.out.println("遗传算法");
    }
}

class AntColony implements IStrategy{
    public void algorithm(){
        System.out.println("蚁群算法");
    }
}

class Greedy implements IStrategy{
    public void algorithm(){
        System.out.println("贪心算法");
    }
}

class Context{
    private IStrategy strategy;
    void setAlgorithm(IStrategy strategy){
        this.strategy =strategy;
    }
    public void operation(){
        strategy.algorithm();
    }
}

//测试类
class Test{
    public static void main(String[] args){
        IStrategy strategy =new GeneticAlgorithm();
        Context context =new Context();
```

```
        context.setAlgorithm(strategy);
        context.operation();
    }
}
```

当用户要求增加一种新的算法策略时，例如拟人算法，原有的类不用修改，只需增加拟人算法类 QuasiHuman。

在测试类 Test 中采用多态，用 IStrategy 父类引用 strategy 指向 GeneticAlgorithm 子类对象，代码如下：

```
IStrategy strategy = new GeneticAlgorithm();
```

如果要改为其他算法策略，例如贪心算法，只需将代码改成：

```
IStrategy strategy =new Greedy();
```

9.4 本章小结

为提高软件开发效率，力求做到软件复用。在长期实践中，计算机科学家和软件工程师提炼出软件开发及复用原则："自顶向下、逐步求精""高内聚、低耦合""对扩展功能开放，对修改代码关闭""面向抽象编程"。高级程序设计语言编程规范是成功经验的总结。

习 题 9

1. 二维欧几里得平面旅行商问题的一种描述是：在二维平面上给定 n 个点，每两点之间的直线距离是已知的正实数，从某一个起点出发，经过其余点恰好一次，最后回到起点。要求给出一种走法，使得回路的长度最短。TSPLIB 中公布了旅行商问题的 Benchmark 测试数据集(http://comopt.ifi.uni-heidelberg.de/software/TSPLIB95/)。请读者修改 9.3 节中的程序，增加拟人算法类 QuasiHuman 或者自己设计的算法。在测试类 TestStrategy 中修改相应代码，对拟人算法或自己设计的算法进行测试。

2. 地图着色问题是要为不同国家涂色，相邻国家的颜色不能相同。其数学模型是：给定一个简单图 $G=\langle V,E\rangle$，其中 V 是顶点集合，E 是边集合。要用尽可能少的颜色给所有顶点着色，约束条件是：若两个顶点之间有一条边直接相连，则这两个顶点不能涂相同颜色。若两个顶点之间没有一条边直接相连，则这两个顶点可以涂相同颜色。例如，图 9.7 中结点 1 和 3 不能涂相同颜色，结点 4 和 5 可以涂相同颜色。请设计实现一种算法。

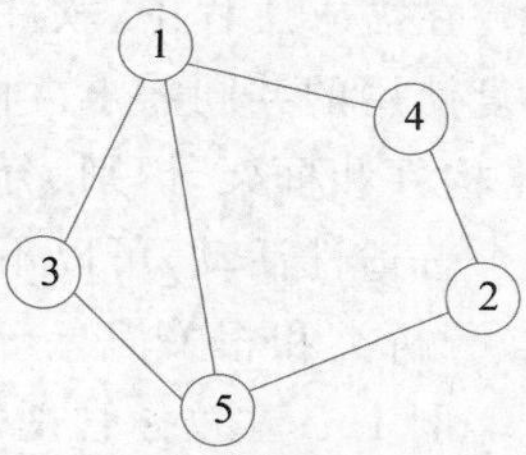

图 9.7 地图着色问题

提示：简单图的定义是：第一，两个顶点之间最多有一条边相连；第二，没有自环，即没有一条边的两个顶点重合。

3. 某购书网站具有如下功能：

(1) 当被用户关注过的图书价格下降时，会在用户的主界面中显示价格下降消息。

(2) 根据用户查询书籍的历史记录，向用户推荐可选书籍。请给出一种设计方案。

第 10 章 软件模式

软件模式是对软件工程中成功经验的总结。软件过程模式则是对软件过程中经验的总结，如第 2 章所述，软件过程模式有瀑布模型、增量模型、演化模型等，开发人员根据不同场景选择不同的过程模式。软件需求分析和设计也涉及软件模式，即分析模式和设计模式，系统分析师和软件设计师对这些模式进行识别、定义和分类，进而检索和复用它们，促进分析模型和设计模型的创建。

10.1 分析模式

一方面，客户往往缺乏软件技术相关知识，难以准确描述需求，导致在项目实施过程中，需求经常发生改变；另一方面，软件工程师不了解客户所在行业应用领域知识。因此，软件开发团队应该"浸泡"在客户方，长期、深入、细致地进行调查研究，学习客户方的业务应用知识，甚至成为客户方所在行业的应用领域专家。

实际上，需求分析是软件过程的第一步，开发人员需要学习软件应用领域的专业知识，向经验丰富的用户请教学习，用自然语言、数学模型、图形化模型等多种方式描述用户需求。久而久之，具有软件项目需求工程经验的人员都会注意到，在特定应用领域，某些问题会在所有软件项目中重复发生。分析模式在特定应用领域内提供一些解决方案，包括分析类、功能和行为等，在为许多应用软件项目建模时，则可以重复使用它们。

通过引用分析模式名称可把分析模式整合到需求分析模型中。同时，需求分析模式还可以存储在仓库中，以便需求工程师能通过搜索工具发现并应用它们。而标准模板中则会提供关于需求分析模式的信息。

在需求工程中，软件域分析是指识别、分析和详细说明某个特定应用领域内被多个项目重复使用的共同需求。面向对象的域分析是指在某个特定应用领域内，根据通用的对象、类、构件和框架，识别、分析和详细说明公共的、可复用的能力。域分析可以看作软件过程的一个普适性活动，可以不与任何一个软件项目相关。域分析师发现和定义可复用的分析模式、分析类和相关信息，这些也可以用于类似但不必完全相同的应用软件。

例 10.1 教务管理软件的需求分析。

(1) 某大学每年对学生的培养方案进行小修，每 4 年进行大修。课程集合中每门课程的学时、学分、类型、教学方式、考核方式有变动。教务管理软件以及排课算法应该具有可扩展性。

(2) 数学、物理类型的课程首先考虑排在上午。若上午排不下，则其次考虑排在下午，最后考虑排在晚上。

例 10.2 二维矩形 Packing 问题。

二维矩形 Packing 问题(图 10.1)是指：给定 n 个矩形块和 1 个矩形容器，其长度、宽度均为已知的正实数。要将矩形块放入矩形容器内，使得放入矩形容器的矩形块的面积和最大。约束条件为：第一，每两个矩形块之间的重叠面积均为 0。第二，矩形块的每条边必须和容器的某条边重合或平行。第三，矩形块不能超出容器边界。

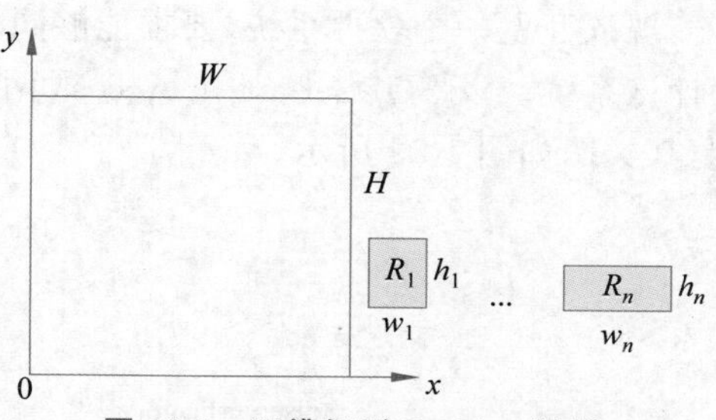

图 10.1 二维矩形 Packing 问题

W 和 H 分别表示矩形容器的长度和宽度。w_i 和 h_i 分别表示矩形块 R_i 的长度和宽度。(x_{li}, y_{li}) 和 (x_{ri}, y_{ri}) 分别表示 R_i 被放入容器后，其左下顶点和右上顶点的坐标。若 R_i 已被放入容器中，则 p_i 值为 1；否则 p_i 值为 0。此问题的数学模型如下：

最大化 $\sum_{i=1}^{n} p_i w_i h_i$

满足

$$p_i = 0 \lor p_j = 0 \lor (x_{li} \geqslant x_{rj} \lor x_{lj} \geqslant x_{ri} \lor y_{li} \geqslant y_{rj} \lor y_{lj} \geqslant y_{ri}) \tag{10.1}$$

$$p_i = 0 \lor (x_{ri} - x_{li} = w_i \land y_{ri} - y_{li} = h_i) \lor (x_{ri} - x_{li} = h_i \land y_{ri} - y_{li} = w_i) \tag{10.2}$$

$$p_i = 0 \lor (0 \leqslant x_{li} < x_{ri} \leqslant W \land 0 \leqslant y_{li} < y_{ri} \leqslant H) \tag{10.3}$$

$$p_i \in \{0, 1\} \tag{10.4}$$

其中，$i, j = 1, 2, \cdots, n$，且 $i \neq j$。

在例 10.2 中，用自然语言、图形、数学模型 3 种方式描述问题。

例 10.3 隐含需求。

安全性是很多系统的隐含需求。用户在登录时输入用户名和口令。对口令要进行加密，与服务器端存储的加密后的口令进行比对。由于 MD5、SHA-1 算法已被破解，因此需要设计、实现强度更高的加密算法。Linux 系统是多用户、多任务操作系统。对每个用户的口令加密后，系统将其存储在/etc/shadow 文件中，只有超级用户才能访问这个文件，普通用户不能直接访问。开发人员要考虑可以替代的解决方案。

10.2 设计模式

设计模式是对软件设计中反复出现的问题的解决方案。在模型对象设计中，设计模式通常描述了一组相互紧密作用的类与对象。设计模式提供一种讨论软件设计的公共语言，使得熟练设计者的设计经验可以被初学者和其他设计者掌握。设计模式还为软件重构提供了目标。

10.2.1 创建型设计模式

创建型设计模式被用于创建对象，它将对象的创建和对象的使用分离，封装了对象的创建细节，使客户端无须关心对象的创建细节。工厂方法、抽象工厂、单例、原型、建造者属于创建型设计模式。

例 10.4 抽象工厂模式。

现欲开发一个软件系统，要求能够同时支持多种不同的数据库，为此采用抽象工厂模式设计该系统。以 SQLServer 和 Access 两种数据库以及系统中的数据库表 Department 为例，其类图如图 10.2 所示。

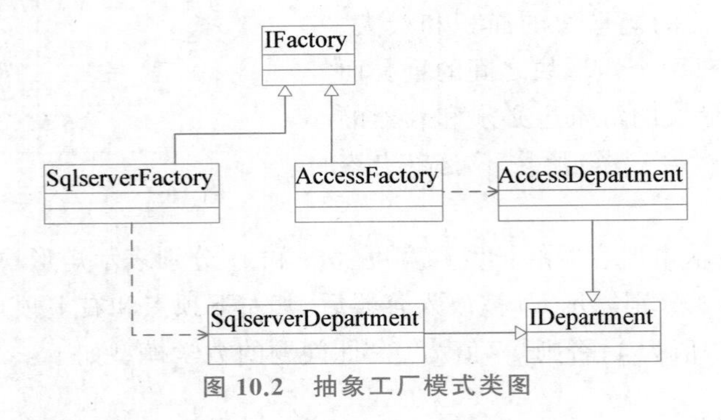

图 10.2 抽象工厂模式类图

【Java 代码】

```
import java.util.*;

class Department { /* 代码省略 */}

interface IDepartment {
    public void Insert(Department department);
    public Department GetDepartment(int id);
}

class SqlserverDepartment implements IDepartment {
    public void Insert(Department department) {
        System.out.println("Insert a record into Department in SQLServer!");
        //其余代码省略
    }
    public Department GetDepartment(int id) {
        /* 代码省略 */
    }
}

class AccessDepartment implements IDepartment {
    public void Insert(Department department) {
        System.out.println("Insert a record into Department in ACCESS!");
        //其余代码省略
    }
    public Department GetDepartment(int id) {
        /* 代码省略 */
    }
}

interface IFactory {
```

```
    public IDepartment CreateDepartment();
}

class SqlServerFactory implements IFactory {
    public IDepartment CreateDepartment() {
        return new SqlserverDepartment();
    }
    //其余代码省略
}

class AccessFactory implements IFactory {
    public IDepartment CreateDepartment() {
        return new AccessDepartment();
    }
}
```

例 10.5 原型模式。现要求实现一个能够自动生成求职简历的程序。简历的基本内容包括求职者的姓名、性别、年龄及工作经历等。希望每份简历中的工作经历有所不同,并尽量减少程序中的重复代码。现采用原型(prototype)模式来实现上述要求,得到如图 10.3 所示的类图。

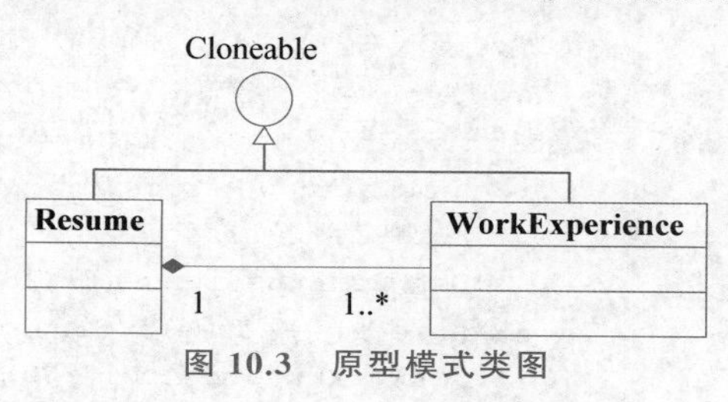

图 10.3 原型模式类图

【Java 代码】

```
class WorkExperience    implements    Cloneable {      //工作经历
    public String workdate;
    public String company;
    public Object clone ( ) {
        WorkExperience obj =new WorkExperience() ;
        obj.workdate =this.workdate;
        obj.company =this.company;
        return obj;
    }
}

class Resume   implements    Cloneable {     //简历
    public String name;
    public String sex;
    public String age;
    public WorkExperience work;

    public Resume(String name) {
        this.name =name;   work =new WorkExperience( );
    }

    public Resume(WorkExperience work) {
        this.work = (WorkExperience) work.clone();
    }
```

```
    public void SetPersonalInfo(String sex, String age ) {
        this. sex =sex;
        this. age =age;
    }
    public void SetWorkExperience (String workdate, String company ) {
        this.work.workdate =workdate;
        this.work.company =company;
    }
    public Object Clone ( ) {
        Resume obj =new Resume(this.name);
        obj.sex =this.sex;
        obj.age =this.age;
        return obj;
    }
}

class WorkResume {
    public static void main(String[ ] arg) {
        Resume a =new Resume("张三");
        a.SetPersonalInfo("男","29");
        a.SetWorkExperience("1998~2000", "XXX公司");
        Resume b =(Resume)a.Clone();
        b.SetWorkExperience("2001~2006", "YYY公司");
        System.out.println(a.name+a.sex+a.age+a.work.workdate+
                          a.work.company);
        System.out.println(b.name+b.sex+b.age+b.work.workdate+
                          b.work.company);
    }
}
```

例 10.6　建造者模式。

某快餐厅主要制作并出售儿童套餐,一般包括主餐(各类比萨)、饮料和玩具,其餐品种类可能不同,但其制作过程相同。前台服务员(Waiter)调度厨师制作套餐。现采用建造者(Builder)模式实现制作过程,得到如图 10.4 所示的类图。

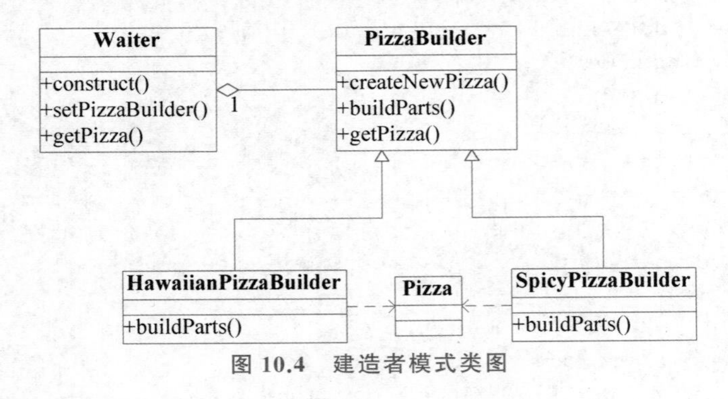

图 10.4　建造者模式类图

【Java代码】

```
class Pizza {
    private String parts;
    public void setParts(String parts) { this.parts =parts; }
    public String toString() { return this.parts; }
}

abstract class PizzaBuilder {
    protected Pizza pizza;
    public Pizza getPizza() { return pizza; }
    public void createNewPizza() { pizza =new Pizza(); }
    abstract public void buildParts();
}

class HawaiianPizzaBuilder extends PizzaBuilder {
    public void buildParts() {
        pizza.setParts("cross +mild +ham&pineapple");
    }
}

class SpicyPizzaBuilder extends PizzaBuilder {
    public void buildParts() {
        pizza.setParts("panbaked +hot +pepperon&salami");
    }
}

class Waiter {
    private PizzaBuilder pizzaBuilder;

    public void setPizzaBuilder(PizzaBuilder pizzaBuilder) {  //设置构建器
        this.pizzaBuilder =pizzaBuilder;
    }

    public Pizza getPizza() { return pizzaBuilder.getPizza(); }

    public void construct() {   //构建
        pizzaBuilder.createNewPizza();
        pizzaBuilder.buildParts();
    }
}

class FastFoodOrdering {
    public static void main(String [] args) {
        Waiter waiter =new Waiter();
        PizzaBuilder hawaiian_pizzabuilder =new HawaiianPizzaBuilder();
        waiter.setPizzaBuilder(hawaiian_pizzabuilder);
        waiter.construct();
        System.out.println("pizza: " +waiter.getPizza());
    }
}
```

程序输出结果为：

```
pizza: cross +mild +ham&pineapple
```

10.2.2 结构型设计模式

结构型设计模式被用于描述如何将类或对象结合在一起，以形成更大的结构。外观、适配器、组合、代理、桥接、装饰、享元模式属于结构型设计模式。

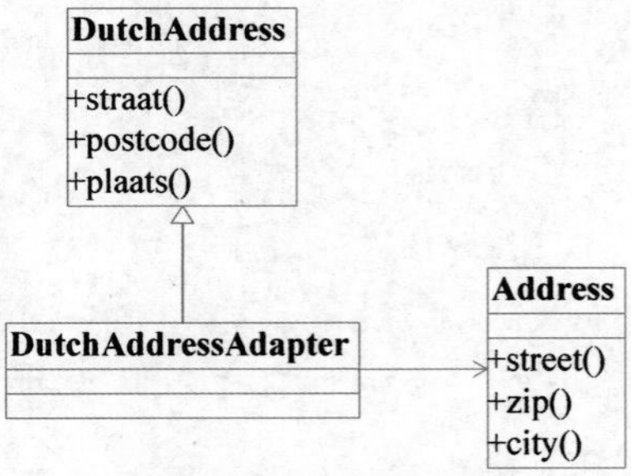

例 10.7 适配器模式。

某软件系统中，已设计并实现了用于显示地址信息的类 Address，如图 10.5 所示，现要求提供基于 Dutch 语言的地址信息显示接口。为了实现该要求，并考虑到以后还会出现新的语言的接口，决定先采用适配器(Adapter)模式实现该要求，得到如图 10.5 所示的类图。

图 10.5 适配器模式类图

【Java 代码】

```
import java.util.*;

class Address {
    public void street() { /* 实现代码省略 */ }
    public void zip() { /* 实现代码省略 */ }
    public void city() { /* 实现代码省略 */ }
    //其他成员省略
}

class DutchAddress {
    public void straat() { /* 实现代码省略 */ }
    public void postcode() { /* 实现代码省略 */ }
    public void plaats() { /* 实现代码省略 */ }
    //其他成员省略
}

class DutchAddressAdapter extends DutchAddress {
    private Address address;

    public DutchAddressAdapter(Address addr) {
        address =addr;
    }

    public void straat() {
        address.street();
    }

    public void postcode() {
        address.zip();
```

```
    }

    public void plaats() {
        address.city();
    }
    //其他成员省略
}

class Test {
    public static void main(String[] args) {
        Address addr =new Address();
        DutchAddressAdapter addAdapter =new DutchAddressAdapter(addr);
        System.out.println("\n The DutchAddress\n");
        testDutch(addAdapter);

    }
    static void testDutch(DutchAddress addr) {
        addr.straat();
        addr.postcode();
        addr.plaats();
    }
}
```

例 **10.8** 组合模式。

现欲构造一个文件/目录树，采用组合(Composite)模式来设计，得到的类图如图 10.6 所示。

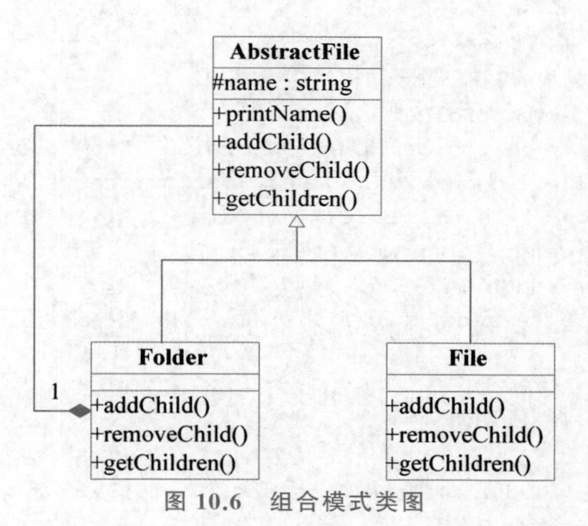

图 **10.6** 组合模式类图

```
import java.util.ArrayList;
import java.util.List;

abstract class AbstractFile {
    protected String name;
    public void printName() { System.out.println(name); }
    public abstract boolean addChild(AbstractFile file);
```

```
    public abstract boolean removeChild(AbstractFile file);
    public abstract List<AbstractFile>getChildren();
}

class File extends AbstractFile {
    public File(String name) { this.name =name; }
    public boolean addChild(AbstractFile file) { return false; }
    public boolean removeChild(AbstractFile file) { return false; }
    public List<AbstractFile>getChildren() { return null; }
}

class Folder extends AbstractFile {
    private List<AbstractFile>childList;
    public Folder(String name) {
        this.name =name;
        this.childList =new ArrayList<AbstractFile>();
    }
    public boolean addChild(AbstractFile file) {
    return childList.add(file);
}
    public boolean removeChild(AbstractFile file) {
    return childList.remove(file);
}
    public List<AbstractFile>getChildren() { return childList; }
}

class Client {
    public static void main(String [] args) {
        //构造一个树状的文件/目录结构
        AbstractFile rootFolder =new Folder("c:\\");
        AbstractFile compositeFolder =new Folder("composite");
        AbstractFile windowFolder =new Folder("windows");
        AbstractFile file =new File("TestComposite.java");
        rootFolder.addChild(compositeFolder);
        rootFolder.addChild(windowFolder);
        compositeFolder.addChild(file);

        //打印目录文件树
        printTree(rootFolder);
    }
    private static void printTree(AbstractFile ifile) {
        ifile.printName();
        List<AbstractFile>children =ifile.getChildren();
        if(children ==null) return;
        for(AbstractFile file:children) {
            printTree(file);
        }
    }
}
```

该程序运行后输出结果为：

```
C:\
composite
TestComposite.java
Windows
import java.util.Vector;
```

例 10.9 装饰模式。

某发票(Invoice)由抬头(Head)部分、正文部分和脚注(Foot)部分构成。现采用装饰(Decorator)模式实现打印发票的功能，得到如图 10.7 所示的类图。

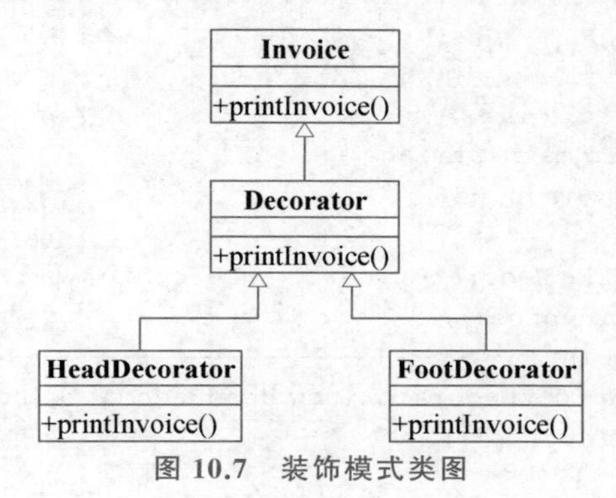

图 10.7 装饰模式类图

【Java 代码】

```
class Invoice {
    public void printInvoice() {
        System.out.println("This is the content of the invoice!");
    }
}

class Decorator extends Invoice {
    protected Invoice ticket;
    public Decorator(Invoice t) {
        ticket =t;
    }
    public void printInvoice() {
        if(ticket !=null)
            ticket.printInvoice();
    }
}

class HeadDecorator extends Decorator {
    public HeadDecorator(Invoice t) {
        super(t);
    }
    public void printInvoice() {
        System.out.println("This is the header of the invoice!");
        super.printInvoice();
```

```
        }
    }

    class FootDecorator extends Decorator {
        public FootDecorator(Invoice t) {
            super(t);
        }
        public void printInvoice() {
            super.printInvoice();
            System.out.println("This is the footnote of the invoice!");
        }
    }

    class Test {
        public static void main(String [] args) {
            Invoice t =new Invoice();
            Invoice ticket;
            ticket =new FootDecorator(new HeadDecorator(t));
            ticket.printInvoice();
            System.out.println("--------------------------------------");
            //ticket =new FootDecorator(new HeadDecorator(null));
            ticket.printInvoice();
        }
    }
```

程序输出结果为：

```
This is the header of the invoice!
This is the content of the invoice!
This is the footnote of the invoice!
--------------------------------------
This is the header of the invoice!
This is the content of the invoice!
This is the footnote of the invoice!
```

10.2.3 行为型设计模式

行为型设计模式被用于关注系统中对象之间的交互，研究系统在运行时对象之间的相互通信与协作，明确对象之间的职责。策略、模板方法、备忘录、观察者、迭代器、命令、状态、职责链、中介者、访问者、解释器模式属于行为型设计模式。

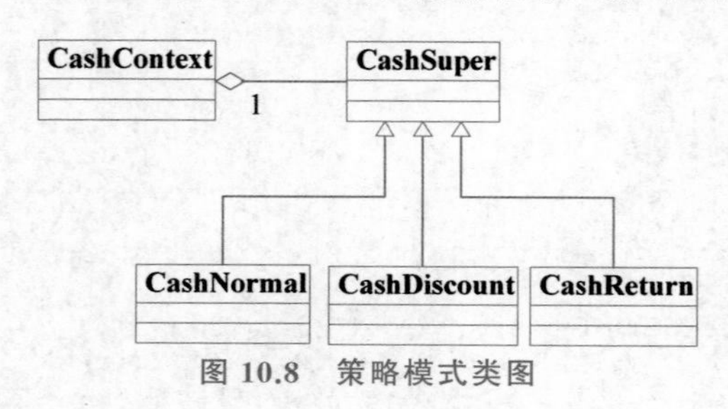

图 10.8 策略模式类图

例 10.10 策略模式。

某大型购物中心想开发一套收银软件，要求其能够支持购物中心在不同时期推出的各种促销活动，如打折、返利(比如满 300 返 100)等。现采用策略(Strategy)模式实现该要求，得到如图 10.8 所示的类图。

```
enum TYPE { NORMAL, CASH_DISCOUNT, CASH_RETURN };
interface CashSuper {
    public double acceptCash(double money);
}

class CashNormal implements CashSuper {          //正常收费子类
    public double acceptCash(double money) {
        return money;
    }
}

class CashDiscount implements CashSuper {
    private double moneyDiscount;                //折扣率
    public CashDiscount(double moneyDiscount) {
        this.moneyDiscount =moneyDiscount;
    }
    public double acceptCash(double money) {
        return money * moneyDiscount;
    }
}

class CashReturn implements CashSuper {          //满额返利
    private double moneyCondition;
    private double moneyReturn;
    public CashReturn(double moneyCondition, double moneyReturn) {
        this.moneyCondition =moneyCondition;     //满额数额
        this.moneyReturn =moneyReturn;           //返利数额
    }
    public double acceptCash(double money) {
        double result =money;
        if(money >=moneyCondition)
            result =money -Math.floor(money/moneyCondition) * moneyReturn;
        return result;
    }
}

class CashContext {
    private CashSuper cs;
    private TYPE t;
    public CashContext (TYPE t) {
        switch(t) {
        case NORMAL:                             //正常收费
            cs =new CashNormal();
            break;
        case CASH_DISCOUNT:                      //打 8 折
            cs =new CashDiscount(0.8);
            break;
        case CASH_RETURN:                        //满 300 返 100
            cs =new CashReturn(300,100);
            break;
```

```
        }
    }
    public double GetResult(double money) {
        return cs.acceptCash(money);
    }
    //此处略去 main()函数
}
```

例 10.11 模板方法模式。

在父类中定义模板方法，这是算法的骨架。算法的细节留待子类中实现。在下面的 Java 源代码中，AbstractClass 是抽象类，其中的 templateMethod 是模板方法，调用 3 个原语方法依次输入数据、处理数据、输出数据。ConcreteClass1 是一种子类，实现算法的细节。ConcreteClass2 是另一种子类，以不同的方式实现算法的细节。

```
abstract class AbstractClass{                         //抽象类
    //原语方法
    protected abstract void input();
    protected abstract void process();
    protected abstract void output();
    public final void templateMethod(){               //定义模板方法
        input();
        process();
        output();
    }
}

class ConcreteClass1 extends AbstractClass {          //具体类
    @Override
    protected void input(){
        System.out.println("输入数据:方式 1");
    }
    protected void process(){
        System.out.println("处理数据:方式 1");
    }
    protected void output(){
        System.out.println("输出数据:方式 1");
    }
}

class ConcreteClass2 extends AbstractClass{           //具体类
    @Override
    protected void input(){
        System.out.println("输入数据:方式 2");
    }
    protected void process(){
        System.out.println("处理数据:方式 2");
    }
    protected void output(){
        System.out.println("输出数据:方式 2");
```

```
        }
    }

    class Client{
        public static void main(String[] args){
            AbstractClass concreteClass =new ConcreteClass1();
            //切换为方式 2
            //AbstractClass concreteClass =new ConcreteClass2();
            concreteClass.input();
            concreteClass.process();
            concreteClass.output();
        }
    }
```

例 10.12 迭代器模式。

不在 foreach 循环里进行元素的 remove/add 操作；remove 元素应使用迭代器(Iterator)模式。

【反例】

```
List<String>a =new ArrayList<String>();
a.add("1");
a.add("2");
for(String temp : a) {
    if("1".equals(temp)) {
        a.remove(temp);
    }
}
```

执行代码，没有出现运行错误，但是存在逻辑错误。用 JAD Java Decompiler 工具对 class 文件反编译得到 Java 源代码如下：

```
List a =new ArrayList();
a.add("1");
a.add("2");
for(Iterator iterator =a.iterator(); iterator.hasNext();)
{
    String temp = (String)iterator.next();
    if("1".equals(temp))
    a.remove(temp);
}
```

每次循环时程序首先调用 hasNext 方法，若返回 true，则调用 next 方法；否则循环停止。当删除元素“1”后，ArrayList 中只有 1 个元素“2”，cursor 值等于 size 值，hasNext 方法返回 false，循环停止，并没有对元素“2”进行比较。

如果把源代码中的“1”换成“2”，出现了运行错误，输出为：

```
Exception in thread "main" java.util.ConcurrentModificationException
    at java.util.AbstractList$ Itr.checkForComodification(AbstractList.java:
372)
```

```
    at java.util.AbstractList$ Itr.next(AbstractList.java:343)
    at ListRemoveTest.main(ListRemoveTest.java:10)
```

【正例】

```
Iterator<String>it =a.iterator();
while(it.hasNext()) {
    String temp =it.next();
    if(删除元素的条件) {
        it.remove();
    }
}
```

10.3 本章小结

从软件过程模型到需求分析模型，再到软件设计模型，甚至用户界面设计，都可以采用模式复用，即过程模式、分析模式、设计模式和用户界面设计模式。软件模式的复用可以加速软件产品投放应用市场的时间，减少开发费用。

习题 10

1. 2019年国际时刻表算法竞赛(ITC 2019：International Timetabling Competition)的资料参见网址 https://www.itc2019.org。时刻表算法竞赛的主题是为各种单位、部门排出时刻表，例如为学校排课、为医院护士排班、为体育比赛排赛程。请读者设计并实现时刻表算法。

2. 调查研究一所学校的排课需求，开发排课软件。在没有冲突的前提下，考虑师生的人性化需求。

3. 调查研究一所学校的期末考试安排需求，开发期末考试安排软件。在没有冲突的前提下，考虑师生的人性化需求。例如，夏季的考试尽量排在阴凉的教室，冬季的考试尽量排在有阳光的教室；学生一天的考试不超过两场。

第 11 章 软件质量

随着软件行业的高速发展、软件的复杂度增加和规模的日益扩大，软件的功能也从开始阶段的单一化和简单化，发展到越来越复杂，逐步暴露出一些软件质量问题。各个企业为了在激烈的市场竞争中立于不败之地，想尽一切办法来提高软件质量，以促使软件质量不断提升。

本章将阐述"质量"(quality)的概念，试图为本书读者建立一个正确、全面的质量认知。质量是一个大家都非常熟悉的词汇，日常生活中可以说无处不在。但人们对质量的理解有时却非常简单，通常用"好"与"坏"来评判。例如，这个 MP3 播放器的声音质量不够好，那个数码相机拍出来的相片质量非常好。似乎每个人在讨论质量的时候，都明白其含义，但实际上，"好"的程度很含糊，"质量"的描述也不清晰。质量不是一个简单的概念，它是一个相对客户而存在的、具有丰富内涵的、多面的概念。因此，给"质量"所下的定义必须是可控制和可衡量的，这样才可以帮助企业控制质量、管理质量，从而获得经营上的成功。

11.1 软件质量概念

软件质量

随着社会生产力的进步和人们认识水平的不断深化，人们对质量的需求不断提高，对质量概念的认知也在不断地更新和发展。

11.1.1 符合性质量的概念

20 世纪，传统的质量概念基本是指产品性能是否符合技术规范，也就是将产品的质量特性与技术规范(包括性能指标、设计图纸、验收技术条件等)相比较。质量特性处于规范值的容差范围内，为合格产品或质量高的产品；超出容差范围，为不合格产品或次品，这就是所谓的"门柱法"(goalpost)，即符合性质量控制。符合性质量控制是最初的质量观念，即能够满足国家或行业标准、产品规范的要求。它以"符合"现行标准的程度作为衡量依据。"符合标准"的产品就是合格的，符合的程度反映了产品质量的一致性。这是长期以来人们对质量的定义，认为产品只要符合标准，就满足了客户需求。"规格"和"标准"有先进和落后之分，过去认为是先进的，现在可能是落后的。落后的标准即使百分之百地符合，也不能认为是质量好的产品。同时，"规格"和"标准"不可能将客户的各种需求和期望都列出来，特别是隐含的需求与期望。

11.1.2 适用性质量的概念

工业化发展的初期，产品技术含量低、结构简单，符合性质量控制可以发挥其重要的质量把关作用，但对于高科技和大型复杂的产品，符合性质量控制已不能满足质量管理的要求。于是有研究者提出了“产品的质量就是适用性”的观点。所谓适用性，就是产品在使用过程中满足客户要求的程度。适用性质量的定义：

让客户满意，不仅满足标准、规范的要求，而且满足客户的其他要求，包括隐含要求。它是以适合客户需要的程度作为衡量产品质量的依据。从使用角度定义产品质量，认为产品的质量就是产品“适用性”，即“产品在使用时能成功地满足客户需要的程度”。“适用性”的质量概念，要求人们从“使用要求”和“满足程度”两方面理解质量的实质。

质量从“符合性”发展到“适用性”，使人们逐渐把客户的需求放在首位。客户对所消费的产品和服务有不同的需求和期望，意味着提供产品的组织需要决定服务于哪类客户，是否在合理的前提下所做的每件事都能满足或都是为了满足客户的需要和期望。

11.1.3 广义质量的概念

国际标准化组织总结质量的不同概念并加以归纳提炼，逐渐形成人们公认的名词术语。这一过程既反映了符合标准的要求，也反映了满足客户的需要，综合了符合性和适用性的含义。

1986 年 ISO 8492 中所给出的质量定义：“质量是产品或服务所满足明示或暗示需求能力的特性和特征的集合”。

ISO 9000 系列国际标准(2000 版)中关于质量的定义：“质量是一组固有特性满足要求的程度”。这里的“要求”是指明示的、隐含的或必须履行的需求或期望。下面对特性、固有特性、明示或暗示需求等作进一步解释，以便更好地理解质量的定义。

1. 特性

特性指可区分的特征，可以有各种类别的特性，如物理特性、化学特性和生理特性。物理特性表现为电流、电压、温度、光波等；化学特性表现为成分的组成、合成、分解等。

2. 固有特性

特性可以是固有的或赋予的。固有特性是指某事物本身具有的，尤其是那种永久的特性，如木材的硬度、桌子的高度、声音的频率、螺栓的直径等。赋予特性不是某事物本身具有的，而是完成产品后因不同的要求而对产品所增加的特性，如产品的价格、硬件产品的供货时间、售后服务要求和运输方式等。同时，固有特性与赋予特性是相对的，某些产品的赋予特性可能是另一些产品的固有特性。例如，供货时间及运输方式对硬件产品而言，属于赋予特性；但对运输服务而言，就属于固有特性。

3. 明示或暗示的需求

明示的需求可以理解为规定的要求，一般在国家标准、行业规范、产品说明书或产品设计规格说明书中进行描述，或客户明确提出的要求，如计算机的尺寸、重量、内存和接口等，用户可以查看。暗示或隐含的用户需求，一般没有文字说明，而是由社会习俗约定、行为惯例所要求的一种潜规则，所考虑的需求或期望是不言而喻的。一般情况下，客户或相关方的文件中不会对这类要求给出明确规定，组织应根据自身产品的用途和特性进行识别，并做出规定。例如，台式计算机可以使用本地区的、约定的家用电压，在中国就是 220V，在北美和欧洲就是 110V；但对笔记本计算机，由于是移动式设备，可以随身携带，所以应该支持国际范围(110～240V)的电压，这样笔记本计算机就可以在世界各地使用。如果某种笔记本计算机不支持这个范围的电压，它就存在质量上的缺陷。再如，一张4条腿的餐桌，只要告诉一条腿的高度就可以了，暗示着另外3条腿也是、必须是相同高度，而且桌面要光滑，不能刮破用户的手脚，这些都是隐含的要求，是必须满足的。

4. 必须履行的需求

必须履行的需求是指法律法规要求的或有强制性标准要求的，如《中华人民共和国食品安全法》《音频、视频及类似电子设备安全要求》(GB 8898—2011)等，组织在产品的实现过程中必须执行这类标准。

5. 来自不同方面的需求

要求需要特指时，可以采用修饰词表示，如产品要求、质量管理要求、客户要求等。因此，要求可以由不同的相关方提出，不同的相关方对同一产品的要求可能是不相同的。例如，对汽车来说，客户要求美观、舒适、轻便、省油，但社会要求对环境不产生污染。组织在确定产品要求时，应兼顾客户及相关方的要求。

除以上针对产品与服务的质量要求外，在统一过程(Rational Unified Process，RUP)中，质量被定义为："满足或超出认定的一组需求，并使用经过认可的评测方法和标准来评估，再使用认定的流程生产"。

因此，质量达标不是简单地满足用户的需求，还包含证明质量达标的评测方法和标准，以及如何实施可管理的、可重复使用的流程，以确保由此流程生产的产品能达到预期的质量水平。

在质量管理体系所涉及的范畴内，组织的相关方对组织的产品、过程或体系都可能提出要求。产品、过程和体系又都具有固有特性，因此，质量不仅指产品质量，也指过程和体系的质量。这就提出了"广义质量"的概念，广义质量指产品的质量以及开发这种产品的过程、组织和管理体系的质量。朱兰博士将广义质量概念与狭义质量概念做了比较，如表11.1所示。

表11.1　广义质量概念与狭义质量概念的比较

主　　题	狭义质量概念	广义质量概念
产品	有形制成品(硬件)	硬件、软件、服务和研发流程
过程	直接与产品制造有关的过程	包括制造核心过程、销售支持性过程等所有过程
产业	制造业	各行各业
质量被看成	技术问题	技术问题及经营问题
客户	购买产品的客户	所有有关人员、无论内部还是外部
如何认识质量	基于职能部门	基于普遍适用的朱兰三部曲原理
质量目标体现在	工厂的各项指标中	公司经营计划承诺和社会责任
劣质成本	与不合格的制造品有关	无缺陷使成本总和最低
质量的评价主要基于	符合规范、程序和标准	满足客户的需求
改进是用于提高	部门业绩	公司业绩
质量培训管理	集中在质量部门	全公司范围内
负责协调质量工作	中层质量管理人员	高层管理者组成的质量委员会

从哲学角度说，量的积累才可能产生质的飞跃，量是过程（过程品）的累积，不断增加并完善过程，最终实现质的飞跃。这也说明广义质量包含了过程质量的完善。

11.1.4 质量因客户而存在

质量最基本的属性就是“客户”，质量相对客户而存在。简单地讲，质量就是客户的满意度，质量由客户判定，客户对产品或服务最关心的就是质量。客户是质量的接受者，可以直接观察或感觉到质量的存在，如服务等待时间的长短、服务设施的完好程度和服务用语的文明程度等。

根据对客户满意度的影响程度不同，可以对质量特性进行分类管理。常用的质量特性分类方法是将质量特性划分为关键、重要和次要3类，具体如下。

(1) 关键质量特性：指如果超出客户所要求的或规定的特性值界限，会直接造成产品整体功能或服务基本特性完全丧失的质量特性。

(2) 重要质量特性：指如果超出客户所要求的或规定的特性值界限，将部分影响产品功能或服务基本特性的质量特性。

(3) 次要质量特性：指如果超出客户所要求的或规定的特性值界限，暂不影响产品功能，但可能会引起产品功能的逐渐丧失。

因此，全面认识质量，做好质量管理工作，首先需要全面认识客户。

1. 识别客户

要做好产品，其前提就是要知道“谁是我们的客户”。每个人都有客户，如果不知道自己的客户是谁，也不知道客户需要是什么，那么他还没有了解自己的工作。所以，做好质量管理工作，首先要进行客户的识别。基本的客户识别方法是：根据工作流、业务流等分析，了解每一项活动路线和决策过程，绘制流程图，识别出组织所影响的各种人群，也就是组织的不同客户群。这种方法的好处如下所述。

(1) 易于掌握客户的整体情况、知道客户的各种角色。通过流程图，可以了解客户在整个框架内所处的位置、客户对公司的影响程度。

(2) 识别以前被忽视的客户。通过流程图，可以贯穿整个产品开发、服务过程，不会错过任何一个环节，也就可以识别尽可能多的客户。这时就会惊奇地发现，以前所做的许多计划都没有识别全部的客户。因为，人们往往假设“客户是谁都很清楚”，结果没有使用流程图方法，忽视了一些重要客户。

(3) 识别改进的机会。绝大多数流程图不仅显示整个产品的开发和服务过程，还显示很多子过程。这样容易发现薄弱环节（客户不满意的地方），对其进行分析，并得到解决方案。所以，每一个子过程都可以看成一个改进的机会。

(4) 使不同的客户群边界更加清晰。每个过程或子过程都可能与组织内部或外部存在或多或少的关系，是比较复杂的，但通过流程图，可以帮助建立一个基础边界，使不同客户群的边界相对清晰。

2. 客户洞察

客户洞察（customer insight）主要由3部分组成：客户数据管理、客户分析与洞察力应用，即通常所说的客户数据的收集、分析、使用以及挖掘等。客户洞察不是指个人（某个客户服务人员或支持人员）对客户的熟悉与了解的能力，而是指在企业或部门层面对客户数据的全面掌握及在市场营销与客户互动各环节的有效应用。

在客户数据管理方面的工作，包括数据的抽取、转换与上载、数据质量管理、客户与业务数据的丰富、数据比对重排与相关化，以及客户统一视图的建立。在客户细分方面的工作，包括战略层面细分、客户价值分析、战术性产品细分、客户体验开发等。在客户互动方面的工作，包括优先列表管理、客户与座席相对应的客户体验管理。在建模方面的工作有支撑客户获取、客户保留与交叉/向上销售的预测模型建立，动态模型建立及包含持续学习能力的倾向性和响应性模型建立。

客户资产对于企业来说是最珍贵的，同时也常常是最少被利用的资产。为使客户产生更多价值，企业应当学会更整体地看待客户，能够超越业务与功能部门的局限，对于客户管理建立整体规划与操作，同时能够应用精密的细分与预测方法对大量客户数据形成规律性的认知，并能够将对客户的知识加以运用，驱动客户洞察力服务于质量管理。

3. 客户分类

在进行客户识别时，应该首先了解客户的属性，这样有助于对客户进行归纳、分析，然后对客户进行分类并采取相应的对策，可以将客户进行如下不同的分类。

(1) 外部客户和内部客户。

(2) 实际客户和潜在客户。

(3) 直接客户和间接客户。

(4) 关键少数客户和次要多数客户。

重点关注外部客户、实际客户、直接客户和关键少数客户，但也不能忽视内部客户、潜在客户、间接客户和次要多数客户，潜在或间接客户往往是企业未来利润的来源。对于现有的客户，也可以进一步分析客户的忠诚度，以确定稳定的客户群和动态的客户群。一般来说，忠诚的客户是稳定的，有以下行为表现。

(1) 客户对自己的忠诚表示认同。

(2) 对该项产品或服务有较强的依赖性。

(3) 继续使用该产品或服务的意向高。

(4) 会做口碑传播。

虽然可以将所有目前还不是客户的人群都看作未来的潜在客户，但实际上，对一些特定的服务或产品，还是有特定的人群。需要对这些人群进行识别，确定真正的、潜在的客户，从而去开发这样的客户群。对潜在的客户进行分析，也有助于改善与现有客户的关系。对于潜在的客户分析，一般从以下几方面入手。

(1) 对已有的客户群横向分类，了解不同类别的客户的特点，进行比较，可能会找出一类新组合的客户群。

(2) 对已有的客户群纵向分析，找出客户的共性和需求的来源，进一步追溯下去，可以发现一些深层次的客户。

(3) 对产品特性进行分析、改进以满足用户的新需求，有可能开拓一个新领域，并获得新客户群。

(4) 对产品进行组合以覆盖那些单一产品不能覆盖的客户群。

4. 内部客户文化

过去习惯上认为，生产部门是采购部门的客户，上级是下级的客户，这种理解带有一定的片面性。由于组织是一个有机的整体,客户关系又是相互的,特别是职级客户和职能客户,这种相互关系是明显的。就职级客户而言,上级将工作任务交给下级,下级要努力圆满完成任务让上级满意,这时,下级为上级服务,上级被看成下级的客户,即上级是下级的任务客户(task customer),也就是人们的习惯认知。但同时,上级为了使下级完成任务或企业的使命,必须努力为下属提供各种条件、创造机会和提供帮助与支持,使下级能够实现既定目标,这时,上级为下级服务,下级被看成上级的客户,即上级是下级的条件客户(condition customer)。

在传统的管理模式中,由于人们没有认识到这种企业内部的客户关系,管理的基础建立在授权与分权的基础上,往往是上级对下级行使权力,这实质上是一种垂直管理模式。这种模式可能会导致组织内部上下级间人格上的不平等、信息的不流畅、不对称和沟通困难,难以调动下级的积极性,更无法增强上级为下级完成任务提供条件与保障的责任心,最终导致矛盾重重、管理效率低下等,严重影响组织的经营和运作。但一个组织的领导,如果认识到这种上下级相互服务的关系,企业在管理上就会风调雨顺,企业的运作就会团结一致、卓有成效。

内部客户关系的相互性形成了服务的相互性。员工在各自工作岗位上,如果明确了何时自己是对方的客户,何时对方是自己的客户,就能不断提升自己的工作能力,也能提高自己服务的内部客户的满意度,沟通流畅、各尽其职,工作积极性高,保证各项工作顺利进行。对于组织来说,提高了员工满意度,也就增强了内部客户的满意度。

11.1.5 不同的质量观点

前面讨论了质量和客户的关系,质量由客户评判、决定,所以当谈质量时需要站在客户的角度看待质量、分析质量。从客户、用户角度看质量,不会注重质量成本,只关心产品是否符合使用目的,关心所接受的服务是否完全满足自己的要求,这是质量的基本观点。实际上,不同的组织对软件质量有不同的理解。

(1) 微软公司:软件质量只要好到能使大量的产品卖给顾客。

(2) 美国宇航局(National Aeronautics and Space Administration,NASA):生命攸关,飞行中必须接近零缺陷(可靠性>99.999%)、无故障。

(3) 典型的合同承包商:满足合同的要求和规格。

(4) 摩托罗拉公司:需要达到六西格玛(6 Sigma,6σ),以走在竞争对手的前面。

研究者提出了4种可能的开发者对质量的认识观点。

(1) 客观的/协调的:在目标没有问题并且得到很好的描述时,开发人员会客观地认为质量是一个合理的工程过程。质量是和“开发过程的详细阐述和严格控制”联系在一起的,开发者趋于接受“质量是产品属性”的观点(这是目前大多数软件工程师的观点)。

(2) 客观的/矛盾的:开发者不仅明白“质量是客观的”,而且理解“质量属性之间总是存在冲突的——矛盾的存在”,于是认为不可能满足所有的质量需求,而只能满足主要的需求。

(3) 主观的/一致的:开发者认为质量关系到团体的结构,要考虑不同团体(投资者或受益者)的不同观点和兴趣。最终的结果反映了不同观点的一致意见。

(4) 主观的/矛盾的:开发者考虑了不同的观点和兴趣,但是,如果有冲突和功能上的限制，就需要构造质量的新思路，以满足多数的兴趣而忽略少数的部分功能。这一点更像一种协调而不是意见统一。

上述可能性决定了一些务实的或者充满哲学思想的质量观点。在整个产品开发过程或商业、市场环境中，由于不同的组织或个人处于不同的角色，从不同的角度看待质量，就会存在不同的质量观点。

1. 先验论

先验论重视感觉、经验，忽视了一些客观的因素。从先验论的观点看质量，质量被看成产品的一种可以认识但不可定义的性质。产品好，可以根据认识或经验，知道好在哪里，可用一些定性的词语描述，如比较实用、美观、时尚、耐磨等，但无法用具体的数值去描述。

2. 制造者观点

从产品制造者角度看，质量是产品性能符合规格要求的程度，符合的程度越高，质量就越好，而不在乎最终用户的需求。这种观点，在某些按订单生产的场合下是存在的，或者说是正确的。例如，制造者不是直接将产品销售给最终用户，而是受第三方委托生产，或者说，承接了某承包商的总合同中某个生产的子合同，这时制造商不关心市场，而是按照合同办事。产品是否合格，需要按照合同的附件（产品规格书）来验收。对制造者来说，生产出来的产品和产品规格书一致，就是高质量的产品；如果产品性能不符合规格要求，就不能通过，属于次品，必须返工。至于在制造前，第三方对用户需求分析错了，也就是产品规格书存在问题，那是销售商或总承包商的质量问题，而不是制造方的质量问题。

3. 产品观点

不考虑市场、成本或社会属性对质量的影响，从纯客观的产品观点看，这时质量被看成联结产品固有性能的纽带，即质量完全由产品的固有特性决定。产品的观点，往往是理想主义者或完美主义的观点，不考虑投入多大的成本，耗费多长的设计和制造时间，而是关心产品本身的特性，看产品能否达到尽善尽美的程度。这种观点，在一些宗教的建筑、手工艺品、艺术品上得到部分体现。

4. 市场或商业观点

从质量的市场或商业观点看，越受市场欢迎的产品或服务，其质量就越好；市场占有率越高，其质量就越好。在一定程度上说，受市场欢迎的产品或服务代表了客户需求的趋势或迎合了客户的喜好，反映了产品的一些特性非常好，是质量的一个侧面体现，但不能代表全部。例如，某手机制造商为了迎合用户的心理，其手机设计时尚、增加了 MP3 和摄像功能，同时在竞争策略上又选用低价方式，从而占领了市场，但因其手机可靠性低、返修率高，就不能说这些手机的质量很高。所以，有些时候，质量和市场占有率并不和谐，没有完全统一起来，质量最好的产品，不一定在市场占有最多的份额，质量较好的产品偶尔占据着市场的主导地位。但市场最终是由质量决定的，所以这种观点具有冒险性，会给企业带来较大的风险。

5. 价值的观点

质量依赖于顾客愿意付给产品报酬的多少，或者说产品的质量取决于该产品的价值，这就是质量的价值观点。这个观点有些类似于质量的市场或商业观点，但也有不同。因为即使是对价值而言，也不一定和市场上的价格一致，价值和价格也有背离的时候。手工艺品、艺术品可以被看作支持这种观点的较为典型的产品。

上述观点在不同工作角色的质量观点中也有所体现。不同的角色(质量内审员、开发部经理、项目投资者等)承担不同的责任,处在不同的环境,导致对质量的认知也不一样,有着不同的观点,具体如下。

(1) 质量内审员:任何生产、开发活动中脱离质量计划、控制流程、产品标准的现象和行为都视为质量问题,所有使过程偏离质量控制的活动应受到全体人员的反对。该观点类似于制造者的观点。

(2) 开发部经理:好的产品程序结构设计合理,语句规范,且系统可靠、可维护性好。类似于产品的观点。

(3) 项目投资者:好的质量要求按时、按预算地交付产品,且在市场上好卖。这实际上是一种成本的观点、价值的观点。

(4) 系统分析员:好的质量是靠和客户充分沟通来实现的,保护用户定义的功能和需求不受外部改变干扰,最终让用户满意。该观点类似于用户的观点。

综上所述,质量是由市场、客户还是自身决定的呢?也就是说,质量的市场观点、客户观点和价值观点的碰撞,谁会取胜?一般可以这样看,质量是由客户决定,即质量依赖客户而存在。市场有时会背离客户的需求,市场被某些"高超的"操作手段所扭曲,但那只是一种暂时的状态。因为市场最终由客户决定,也就是说市场最终由真实的质量决定。产品特性或价值是质量的一种体现,产品特性没有被百分之百地开发出来,正是质量的社会属性所带来的影响。

11.1.6 质量属性

从上述质量的基本概念可以看出,质量是一个多层面的概念,也就是说,其具有多层次的属性,可以从不同的层面或角度去审视质量,从而对其有一个全面的理解。

质量的内涵是由一组固有特性组成的,这些固有特性以满足客户及相关方所要求的能力加以表征,作为评价、检验和考核质量的依据。由于客户的需求是多种多样的,所以反映产品质量的特性也是多种多样的,包括适用性、美观性、可靠性、可维护性、安全性和经济性等。例如,巴利·玻姆(Barry Boehm)从计算机软件角度看,认为质量是"达到高水平的用户满意度、扩展性、维护性、强壮性和适用性"的体现。

产品质量特性可以分为内在和外在特性。内在特性包括结构、性能、精度、化学成分等;外在特性是外观、形状、颜色、气味、包装等。服务质量特性主要集中在服务产品所具有的内在特性上。概括起来,质量具有客户属性、成本属性、社会属性、可测性和可预见性;产品或服务的客户属性是质量最基本的属性;所有的产品或服务都围绕客户进行。下面逐一介绍这些属性。

1. 质量的客户属性

质量是相对客户而存在,也是质量相对性的一种体现。组织的客户和相关方可能对不同产品的功能提出不同的需求;也可能对同一产品的同一功能提出不同的需求;需求不同,质量要求也就不同,只有满足需求的产品才会被认为是质量好的产品。这种相对性要求对质量的优劣要在同一等级基础上作比较,不能与等级混淆。等级是指对功能用途相同但质量要求不同的产品、过程或体系所做的分类或分级。

2. 质量的成本属性

质量的成本属性也可以称为质量的经济性。一方面，从生产过程看，对质量要求越高，投入的研发成本就越高。另一方面，质量越好的产品，带给社会的损失就越小，为企业带来更好的经济效益；而质量差的产品或服务，带给社会的损失大，会消耗较大的企业成本。由于需求汇集了价值的表现，价廉物美实际上是反映人们的价值取向，物有所值，就表明质量有经济性的特征。

3. 质量的社会属性

质量很多时候体现的是一种理念，是哲学思想而不仅仅是方法，它与社会的价值观有直接的关系。社会是不断发展变化的，这种社会属性就会决定质量具有一定的时效性，即客户对产品、服务的需求和期望是不断变化的。例如，原先被客户认为质量好的产品会因为客户要求的提高而不再受到客户的欢迎。因此，组织应不断地调整对质量的要求。

4. 质量的可测性

产品的质量好坏取决于对相应特征的衡量。如笔记本计算机超薄超轻的特性，一般都可以通过一定数据描述，厚度小于 2cm 可称得上"超薄"，重量小于 2kg 可称得上"超轻"。质量的可测性决定了质量的可控特性。质量特性有的是能够定量的，有的是不能够定量的，只有定性。实际工作中，在测量时通常把不定量的特性转换成可以定量的代用质量特性。

5. 质量的可预见性

在了解客户需求的基础上，对质量目标可以事先定义，可以预测质量在不同过程（设计、生产、销售、维护等）中的结果。产品特征是在产品设计、生产和销售等整个过程中要控制的内容，对产品特征的控制可确保产品的质量。产品质量的控制和保证在一定程度上反映了质量的可预见性。

11.1.7　软件过程和软件质量

1. 软件过程与硬件过程

硬件是可以直观感觉到、触摸到的物理产品。在硬件生产时，人的创造性的过程（设计、制作、测试）可以完全转换成物理的形式。例如，生产一台新的计算机时，初始的草图、正式的设计图纸和面板的原型一步步演化成为一个物理的产品，如模具、集成芯片、集成电路、电源、塑料机箱等。

软件相对硬件而存在，是知识性的产品集合，是对物理世界的一种抽象，或者是某种物理形态的虚拟化、数字化。软件开发更多是一种智力活动，和传统的生产方式有较大差别，而且大多数软件是自定义的，虽然也会用到库、中间件，但不是通过已有的"零件"组装而成。因此，软件具有与硬件完全不同的特征，如表 11.2 所示。

表 11.2　软、硬件特征比较

特　征	软　件	硬　件
存在形式	虚拟、拟态	固化、稳定
客户需求	不确定性	相对清楚
度量性	非常困难	正常

续表

特　征	软　件	硬　件
生产过程	逻辑性强	流水线、工序
逻辑关系	复杂	清楚
接口	复杂	多数简单、适中
维护	复杂、新的需求,可以不断打补丁	多数简单、适中,没有新的需求

随着时间的推移,硬件构件由于各种原因会受到不同程度的磨损,但软件不会。硬件开始使用时故障率很低,随着时间的推移硬件会老化,故障率会越来越高。相反,软件中初期隐藏的错误会比较多,导致在其生命初期具有较高的故障率。随着使用的不断深入,发现的问题慢慢地被修正,软件的功能特性会越来越完善,故障率会越来越低。

从另一个侧面看,硬件和软件的维护差别很大。当一个硬件构件磨损时,可以用另外一个备用零件替换它,但对于软件,不存在替换,而是通过打补丁程序不断解决适用性问题或扩充其功能。一般来说,软件维护要比硬件维护复杂得多,而且软件正是通过不断地维护,改善、增加新功能,提高软件系统的稳定性和可靠性。

2. 软件质量维度

软件质量与传统意义上的质量概念并无本质差别。二者的共性是明显的,软件质量也是软件固有特性满足要求的程度,也是产品或服务满足客户的程度。而且,软件也拥有一些共有的质量特性,如适用性、功能性、有效性、可靠性和性能等。

1) 软件质量定义

1983 年,ANSI/IEEE STD 729(现已被 ISO/IEC/IEEE 24765: 2010 标准代替)给出了软件质量定义:软件产品满足规定的和隐含的与需求能力有关的全部特征和特性,它包括:

- 软件产品质量满足用户要求的程度。
- 软件各种属性的组合程度。
- 用户对软件产品的综合反映程度。
- 软件在使用过程中满足用户要求的程度。

关于软件质量,还有其他一些定义,体现了软件质量属性的不同视点。SEI 的 Watts Humphrey 认为,软件质量是"在实用性、需求、可靠性和可维护性一致上,达到优秀的水准"。软件质量还被定义:

- 客户满意度:最终的软件产品能最大限度地满足客户需求的程度。
- 一致性准则:在生命周期的每个阶段中,工作产品总能保持与上一阶段工作产品的一致性,最终可追溯到原始的业务需求。
- 软件质量度量:设立软件质量度量指标体系(如 GB/T 16260 和 ISO 25000 系列),以此来度量软件产品的质量。
- 过程质量观:软件的质量就是其开发过程的质量。因此,对软件质量的度量转化为对软件过程的度量。要定义一套良好的软件"过程",并严格控制软件的开发照此过程进行。Humphrey 的质量观是"软件系统的质量取决于开发和维护它的过程的质量”。

2）软件质量特性

软件质量和一般产品质量一样，具有3A特性：可说明性（accountability）、有效性（availability）和易用性（accessibility）。

（1）可说明性：用户可以基于产品或服务的描述和定义进行使用（如市场需求说明书和功能设计说明书）。

（2）有效性：产品或服务对于客户是否能保持有效，即在预定的启动时间中，系统真正可用并且完全运行时间所占的百分比，可以用“系统平均无故障时间（Mean Time To Failure，MTTF）除以总的运行时间（MTTF与故障修复时间之和）”计算有效性。例如，银行系统有更严格的时间要求——有效性要高，大于99.99%有效性才能满足质量要求。一个有效性需求可以这样说明：“工作日期间，在当地时间早上6点到午夜，系统的有效性至少达到99.5%；在下午4点到6点，系统的有效性至少要达到99.95%。”

（3）易用性：对于用户，产品或服务非常容易使用并且具有非常有用的功能（如确认测试和用户可用性测试）。

由于软件需求分析是最难的，所以软件质量首先强调可说明性。需求分析必须通过一系列文档清楚地表示出来，包括市场需求文档（Marketing Requirement Document，MRD）或产品需求文档（Product Requirement Document，PRD）、产品规格说明书和界面模拟展示等。其次，软件质量强调易用性，特别是一些通用软件、工具软件，要使界面设计简洁、概念清晰，让用户不需要培训就可以使用。

3）Gavin质量维度

Gavin的质量维度包含8方面。

（1）性能质量。软件是否交付了所有的内容、功能和特性，这些内容、功能和特性在某种程度上是需求模型所规定的一部分，可以为最终用户提供价值。

（2）特性质量。软件是否首次提供了使最终用户惊喜的特性。

（3）可靠性。软件是否无误地提供了所有的特性和能力，当需要（使用该软件）时，它是否是可用的，是否无错地提供了功能。

（4）符合性。软件是否遵从本地的和外部的与应用领域相关的软件标准，是否遵循了事实存在的设计惯例和编码惯例。

（5）耐久性。是否能够对软件进行维护或改正，而不会粗心大意地产生料想不到的副作用；随着时间的推移，变更是否会使错误率或可靠性变得更糟。

（6）适用性。软件是否能在可接受的短时期内完成维护和改正；技术支持人员是否能得到所需的所有信息以进行变更和修正缺陷。

（7）审美。美的东西具有某种优雅、特有的流畅和醒目的外在，这些都是很难量化的，但显然是不可缺少的。美的软件具有这些特征。

（8）感知。在某些情况下，一些偏见将影响人们对质量的感知。

4）McCall质量维度

McCall[McC77]提出了影响软件质量因素的一种有用的分类。这些软件质量因素侧重于软件产品的3个重要方面：操作特性（5个）、承受变更的能力（3个）以及对新环境的适应能力（3个），如图11.1所示。

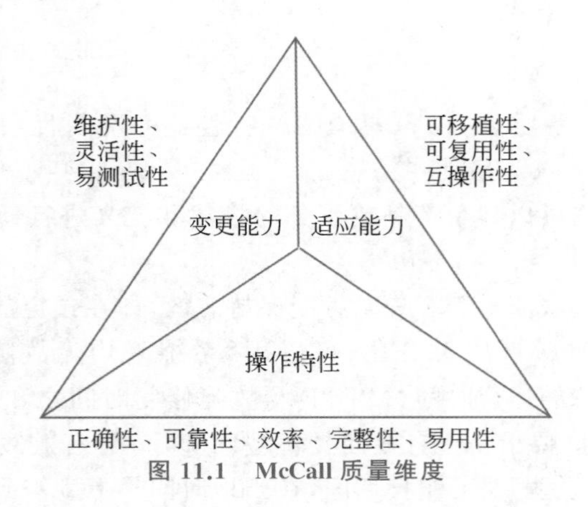

图 11.1 McCall 质量维度

其中,操作特性包括如下内容。

(1) 正确性:程序满足其需求规格说明和完成用户任务目标的程度。

(2) 可靠性:期望程序以所要求的精度完成其预期功能的程度。

(3) 效率:程序完成其功能所需的计算资源和代码的数量。

(4) 完整性:对未授权的人员访问软件或数据的可控程度。

(5) 易用性:对程序进行学习、操作、准备输入和解释输出所需要的工作量。

变更能力包括如下内容。

(1) 维护性:查出和修复程序中的一个错误所需要的工作量。

(2) 灵活性:修改一个运行的程序所需的工作量。

(3) 易测试性:测试程序以确保它能完成预期功能所需要的工作量。

适应能力包括如下内容。

(1) 可移植性:将程序从一个硬件和(或)软件系统环境移植到另一个环境所需要的工作量。

(2) 可复用性:程序(或程序的一部分)可以在另一个应用系统中使用的程度。

(3) 互操作性:将一个系统连接到另一系统所需要的工作量。

评审

11.2 软件质量实现

谈到软件质量管理,人们经常会提到软件质量控制和软件质量保证。的确,软件质量控制和软件质量保证是软件质量管理的基础。人们开始关注软件质量管理时,首先想到质量检查和质量控制,然后逐步意识到"预防问题"比"事后发现问题"更重要,从而形成软件管理的3个层次。

(1) 软件质量控制(Software Quality Control,SQC)是科学地测量过程状态的基本方法,就像汽车表盘上的仪器,可以了解行驶中的转速、速度、油量等。

(2) 软件质量保证(Software Quality Assurance,SQA)是过程和程序的参考与指南的集合。ISO 9000 是其中的一种,就像汽车的用户手册。

(3) 软件质量管理(Software Quality Management,SQM)是操作的教学,教你如何驾车,建立质量文化和管理思想。

为了更容易理解软件质量工作层次，可以从另一方面简单地阐述软件质量管理的4个层次。

(1) 检查。通过检验保证产品的质量，符合规格的软件产品为合格品，不符合规格的产品为次品，次品不能出售。这个层次的特点是独立的质量工作，质量是质量部门的事，是检验员的事。检验产品只是判断产品质量，不检验工艺流程、设计、服务等，不能提高产品质量。这个层次是初期阶段，相当于"软件测试——早期的软件质量控制"。

(2) 保证。通过软件开发部门来实现质量目标，开始定义软件质量目标、质量计划，保证软件开发流程合理性、流畅性和稳定性。

(3) 预防。软件质量以预防为主，以过程管理为重，把质量保证工作的重点放在过程管理明确，相当于初期的"软件质量保证"。从软件产品需求分析、设计开始，就引入预防思想，面向客户特征大大降低质量的成本，相当于成熟的"软件质量保证"。

(4) 完美。以客户为中心，全员参与，追求卓越，相当于"全面软件质量管理"。

在质量控制、质量保证和质量管理基础之上建立质量方针，在质量方针指导下，质量管理指挥和控制组织的质量活动，协调质量的各项工作，包括质量控制、质量保证、全面质量管理和质量改进。

11.2.1 软件质量控制

质量控制是质量管理的一部分，致力于满足质量要求。作为质量管理的一部分，质量控制适用于对组织任何质量的控制，不仅仅限于生产领域，还适用于产品的设计、生产原料的采购、服务的提供、市场营销、人力资源的配置，涉及组织内几乎所有活动。

早在20世纪20年代，美国贝尔电话实验室成立了两个研究质量的课题组，其一为过程控制组，学术领导人是美国统计应用专家休哈特；其二为产品控制组，学术领导人为道奇(Dodge)。通过研究，休哈特提出了统计过程控制(Statistical Process Control, SPC)的概念与实施方法，最为突出的是提出了过程控制理论以及控制过程的具体工具——统计过程控制图。道奇与罗米格(Romig)则提出了抽样检验理论和抽样检验表。这两个研究组的研究成果影响深远，休哈特与道奇成为统计质量控制的奠基人。

统计过程控制是一项建立在统计学原理基础之上的过程性能及其波动的分析与监控技术。从其诞生至今，经过80多年的不断发展与完善，已经从最初的结果检验到今天的过程质量控制；从最初的仅应用于军事工业部门，发展到今天被广泛应用于社会经济生活的各个领域。由于统计过程控制技术对于分析和监控过程性能及其波动非常有效，它已成为现代质量管理技术中的重要组成部分。

质量控制的目的是保证质量、满足要求。因此，要解决要求(标准)是什么，如何实现(过程)，需要对哪些进行控制等问题。质量控制是一个设定标准(根据质量要求)、测量结果，判定是否达到预期要求，对质量问题采取措施进行补救并防止再发生的过程。质量控制已不再仅仅是检验，而是更多地倾向于过程控制，确保生产出来的产品满足要求。

11.2.2 软件质量保证

质量保证是质量管理的一部分，是为保证产品和服务充分满足消费者的质量要求而进行的有计划、有组织的活动。组织规定的质量要求，包括产品的、过程的和体系的要求，必须完全反映顾客的需求，才能给顾客以足够的信任。“帮助建立对质量的信任”是质量保证的核心，可分为内部和外部两种。

(1) 内部质量保证是组织向自己的管理者提供信任。

(2) 外部质量保证是组织向外部客户或其他方提供信任。

质量保证定义的关键词是“信任”，对达到预期质量要求的能力提供足够的信任。这种信任不是买到不合格产品以后保修、保换和保退，而是在顾客接受产品或服务之前就建立起来的，如果顾客对供方没有这种信任，则不会与之签订协议。质量保证要求，即供方的质量体系要求往往需要证实，以使顾客具有足够的信任。证实的方法可包括：供方的合格声明；提供形成文件的基本证据(如质量手册，第三方的检验报告)；提供经国家认证机构出具的认证证据(如质量体系认证证书或名录)等。

从管理功能看，质量保证着重内部复审、评审等，包括监视和改善过程、确保任何经过认可的标准和步骤都被遵循，保证问题能被及时发现和处理。质量保证的工作对象是产品及其开发全过程的行为。从项目一开始，质量保证人员就参与计划、标准、流程的制定；通过这种参与，有助于满足产品的实际需求和能对整个产品生命周期的开发过程进行有效的检查、审计，并向最高管理层提供产品及其过程的可视性。

在能力成熟度模型集成(CMMI)中，软件质量保证是其等级 2 的一个关键过程域(Key Process Area，KPA)，软件质量保证被定义为：从事复审/审查(review)和内审/检查(audit)软件产品和活动，以验证这些内容是否遵守已适用的过程和标准，并向软件项目和相应的管理人员提交复审和内审的结果。CMMI 同样清楚地告诉我们，其复审或内审的对象不只是产品，还包括开发产品的流程。软件质量保证的活动被分为以下两类。

(1) **复审**(review)：在软件生命周期每个阶段结束之前，都正式用结束标准对该阶段生产出的软件配置成分进行严格的技术审查。例如，需求分析人员、设计人员、开发人员和测试人员一起审查“产品设计规格说明书”“测试计划”等。

(2) **内审**(audit)：部门内部审查自己的工作，或由一个独立部门审查其他各部门的工作，以检查组织内部是否遵守已有的模板、规则、流程等。

基于软件系统及其用户的需求(包括特定应用环境的需要)，确定每一个质量要素的各个特征的定性描述或数量指标(包括功能性、适用性、可靠性、安全性等的具体要求)。再根据所采用的软件开发模型和开发阶段的定义，把各个质量要素及其子特征分解到各个阶段的开发活动、阶段产品上去，并给出相应的度量和验证方法。复审或内审就是为了达到事先定义的质量标准，确保所有软件开发活动符合有关的要求、规章和约束。软件质量保证过程的活动形式主要如下。

(1) 建立软件质量保证活动的实体。

(2) 制订软件质量保证计划。

(3) 坚持各阶段的评审和审计，并跟踪其结果作合适处理。

(4) 监控软件产品的质量。

(5) 采集软件质量保证活动的数据。

(6) 对采集到的数据进行分析、评估。

质量管理体系的建立和运行是质量保证的基础和前提，质量管理体系将所有(包括技术、管理和人员方面)影响质量的因素考虑在内，并采取有效的方法进行控制，因而具有减少、消除、预防不合格的机制。

经过长期的发展和演变，软件质量控制和质量保证的思想和方法越来越融合，并且都强调活动的过程性和预防的必要性，从而保证产品的质量。

11.2.3 缺陷预防

软件开发过程在很大程度上依赖于发现和纠正缺陷的过程，但缺陷被发现之后，软件过程的控制并不能降低太多的成本，而且大量缺陷的存在也必将带来大量的返工，对项目进度、成本造成严重的负面影响。因此，相比软件测试或质量检验的方法，更有效的方法是开展缺陷预防的活动，防止在开发过程中引入缺陷。

缺陷预防要求在开发周期的每个阶段实施根本原因分析(root cause analysis)，为有效开展缺陷预防活动提供依据。通过对缺陷的深入分析可以找到缺陷产生的根本原因，确定这些缺陷产生的根源和这些根源存在的程度，从而找出对策，采取措施消除问题的根源，防止将来再次发生类似问题。

缺陷预防也会指导我们怎么正确地做事，如何只做正确的事，了解哪些因素可能会引起缺陷，并吸取教训，不断总结经验，杜绝缺陷的产生。

(1) 从流程上进行控制，避免缺陷的产生，也就是制定规范的、行之有效的开发流程来减少缺陷。例如，加强软件的各种评审活动，包括需求规格说明书评审、设计评审、代码评审和测试用例评审等，对每一个环节都进行把关，杜绝缺陷，保证每一个环节的质量，最后就能保证整体产品的质量。

(2) 采用有效的工作方法和技巧减少缺陷，提高软件工程师的设计能力、编码能力和测试能力，使每个工程师采用有效的方法和手段进行工作，有效地提高个体和团队的工作质量，最终提高产品的质量。

11.2.4 质量成本

质量成本是为保证满意的质量而发生的费用以及没有达到满意的质量所造成损失的总和，即包括保证费用和损失费用，这是ISO 8402-1994所给出的标准定义，即质量成本可以分为质量保证成本和损失成本。

(1) **保证成本**：为保证满意的质量而发生的费用。

(2) **损失成本**：没有达到满意的质量所造成的损失。

但有些专家建议将质量成本分为预防成本、评价成本(或称评估性成本)和失效成本(补救性成本)。

(3) **预防成本**：预防产生质量问题(软件缺陷)的费用，是企业的计划性支出，专门用来确保在软件产品交付和服务的各个环节(需求分析、设计、测试、维护等)不出现失误，如质量管理人员投入、制订质量计划、持续的质量改善工作、市场调查、教育与培训等费用。

(4) **评价成本**：是指在交付和服务环节上，为评定软件产品或服务是否符合质量要求而进行的试验、软件测试和质量评估等所必需的支出，如软件规格说明书审查、系统设计的技术审计、设备测试、内部产品审核、供货商评估与审核等。

(5) **失效成本**：分为内部和外部失效成本。如果在软件发布之前发现质量问题，要求重做、修改和问题分析所带来的成本属内部失效成本，包括修正软件缺陷、返工、回归测试、重新设计和重新构造软件，以及因产品或服务不合要求导致的延误。如果软件已发布，给用户所带来的失效成本就是外部成本，包括去用户现场维护、处理客户的投诉、产品更新或出紧急补丁包件、恢复用户数据等，外部失效成本比内部失效成本要大得多。

质量预防成本和质量评价成本之和就是质量保证成本，而失效成本就是劣质成本(COPQ)。

11.2.5 软件评审

前面介绍了软件控制的相关理论和控制方法。实际上在质量控制方面，评审也是一种非常有效的方法。

根据 IEEE Std 1028-1988 的定义：评审是对软件元素或者项目状态的一种评估手段，以确定是否与计划的结果保持一致，并使其得到改进。检验工作产品是否正确地满足了以往工作产品中建立的规范，如需求或设计文档。

在软件开发过程中会进行不同内容、不同形式的评审活动。这么多的评审活动，都是必要的吗？管理者、开发人员甚至客户有时都反对评审，因为其认为评审浪费时间，减缓了项目的进度。实际上，真正造成项目进度缓慢的并不是评审，而是各种产品缺陷。

首先，从成本上衡量评审的重要性。大家都明白一个简单的道理：缺陷发现得越晚，修正这个缺陷的费用就越高。然而，值得注意的是，随着时间的增加，消耗的成本并不是呈线性增长，而是呈几何级数增长。在测试后期发现的缺陷所消耗的质量成本是需求分析阶段的 100 倍。

软件评审的重要目的就是通过软件评审尽早地发现产品中的缺陷，因此在评审上的投入可以减少大量的后期返工，将质量成本从昂贵的后期返工转化为前期的缺陷发现。通过评审，还可以将问题记录下来，使其具有可追溯性。工业界的实例指出，评审的作用非常突出，在缩减工作时间的同时还节约了大量成本。

其次，从技术角度看，进行审查也是非常必要的。由于人的认知不可能百分之百地符合客观实际，因此生命周期每个阶段的工作中都可能发生错误。由于前一阶段的成果是后一阶段工作的基础，前一阶段的错误自然会导致后一阶段的工作结果中有相应的错误，而且错误会逐渐累积，越来越多。因此，前期的缺陷发现还能减少缺陷的注入量，从根本上提高产品的质量。

最后，及时地进行软件评审不仅有利于提高软件质量，还能进一步减少修订缺陷以及测试与调试的时间，从而提高编程和测试效率，更好地控制项目风险，缩短开发周期并减少维护成本。

1. 软件评审的角色和职能

整个评审过程由评审小组组织和举行。那么，如何形成评审小组？评审小组中又涉及哪些必要的角色呢？

一般来说，对于正式的评审活动应组建评审小组，评审小组主要由协调人、作者、评审员、用户代表和 SQA 代表等角色构成。

SQA 代表负责对产品的可测性、可靠性、可维护性以及是否遵循规定的标准等方面的审核工作。

1）协调人

协调人在整个评审会议中起着缓和剂的作用，其主要的任务如下。

(1) 和作者共同商讨、决定具体的评审人员。

(2) 安排正式的评审会议。

(3) 与所有评审人员举行准备会议，确保所有的评审员都明确其角色和责任。

(4) 确保会议的会前准备文件都符合要求。

(5) 如果作者或者评审员没有为即将召开的评审会议做好充分的准备，则需要重新安排会议并通知大家。

(6) 确保大家的关注点都是评审内容的缺陷，控制好会议时间。

(7) 确保所有提出的缺陷都被记录下来。

(8) 跟踪问题的解决情况。

(9) 和项目组长沟通评审的结果。

2）作者

作者可以是部门经理或文档撰写人，其主要职责如下。

(1) 确保即将评审的文件已经准备好。

(2) 与项目组长、协调人一起定义评审小组的成员。

3）评审员

评审员必须具备良好的个人能力。通常在评审员的选择上应该包含上一级文档的作者代表和下一级文档的指定作者。例如，需求说明文档的作者可以是对设计文档的评审并检查该设计文档是否正确地理解了需求说明。详细设计的指定作者也同时是总体设计文档的评审员，并能对该总体设计的可行性进行分析。评审员的主要职责如下。

(1) 熟悉评审内容，为评审做好准备。

(2) 在评审会上关注问题而不是针对个人。

(3) 区分主要问题和次要问题。

(4) 在会议前或者会议后可以就存在的问题提出建设性的意见和建议。

(5) 明确自己的角色和责任。

(6) 做好接受错误的准备。

评审人员的数量一般应保持在3～6人，不要以为审查小组的评审人员越多越有效，因为并不是人越多越能发现问题。通常，代码审查只需要两个评审员，而需求规格说明审查则需要较多的评审员。人数太多往往很难集中所有人的精力，从而在控制会议流程上浪费过多时间，影响评审的质量。研究表明，同时安排几个小型评审会比安排一个大型评审会更加有效。

2. 评审内容

1）管理评审

组织为什么需要管理？当然是为了能够更好地进步和发展。为了达到这个目的，通常需要对原来的发展状况进行回顾，分析、总结存在的问题，并提出改进的措施。实际上，这也正是要进行管理评审的原因。

管理评审实际就是质量体系评审，ISO 8402：1994标准对此的定义是：由最高管理者就质量方针和目标，对质量体系的现状和适应性进行正式评价。管理评审是以实施质量方针和目标的质量体系的适应性和有效性为评价基准,对体系文件的适应性和质量活动的有效性进行评价。其流程如图 11.2 所示。体系审核的结果有时是管理评审的输入,即管理评审要对体系审核的“过程”和“结果”进行检查和评价。

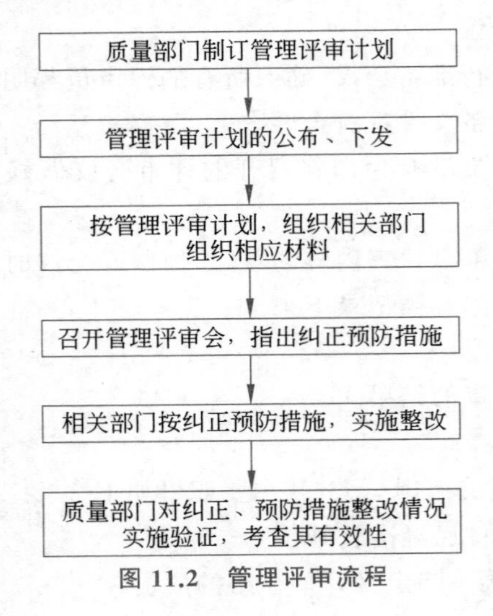

图 11.2 管理评审流程

2)技术评审

技术评审是对产品以及各阶段的输出内容进行评估。技术评审的目的是确保需求说明、设计说明等同最初的说明书一致,并按照计划对软件进行正确的开发。技术评审后,需要以书面的形式对评审结果进行总结。技术评审会分为正式和非正式两种,通常有技术负责人(技术骨干)制订详细的评审计划,包括评审时间、地点以及所需的输入文件。

3)文档评审

在软件开发过程中,需要进行评审的文档很多,主要包括如下内容。

(1) 需求文档评审:对《市场需求说明书》《产品需求说明书》《功能说明书》等进行评审。

(2) 设计文档评审:对《总体设计说明书》《详细设计说明书》等进行评审。

(3) 测试文档评审:对《测试计划》《测试用例》等进行评审。

在对以上各项进行评审时,又往往分为格式评审和内容评审。所谓格式评审,是检查文档格式是否满足标准;内容评审则是从一致性、可测试性等方面进行检查。

4)过程评审

过程评审是对软件开发过程的评审,其主要任务是通过对流程的监控,保证 SQA 组织定义的软件过程在项目中得到了遵循,质量保证方针能得到更快、更好地执行。过程评审的评审对象是质量保证流程,而不是针对产品质量或其他形式的工作产出。过程评审的任务如下。

(1) 评估主要的质量保证流程。

(2) 考虑如何处理、解决评审过程中发现的不符合问题。

(3) 总结和共享好的经验。

(4) 指出需要进一步完善和改进的地方。

进行过程评审,需要成立一个专门的过程评审小组。评审小组需要花费大概半天或更多的时间走访软件生产涉及的各个部门和人群，包括开发工程师、测试工程师，甚至兼职人员等，整个评审流程如图11.3所示。

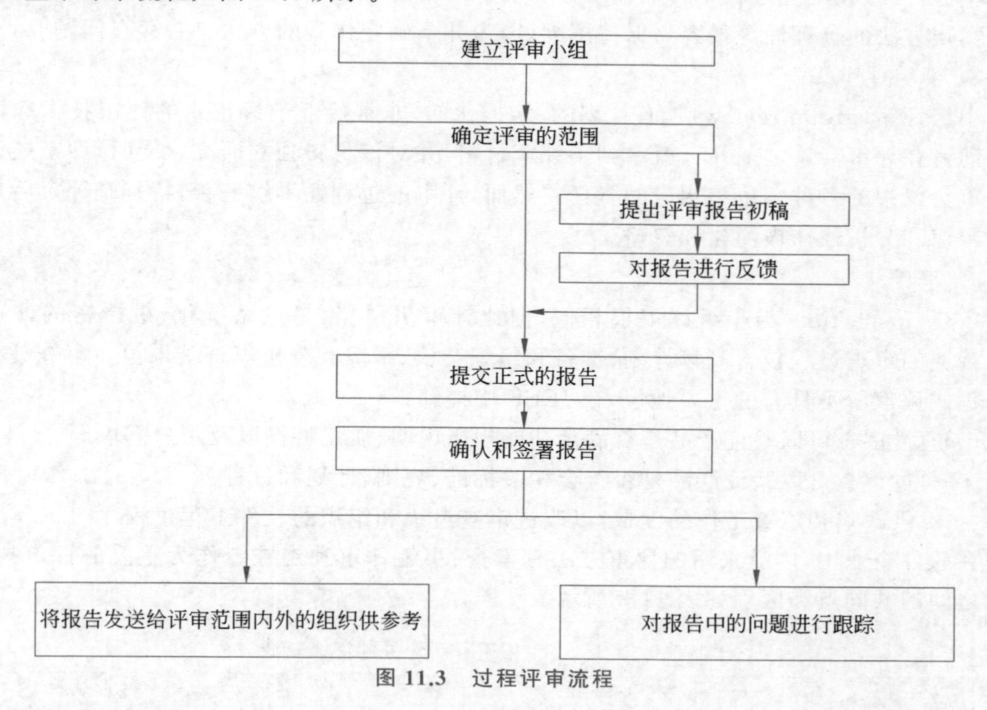

图11.3 过程评审流程

3. 评审的方法

评审的方法很多，有正式的，也有非正式的。图11.4就是从非正式到正式的各种评审方法图谱。

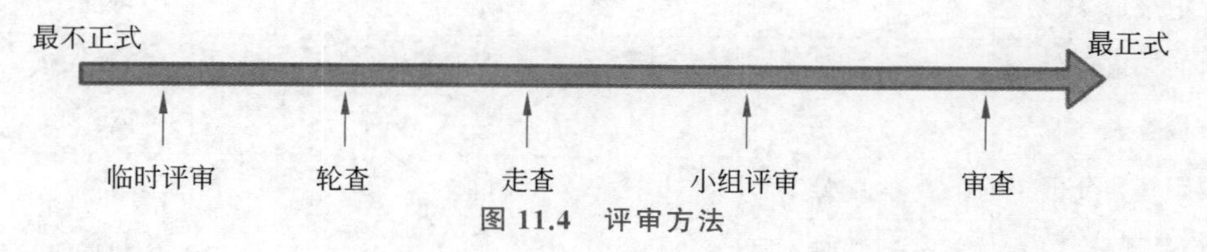

图11.4 评审方法

1）临时评审

临时评审(adhoc review)是最不正式的一种评审方法。往往通过非正式对话进行，通常应用于平常的小组合作。更为正式的一种方式是双方相互评审(peer-to-peer review)。

2）轮查

轮查(pass-round)又称分配审查方法。作者将需要评审的内容发送给各位评审员，并收集各自的反馈意见，这种评审方法主要应用于异步评审方式，但存在的问题是轮查的反馈往往不太及时。

3）走查

走查(walk-through)也属于一种非正式的评审方法，它在软件企业中广泛使用，也称走读。产品的作者将产品向一组同事介绍，并收集同事的意见。在走查中，作者占有主导地位，由作者描述产品有怎样的功能、结构如何、怎样完成任务等。走查的目的是希望参与评审的其他同事发现产品中的错误，对产品了解，并对模块的功能和实现等达成一致意见。

然而，由于作者的主导性也使得缺陷发现的效果并不理想。因为评审者事先对产品的了解不够，导致在走查过程中可能曲解作者提供的信息，并假设作者是正确的。评审员对于作者实现方法的合理性等很容易保持沉默，因为并不确定作者的方法是否存在问题。

4）小组评审

小组评审(group review)是有计划的、结构化的，非常接近于最正式的评审技术。评审的活动者在评审会议之前几天就拿到了评审材料，并对该材料独立研究。同时，评审还定义了评审会议中的各种角色和相应的责任。然而，评审的过程还不够完善，特别是评审后期的问题跟踪和分析往往被简化和忽略。

5）审查

审查(inspection)与小组评审很相似，但比评审更严格，是最系统化、最严密的评审方法。普通的审查过程包含制订计划、准备和组织会议、跟踪和分析审查结果等。审查具有其他非正式评审所不具有的重要地位，在 IEEE 中提到：

- 通过审查可以验证产品是否满足功能规格说明、质量特性以及用户需求等。
- 通过审查可以验证产品是否符合相关标准、规则、计划和过程。
- 提供缺陷和审查工作的度量，以改进审查过程和组织的软件工程过程。

在软件企业中，广泛采用的评审方法有审查、小组评审和走查。作为重要的评审技术，它们之间的共同点和区别如表 11-3 所示。

表 11-3　审查、小组评审和走查异同点比较表

角色/职责	审　查	小组评审	走　查
主持人	评审组长	评审组长或作者	作者
材料陈述者	评审者	评审组长	作者
记录员	是	是	可能
专门的评审角色	是	是	否
检查表	是	是	否
问题跟踪和分析	是	可能	否
产品评估	是	是	否

评审方法	计划	准备	会议	修正	确认
审查	有	有	有	有	有
小组评审	有	有	有	有	有
走查	有	无	有	有	无

通常，在软件开发的过程中，各种评审方法是交替使用的，在不同的开发阶段和不同的场合要选择适宜的评审方法。例如，程序员在工作过程中会自发地进行临时评审，而轮查用于需求阶段的评审则可以发挥不错的效果。要找到最合适的评审方法的有效途径是在每次评审结束后，对所选择的评审方法的有效性进行分析，并最终形成适合组织的最优评审方法。

11.2.6 软件可靠性与安全

毫无疑问，计算机程序的可靠性是其整个质量的重要组成部分。如果某个程序经常反复不能执行，那么其他软件质量因素是不是可接受的就无所谓了。

与其他质量因素不同，软件可靠性可以通过历史数据和开发数据直接测量和估算出来。按统计术语所定义的软件可靠性是："在特定环境和特定时间内，计算机程序正常运行的概率"。举个例子来说，如果程序X在8小时处理时间内的可靠性估计为0.999，也就意味着，如果程序X执行1000次，每次运行8小时处理时间(执行时间)，则1000次中正确运行(无失效)的次数可能是999次。

无论何时谈到软件可靠性，都会涉及一个关键问题：术语失效(failure)一词是什么含义？在有关软件质量和软件可靠性的任何讨论中，失效意味着与软件需求的不符。但是这一定义是有等级之分的。失效可能仅仅是令人厌烦的，也可能是灾难性的。有的失效可以在几秒钟之内得到纠正，有的则需要几个星期甚至几个月的时间才能纠正。让问题更加复杂的是，纠正一个失效时可能会引入其他的错误，而这些错误最终又会导致其他的失效。

1. 可靠性和可用性的测量

早期的软件可靠性测量工作试图使用硬件可靠性理论中的数学公式外推来进行软件可靠性的预测。大多数与硬件相关的可靠性模型依据的是由于"磨损"而导致的失效，而不是由于设计缺陷而导致的失效。在硬件中，由于物理磨损(如温度、腐蚀、震动的影响)导致的失效远比与设计缺陷有关的失效多。不幸的是，软件恰好相反。实际上，所有软件失效都可以追溯到设计或实现问题上，磨损在这里根本没有影响。

硬件可靠性理论中的核心概念以及这些核心概念是否适用于软件，对这个问题的争论仍然存在。尽管在两种系统之间尚未建立不可辩驳的联系，但是考虑少数几个同时适用于这两种系统的简单概念却很有必要。当考虑基于计算机的系统时，可靠性的简单测量是平均失效间隔时间(mean-time-between-failure，MTBF)：

$$MTBF = MTTF + MTTR$$

其中，MTTF和MTTR(mean time to repair)分别是"平均失效时间"和"平均维修时间"。

许多研究人员认为MTBF是一个远比其他与质量有关的软件度量更有用的测量指标。简而言之，最终用户关心的是失效，而不是总缺陷数。由于一个程序中包含的每个缺陷所具有的失效率不同，总缺陷数难以表示系统的可靠性。例如，考虑一个程序，已运行3000处理器小时没有发生故障。该程序中的许多缺陷在被发现之前可能有数万小时都不会被发现。隐藏如此深的错误的MTBF可能是30000甚至60000处理器/小时。其他尚未发现的缺陷，可能有4000或5000小时的失效率。即使第一类错误(那些具有长时间的MTBF)都去除了，对软件可靠性的影响也是微不足道的。然而，MTBF可能会产生问题的原因有两个。

(1) 它突出了失效之间的时间跨度，但不会提供一个凸显的失效率。

(2) MTBF可能被误解为平均寿命，即使这不是它的含义。

可靠性另一个可选的衡量是失效率(failures in time，FIT)，指一个部件每10亿机时发生多少次失效的统计测量。因此，1FIT相当于每10亿机时发生一次失效。除可靠性测量之外，还应该进行可用性测量。软件可用性是指在某个给定时间点上程序能够按照需求执行的概率。其定义为：

$$可用性=\frac{MTTF}{MTTF+MTTR}\times 100\%$$

MTBF 可靠性测量对 MTTF 和 MTTR 同样敏感。而可用性测量在某种程度上对 MTTR 较为敏感，MTTR 是对软件可维护性的间接测量。

2. 软件安全

软件安全是一种软件质量保证活动，它主要用来识别和评估可能对软件产生负面影响从而导致整个系统失效的潜在灾难。如果能够在软件过程的早期阶段识别出这些潜在问题，就可以指定软件设计特性来消除或控制这些潜在的灾难。建模和分析过程可以视为软件安全的一部分。开始时，根据危险程度和风险高低对灾难进行识别和分类。例如，与汽车上的计算机巡航控制系统相关的灾难可能有：

(1) 产生失去控制的加速，不能停止。

(2) 踩下刹车踏板后没有反应(无响应)。

(3) 开关打开后不能启动。

(4) 减速或加速缓慢。

一旦识别出这些系统级的灾难，就可以运用分析技术来确定这些灾难发生的严重性和概率。为了提高效率，应该将软件置于整个系统中进行分析。例如，一个微小的用户输入错误(人也是系统组成部分)有可能会被软件将错误放大，产生将机械设备置于不正确位置的控制数据，此时当且仅当外部环境条件满足时，机械设备的不正确位置将引发灾难性的失效。失效树分析、实时逻辑及 Petri 网模型等分析技术可用于预测可能引起灾难的事件链，以及事件链中的各个事件出现的概率。

一旦完成了灾难识别和分析，就可以进行软件中与安全相关的需求规格说明了。在规格说明中包括一张不希望发生的事件清单，以及针对这些事件所希望产生的系统响应。这样就指明了软件在管理不希望发生的事件方面应起的作用。

尽管软件可靠性和软件安全彼此紧密相关，但是弄清它们之间的微妙差异非常重要。软件可靠性使用统计分析的方法来确定软件失效发生的可能性，而失效的发生未必导致灾难或灾祸。软件安全则考察失效导致灾难发生的条件。也就是说，不能在真空中考虑失效，而是要在整个计算机系统及其所处环境的范围内加以考虑。

11.3 软件质量标准

质量标准是质量管理的依据和基础，产品质量的优劣是由一系列的标准来控制和监督产品生产全过程来产生的，因此，质量标准应贯穿企业质量管理的始终，是提高产品质量的基础。本节对国际标准、国家标准、行业标准等各级标准进行简要介绍和举例。

11.3.1 国际标准

国际标准由国际联合机构制定和公布，提供各国参考的标准。国际标准化组织(International Standards Organization，ISO)这一国际机构有着广泛的代表性和权威性，它所公布的标准也有较大的影响。其中，ISO 建立了“计算机与信息处理技术委员会”，简称 ISO/TC 97，专门负责与计算机有关的标准化工作。这类标准通常冠有 ISO 字样，如 ISO

13502-1992 Information Processing-Program Constructs and Conventions for Their Representation(《信息处理-程序构造及其表示的约定》),又如 ISO 9001-2008 Quality Management Systems Requirements(《质量管理体系要求》),以及国际标准 ISO/IEC 9126 Information Technology-Software Product Evaluation-Quality Characteristics and Guidelines for their Use(《软件产品评估-质量特性及其使用指南纲要》)。

目前,有100多个国家采用ISO 9000系列标准,用于全面提高企业管理水平与国际接轨。ISO 9000标准簇主要强调的是各个行业如何建立完善的全面质量管理体系,而并不仅仅只针对软件行业的标准。软件行业的ISO标准包括:

(1) 国际标准 ISO/IEC 12119 Information Technology-Software Packages-Quality Requirements and Testing(《信息技术-软件包-质量要求和测试》)。

(2) 国际标准 ISO/IEC 17025 General Requirements for the Competence of Testing and Calibration Laboratories(《检测和校准实验室能力的通用要求》)。

(3) 国际标准 ISO/IEC 14598 Software Engineering Ring-Product Evaluation(《软件工程-产品评估》)。

11.3.2 国家标准

国家标准由政府或国家级的机构制定或批准,适用于全国范围的标准。中华人民共和国国家技术监督局公布实施的标准,简称国标(GB),已批准了若干软件工程标准。

与软件工程和软件测试相关的国家标准有GB/T 9386—1988《计算机软件测试文档编制规范》、GB/T 15532—2008《计算机软件测试规范》、GB/T 17544—1998《信息技术软件包质量要求和测试》、GB 17859—1999《计算机信息系统安全保护等级划分准则》、GB/T 18231—2000《信息技术底层安全模型》等。

除我国以外,世界上主要国家都有软件相关标准,代表性国家标准化组织包括:

- ANSI(American National Standards Institute,美国国家标准协会),这是美国一些民间标准化组织的领导机构,在美国和全球都有权威性。
- BS(British Standard):英国标准。
- JIS(Japanese Industrial Standard):日本工业标准。
- DIN(Deutsches Institute fur Normung):德国标准化协会。

11.3.3 行业标准

行业标准由行业机构、学术团体或国防机构制定,适用于某个业务领域。

电气与电子工程师协会(Institute of Electrical and Electronics Engineers,IEEE)有一个软件标准分技术委员会(SESS),负责软件标准化活动。IEEE公布的标准常冠有ANSI的字头。例如,ANSI/IEEE Str 828-1983《软件配置管理计划标准》、ANSI IEEE 829-1998《软件测试文档编制标准》。

GJB,中华人民共和国国家军用标准,由中国国防科学技术工业委员会批准,适合于国防部门和军队使用的标准,例如,GJB 437—1988《军用软件开发规范》。

11.3.4 企业标准

企业标准是由一些大型企业或公司，由于软件工程工作的需要，制定适用于本企业或公司的规范。例如，美国 IBM 公司通用产品部 1984 年制定的《程序设计开发指南》仅供该公司内部使用。

11.3.5 项目规范

项目规范由某一企业或科研生产项目组织制定，为该项任务专用的软件工程规范。例如，某企业各型设备软件的测试规范和质量标准。

11.4 本章小结

软件质量是软件工程的出发点，本章首先给出了不同视角下对软件质量的定义以及质量属性的分类，然后介绍了包括质量控制、保证、缺陷预防等质量实现方法，最后给出了软件质量的典型标准。通过学习本章，能对软件质量有一个系统的认知，并能参照相关质量属性或标准，使用质量实现方法对软件质量进行保障或分析。

习 题 11

1. 为什么说客户评价是质量的关键？质量和客户之间存在什么样的关系？

2. 试列举一个市场上的软件产品，然后从不同的观点来论述其质量。

3. 质量有成本，那么好的产品质量是否意味着更高的成本？试论述质量和成本之间的关系。

4. 软件评审的内容和形式上有无关联？试思考举例某些评审对象适合哪些评审方法，并说明你的理由。

第 12 章 软件测试策略

软件测试是在规定的条件下对程序进行操作，以发现程序错误，衡量软件质量，并对其是否能满足设计要求进行评估的过程。换句话说，软件测试是一种实际输出与预期输出之间的审核或者比较的过程。同时 G. Myers 给出了关于测试的一些规则，这些规则也可以看作测试的目标或定义。

(1) 测试是为了发现程序中的错误而执行程序的过程。

(2) 好的测试方案是极可能发现迄今为止尚未发现的错误的测试方案。

(3) 成功的测试是发现了至今为止尚未发现的错误的测试。

测试是可以事先计划并可以系统地进行的一系列活动。因此，应该为软件过程定义软件测试模板，即将特定的测试用例设计技术和测试方法放到一系列的测试步骤中去。

软件测试

12.1 软件测试的策略性方法

12.1.1 验证与确认

软件测试是验证与确认(verification and validation)的一部分。验证是指确保软件正确地实现某一特定功能的一系列活动，而确认指的是确保开发的软件可追溯到客户需求的另外一系列活动。

验证与确认包含广泛的 SQA 活动：正式技术评审、质量和配置审核、性能监控、仿真、可行性研究、文档评审、数据库评审、算法分析、开发测试、易用性测试、合格性测试、验收测试和安装测试。虽然测试在验证与确认中起到了非常重要的作用，但很多其他活动也是必不可少的。

测试确实为软件质量的评估提供了最后的堡垒。但是，测试不应当被看作安全网。正如人们所说的那样：“你不能测试质量。如果开始测试之前质量不佳，那么当你完成测试时质量仍然不佳”。在软件工程的整个过程中，质量已经被包含在软件之中了。方法和工具的正确运用、有效的正式技术评审、坚持不懈地管理与测量，这些都形成了在测试过程中所确认的质量。

12.1.2 软件测试组织

对每个软件项目而言，在测试开始时就可能会存在固有的利害关系冲突。要求开发软件的人员对该软件进行测试，这本身似乎是没有恶意的。毕竟，谁能比开发者本人更了解程序呢？遗憾的是，这些开发人员感兴趣的是急于显示其所开发的程序是无错误的，是按照客户的需求开发的，而且能按照预定的进度和预算完成。这些利害关系会影响软件的充分测试。

通常人们也会产生下面的误解。

(1) 软件开发人员根本不应该做测试。

(2) 应当让那些无情地爱挑毛病的陌生人做软件测试。

(3) 测试人员仅在测试步骤即将开始时参与项目。

这些想法都是不正确的。

软件开发人员总是要负责程序各个单元构件的测试，确保每个单元完成其功能或展示所设计的行为。在多数情况下，开发者也进行集成测试。集成测试是一个测试步骤，它将给出整个软件体系结构的构建和测试。只有在软件体系结构完成后，独立测试组才开始介入。

独立测试组(Independent Test Group，ITG)的作用是为了避免开发人员进行测试所引发的固有问题，独立测试可以消除利益冲突，独立测试组的成员毕竟是通过找错误来获得报酬的。

然而，软件开发人员并不是将程序交给独立测试组就可以一走了之。在整个软件项目中，开发人员和测试组要密切配合，以确保进行充分的测试。在测试进行的过程中，必须随时可以找到开发人员，以便及时修正发现的错误。

从分析与设计到计划和制定测试规程，ITG 参与整个项目过程。从这种意义上讲，ITG 是软件开发项目团队的一部分。然而，在很多情况下，ITG 直接向软件质量保证组织报告，由此获得一定程度的独立性。如果 ITG 是软件工程团队的一部分，那么这种独立性将是不可能获得的。

12.1.3 软件测试策略——宏观

可以将软件过程看作图 12.1 所示的螺旋。开始时系统工程定义软件的角色，从而引出软件需求分析，在需求分析中建立了软件的信息域、功能、行为、性能、约束和确认标准，沿着螺旋向内，经过设计阶段，最后到达编码阶段。为开发计算机软件，沿着螺旋前进，每走一圈都会降低软件的抽象层次。

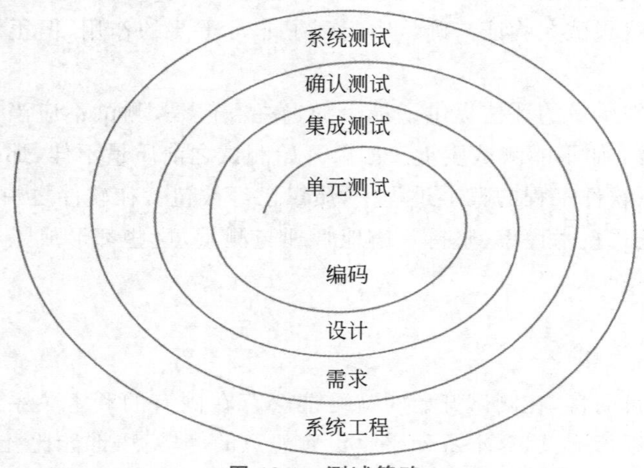

图 12.1 测试策略

软件测试策略可以看作图 12.1 所示的螺旋模型。单元测试起始于螺旋的旋涡中心，侧重于以源代码形式实现的每个单元。沿着螺旋向外就是集成测试，这时的测试重点在于软件体系结构的设计和构建。沿着螺旋向外再走一圈就是确认测试，在这个阶段，依据已经建立的软件，对需求（作为软件需求建模的一部分而建立）进行确认。最后到达系统测试阶段，将软件与系统的其他成分作为一个整体来测试。为了测试计算机软件，沿着流线向外螺旋前进，每转一圈都拓宽了测试范围。

以过程的观点考虑整个测试过程，软件工程环境中的测试实际上就是按顺序实现 4 个步骤，如图 12.2 所示。最初，测试侧重于单个构件，确保它起到了单元的作用，因此称为单元测试。单元测试充分利用测试技术，运行构件中每个控制结构的特定路径，以确保路径的完全覆盖，并最大可能地发现错误。接下来，组装或集成各个构件以形成完整的软件包。集成测试处理并验证与程序构建相关的问题。在集成过程中，普遍使用关注输入和输出的测试用例设计技术。在软件集成完成之后，要执行一系列的高阶测试。必须评估确认准则（需求分析阶段建立的）。确认测试为软件满足所有的功能、行为和性能需求提供最终保证。

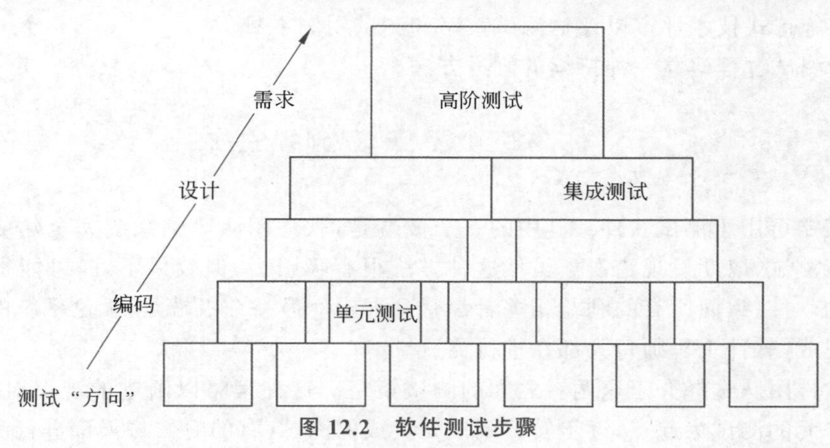

图 12.2　软件测试步骤

最后的高阶测试步骤已经超出软件工程的边界，属于更为广泛的计算机系统工程范围。软件一旦确认，就必须与其他系统成分（如硬件、人、数据库）结合在一起。系统测试验证所有成分都能很好地结合在一起，且能满足整个系统的功能或性能需求。

12.1.4　测试完成的标准

每当讨论软件测试时，就会引出一个典型的问题："测试什么时候才算做完？怎么知道我们已做了足够的测试？"非常遗憾的是，这个问题没有确定的答案，只是有一些实用的答复和早期的尝试可作为经验指导。对上述问题的一个答复是：你永远也不能完成测试，这个担子只会从软件工程师身上转移到最终用户身上，用户每次运行计算机程序时程序就在经受测试。这个严酷的事实突出了其他软件质量保证活动的重要性。另一个答复（有点讽刺意味，但无疑是准确的）是：当你的时间或资金耗尽时，测试就完成了。

尽管很少有专业人员对上面的答复有异议，但软件工程师还是需要更严格的标准，以确定充分的测试何时能做完。净室软件工程方法提出了统计使用技术：运行从统计样本中导出的一系列测试，统计样本来自目标群的所有用户对程序的所有可能执行。通过在软件测试过程中收集度量数据并利用现有的统计模型，对于回答"测试何时做完"这种问题，还是有可能提出有意义的指导性原则的。

12.2 策略问题

本章的后面几节介绍系统化的软件测试策略。然而,如果忽视了一些重要问题,即使最好的策略也会失败。Tom Gilb 提出,只有软件测试人员解决了下述问题,软件测试策略才会获得成功。

(1) 早在开始测试之前,就要以量化的方式规定产品需求。

(2) 明确地陈述测试目标。

(3) 了解软件的用户并为每类用户建立用户描述。

(4) 制订强调"快速周期测试"的测试计划。

(5) 建立能够测试自身的"健壮"软件。

(6) 测试之前,利用有效的正式技术评审作为过滤器。

(7) 实施正式技术评审以评估测试策略和测试用例本身。

(8) 为测试过程建立一种持续的改进方法。

传统软件测试

12.3 传统软件的测试策略

许多策略可用于测试软件。其中的一个极端是,软件团队等到系统完全建成后再对整个系统进行测试,以期发现错误。虽然这种方法很有吸引力,但效果不好,可能得到的是有许多缺陷的软件,致使所有的利益相关者都感到失望。另一个极端是,无论系统的任何一部分在何时建成,软件工程师每天都在进行测试。

多数软件团队选择介于这两者之间的测试策略。这种策略以渐进的观点对待测试,以个别程序单元的测试为起点,逐步转移到单元集成的测试(有的时候每天都进行测试),最后以实施整个系统的测试而告终。

12.3.1 单元测试

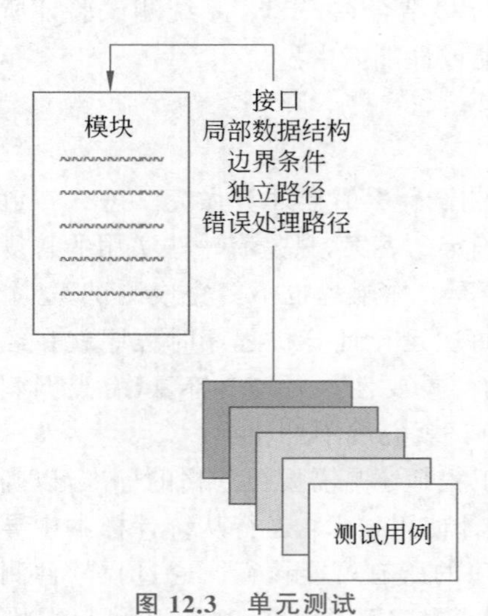

图 12.3 单元测试

单元测试侧重于软件设计的最小单元(软件构件或模块)的验证工作。利用构件级设计描述作为指南,测试重要的控制路径来发现模块内的错误。测试的相对复杂度和这类测试发现的错误受到单元测试约束范围的限制。单元测试侧重于构件的内部处理逻辑和数据结构。这种类型的测试可以对多个构件并行执行。

1. 单元测试问题

图 12.3 对单元测试进行了概要描述。测试模块的接口是为了保证被测程序单元的信息能够正常地流入和流出;检查局部数据结构以确保临时存储的数据在算法的整个执行过程中能维持其完整性;执行控制结构中的所有独立路径(基本路径)以确保模块中的所有语句

至少执行一次；测试边界条件确保模块在到达边界值的极限，或受限处理的情形下仍能正确执行。最后，要对所有的错误处理路径进行测试。

对穿越模块接口的数据流的测试要在所有其他测试开始之前进行。若数据不能正确地输入/输出，则其他测试都是没有意义的。另外，应当测试局部数据结构，如果可能，在单元测试期间确定对全局数据的局部影响。

在单元测试期间，选择测试的执行路径是最基本的任务。设计测试用例是为了发现因错误计算、不正确的比较或不适当的控制流而引起的错误。

优秀的设计要求能够预置出错条件并设置异常处理路径，以便当错误确实出现时重新确定路径或彻底中断处理。遗憾的是，存在的一种趋势是在软件中引入异常处理，然而却从未对其进行测试。如果已经实现了错误处理路径，就一定要对其进行测试。

在评估异常处理时，应能测试下述的潜在错误。

(1) 错误描述难以理解。

(2) 记录的错误与真正遇到的错误不一致。

(3) 在异常处理之前，错误条件就引起了操作系统的干预。

(4) 异常条件处理不正确。

(5) 错误描述没有提供足够的信息，对确定错误产生原因没有帮助。

2. 单元测试过程

单元测试通常被认为是编码阶段的附属工作，可以在编码开始之前或源代码生成之后进行单元测试的设计。设计信息的评审可以指导建立测试用例，发现前面所讨论的各类错误，每个测试用例都应与一组预期结果联系在一起。

由于构件并不是独立的程序，因此，必须为每个测试单元开发驱动程序和桩程序。单元测试环境如图 12.4 所示。在大多数应用中，驱动程序只是一个"主程序"，它接收测试用例数据，将这些数据传递给将要测试的构件，并打印相关结果。桩程序的作用是替换那些从属于被测构件(或被其调用)的模块。桩程序或"伪程序"使用从属模块的接口，可能做少量的数据操作，提供入口的验证，并将控制返回到被测模块。

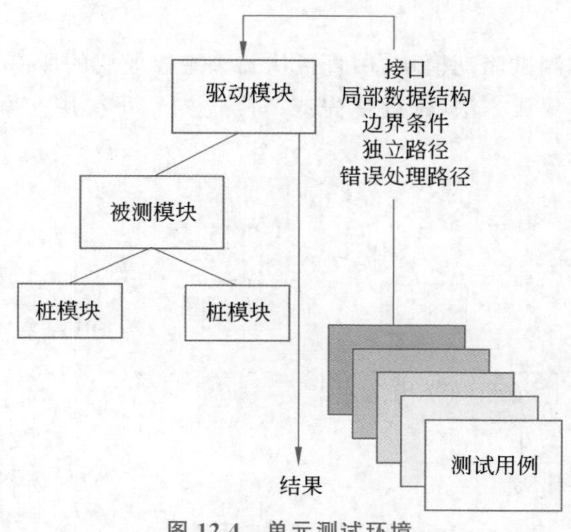

图 12.4　单元测试环境

驱动程序和桩程序都意味着测试开销。也就是说，两者都必须编写代码(通常并没有使用正式的设计)，但并不与最终的软件产品一起交付。若驱动程序和桩程序保持简单，实际开销就会比较低。遗憾的是，在只使用“简单”的驱动程序和桩程序的情况下，许多构件是无法完成充分的单元测试的，因此，完整的测试可以延迟到集成测试阶段(这里也要使用驱动程序和桩程序)。

12.3.2 集成测试

集成测试是构建软件体系结构的系统化技术，同时也是进行一些旨在发现与接口相关错误的测试，主要目标是利用已通过单元测试的构件建立设计中描述的程序结构。常常存在一种非增量集成的倾向，即利用“一步到位”的方式来构造程序。所有的构件都事先连接在一起，全部程序作为一个整体进行测试，结果往往是会出现一大堆错误。由于在整个程序的广阔区域中分离出错的原因是非常复杂的，因此改正错误也会比较困难。增量集成与“一步到位”的集成方法相反，程序以小增量的方式逐步进行构建和测试，这样错误易于分离和纠正，更易于对接口进行彻底测试，而且可以运用系统化的测试方法。下面将讨论一些不同的增量集成策略。

1. 自顶向下集成

自顶向下集成测试是一种构建软件体系结构的增量方法。模块的集成顺序为从主控模块开始，沿着控制层次逐步向下，以深度优先或广度优先的方式将从属于(和间接从属于)主控模块的模块集成到结构中去。

参见图 12.5，深度优先集成是先集成位于程序结构中一条主控路径上的所有构件。主控路径的选择有一点武断，也可以根据特定应用的特征进行选择。例如，选择最左边的路径，首先，集成构件 M_1、M_2 和 M_5。其次，集成 M_8 或 M_6(若 M_2 的正常运行是必需的)，最后集成中间和右边控制路径上的构件。广度优先集成首先沿着水平方向，将属于同一层的构件集成起来。在图 12.5 中，首先将构件 M_2、M_3 和 M_4 集成起来，其次是下一个控制层 M_5 和M_6，以此类推，直到所有模块都被结合进来为止。集成过程可以通过如下 5 个步骤完成。

(1) 主控模块用作测试驱动模块，用直接从属于主控模块的所有模块代替桩模块。

(2) 依靠所选择的集成方法(深度优先或广度优先)，每次用实际模块替换一个从属桩模块。

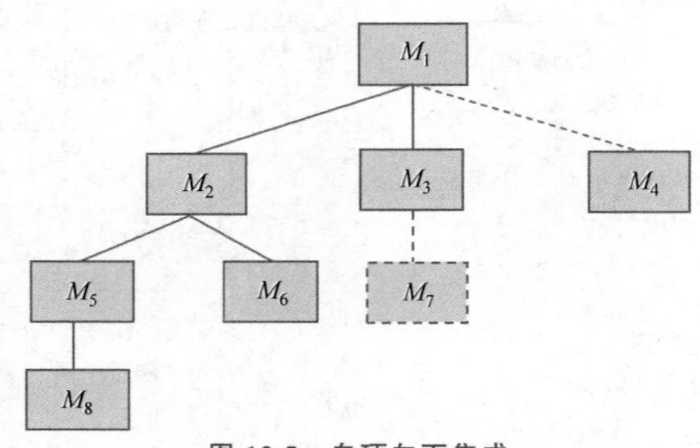

图 12.5 自顶向下集成

(3) 集成每个模块后都进行测试。

(4) 在完成每个测试集之后,用实际模块替换另一个桩模块。

(5) 可以执行回归测试(在本节的后面讨论)以确保没有引入新的错误。

回到第(2)步继续执行此过程,直到完成了整个程序结构的构建。

自顶向下集成策略是在测试过程的早期验证主要控制点或决策点。在一个分解得好的程序结构中,关键的决策发生在层次结构的较高层,因此会首先遇到。如果主控问题确实存在,尽早地发现是有必要的,可以及早想办法解决。如果选择了深度优先集成方法,可以在早期实现软件的某个完整功能并且验证这个功能,较早的功能展示可以增强所有开发者、投资者及用户的信心。

2. 自底向上集成测试

自底向上集成测试,顾名思义,就是从"原子"模块(程序结构的最底层构件)开始进行构建和测试。由于构件是自底向上集成的,在处理时总能得到从属于给定层次的模块,因此,没有必要使用桩模块。自底向上集成策略可以利用以下步骤来实现。

(1) 把底层构件连接以合成实现某个特定的软件子功能的簇。

(2) 编写驱动模块(用于测试的控制程序),协调测试用例的输入和输出。

(3) 对由模块形成的子功能簇进行测试。

(4) 去掉驱动程序,沿着程序结构向上连接簇。

遵循这种模式的集成如图 12.6 所示。连接相应的构件形成簇 1、簇 2 和簇 3,利用驱动模块(图中的虚线框)对每个簇进行测试。簇 1 和簇 2 中的构件从属于模块 M_a,去掉驱动模块 D_1 和 D_2,将这两个簇直接与 M_a 相连。与之相类似,在簇 3 与 M_b 连接之前去掉驱动模块 D_3。最后将 M_a 和 M_b 与构件 M_c 连接在一起,以此类推。

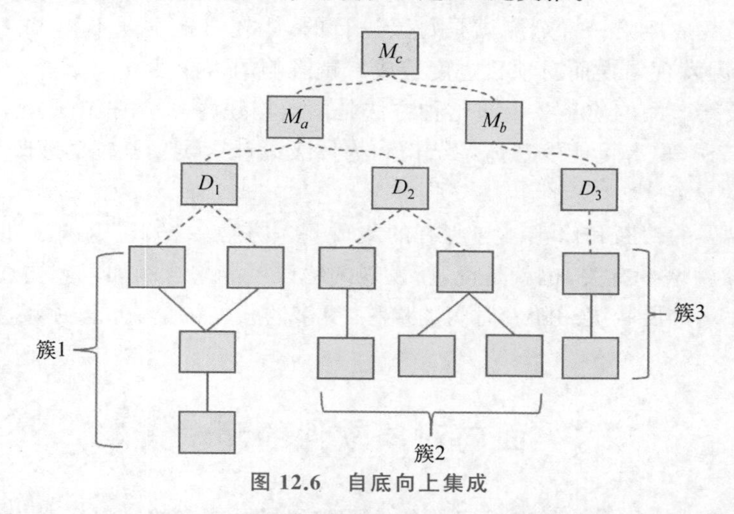

图 12.6　自底向上集成

随着集成的向上进行,对单独的测试驱动模块的需求减少。事实上,如果程序结构的最上两层是自顶向下集成的,则可以明显减少驱动模块的数量,且簇的集成得到了明显简化。

3. 回归测试

在集成测试过程中每当加入一个新模块集成进来时,软件就发生了变更,建立了新的数据流路径,可能出现新的 I/O 操作,还可能激活新的控制逻辑。这些变更可能会使原来可以正常工作的功能产生问题。在集成测试策略的环境下，所谓回归测试是指重新执行已测试过的某个子集，以确保变更没有带来非期望的副作用。

回归测试可以通过重新执行全部测试用例的一个子集人工进行，或者利用捕捉回放工具自动进行。捕捉回放工具使软件工程师能够为后续的回放与比较捕捉测试用例和测试结果。回归测试集（将要执行的测试子集）包含以下 3 种测试用例。

（1）能够测试软件所有功能的具有代表性的测试样本。

（2）额外测试，侧重于可能会受变更影响的软件功能。

（3）侧重于已发生变更的软件构件测试。

随着集成测试的进行，回归测试的数量可能变得相当庞大，因此，应将回归测试套件设计成只包括涉及每个主要程序功能的一个或多个错误类的测试。

4. 冒烟测试

开发软件产品时，冒烟测试是一种常用的集成测试方法，是时间关键项目的决定性机制，允许软件团队频繁地对项目进行评估。大体上，冒烟测试方法包括如下活动。

（1）将已经转换为代码的软件构件集成到构造中。一个构造包括所有的数据文件、库、可复用的模块以及实现一个或多个产品功能所需的工程化构件。

（2）设计一系列测试以暴露影响构造正确地完成其功能的错误。其目的是发现极有可能造成项目延迟的业务阻塞错误。

（3）每天将该构造与其他构造及整个软件产品集成起来进行冒烟测试。这种集成方法可以是自顶向下的，也可以是自底向上的。每天频繁的测试让管理者和专业人员都能够对集成测试的进展做出实际的评估。

当应用于复杂的、时间关键的软件工程项目时，冒烟测试提供了如下好处。

（1）降低了集成风险。冒烟测试是每天进行的，能较早地发现不相容性和业务阻塞错误，从而降低了因发现错误而对项目进度造成严重影响的可能性。

（2）提高最终产品的质量。由于这种方法是面向构建（集成）的，因此，冒烟方法既有可能发现功能性错误，也有可能发现体系结构和构件级设计错误。若较早地改正了这些错误，产品的质量就会更好。

（3）简化错误的诊断和修正。与所有的集成测试方法一样，冒烟测试期间所发现的错误可能与新的软件增量有关，也就是说，新发现的错误可能来自刚加入到构造中的软件。

（4）易于评估进展状况。随着时间的推移，更多的软件被集成，也更多地展示出软件的工作状况。

12.4 面向对象软件的测试策略

简单地说，测试的目标就是在给定的条件下找到尽可能多的错误。对于面向对象软件，尽管这个基本目标是不变的，但面向对象软件的本质特征改变了测试策略和测试技巧。

12.4.1 面向对象环境中的单元测试

在考虑面向对象的软件时，单元的概念发生了变化。封装导出了类和对象的定义。这意味着每个类和类的实例包含有属性和处理这些数据的操作。封装的类通常是单元测试的重点，然而，类中包含的操作是最小的可测试单元。由于类中可以包含很多不同的操作，且特殊的操作可以作为不同类的一部分存在，因此，必须改变单元测试的战术。

不再孤立地对单个操作进行测试，而是将其作为类的一部分。例如，考虑一个类层次结构，在此结构内对超类定义某操作 X()，并且一些子类继承了操作 X()。每个子类使用操作 X()，但它应用于为每个子类定义的私有属性和操作的环境内。由于操作 X()应用的环境有细微的差别，因此有必要在每个子类的环境中测试操作 X()。这意味着在面向对象环境中，以独立的方式测试操作 X()(传统的单元测试方法)往往是无效的。

12.4.2　面向对象环境中的集成测试

由于面向对象软件没有明显的层次控制结构，因此，传统的自顶向下和自底向上集成策略不适合于面向对象环境中的集成测试。另外，由于类的成分直接或间接地相互作用，因此每次将一个操作集成到类中(传统的增量集成方法)往往是不可能的。

面向对象系统的集成测试有两种不同的策略。一种策略是基于线程的测试，对响应系统的一个输入或事件所需的一组类进行集成。每个线程单独地集成和测试。应用回归测试以确保没有产生副作用。另一种方法是基于使用的测试，通过测试很少使用服务类的那些类开始系统的构建。独立类测试完成后，利用独立类测试下一层次的类。继续依赖类的测试直到完成整个系统。

在进行面向对象系统的集成测试时，驱动模块和桩模块的使用也发生了变化。驱动模块可用于底层操作的测试和整组类的测试。驱动模块也可用于代替用户界面，以便在界面实现之前就可以进行系统功能的测试。桩模块可用于类间需要协作但其中的一个或多个协作类还未完全实现的情况。

簇测试是面向对象软件集成测试中的一个步骤。这里，借助试图发现协作错误的测试用例来测试协作的类簇。

12.5　确认测试

确认测试是对通过组合测试的软件进行的，这些软件已经存于系统目标设备的介质上。确认测试的目的是要表明软件是可以工作的，并且符合“软件需求说明书”中规定的全部功能和性能要求。确认测试是按照这些要求定出的“确认测试计划”进行的。测试工作由一个独立的组织进行，且测试要从用户观点出发。

确认测试始于集成测试的结束，那时已测试完单个构件，软件已组装成完整的软件包，且接口错误已被发现和改正。在进行确认测试或系统级测试时，不同类型软件之间的差别已经消失，测试便集中于用户可见的动作和用户可识别的系统输出。

12.5.1　确认测试准则

实现软件确认要通过一系列黑盒测试。确认测试同样需要制定测试计划和过程，测试计划应规定测试的种类和测试进度，测试过程则定义一些特殊的测试用例，旨在说明软件与需求是否一致。无论是计划还是过程，都应该着重考虑软件是否满足合同规定的所有功能和性能，文档资料是否完整、准确，人机界面和其他方面(如可移植性、兼容性、错误恢复能力和可维护性等)是否令用户满意。

确认测试的结果有两种可能：一种是功能和性能指标满足软件需求说明的要求，用户可以接受；另一种是软件不满足软件需求说明的要求，用户无法接受。项目进行到这个阶段才发现严重错误和偏差一般很难在预定的工期内改正，因此必须与用户协商，寻求一个妥善解决问题的方法。

12.5.2 配置评审

确认测试的另一个重要环节是配置评审。评审的目的在于确保所有的软件配置元素已正确开发、编目，并且包括软件维护所必需的细节。

12.5.3 α测试和β测试

若将软件开发为产品，由多个用户使用，让每个用户都进行正式的验收测试，这当然是不切实际的。目前广泛使用的两种确认测试方式是α测试和β测试。

α测试是由用户在开发环境下进行的测试，也可以是公司内部的用户在模拟实际操作环境下进行的测试。α测试的目的是评价软件产品的FLURPS(即功能、局域化、可用性、可靠性、性能和支持)。尤其注重产品的界面和特色。α测试可以从软件产品编码结束之时开始，或在模块(子系统)测试完成之后开始，也可以在确认测试过程中产品达到一定的稳定和可靠程度之后再开始。α测试即为非正式验收测试。

β测试是指软件开发公司组织各方面的典型用户在日常工作中实际使用β版本，并要求用户报告异常情况、提出批评意见。它是一种现场测试，一般由多个客户在软件真实运行环境下实施，因此开发人员无法对其进行控制。β测试的主要目的是评价软件技术内容，发现任何隐藏的错误和边界效应。还要对软件是否易于使用以及用户文档初稿进行评价，发现错误并进行报告。β测试也是一种详细测试，需要覆盖产品的所有功能点，因此依赖于功能性测试。在测试阶段开始前应准备好测试计划，清楚列出测试目标、范围、执行的任务，以及描述测试安排的测试矩阵。客户对异常情况进行报告，并将错误在内部进行文档化以供测试人员和开发人员参考。

12.6 系统测试

系统测试是对整个系统的测试，将硬件、软件、操作人员看作一个整体，检验它是否有不符合系统说明书的地方。这种测试可以发现系统分析和设计中的错误。例如，安全测试是测试安全措施是否完善，能不能保证系统不受非法侵入。再例如，压力测试是测试系统在正常数据量以及超负荷量(如多个用户同时存取)等情况下是否还能正常地工作。

12.6.1 恢复测试

恢复测试主要检查系统的容错能力。当系统出错时，能否在指定时间间隔内修正错误并重新启动系统。在有些情况下，系统必须是容错的，也就是说，处理错误绝不能使整个系统功能都停止。而在有些情况下，系统的错误必须在特定的时间内或严重的经济危害发生之前得到改正。恢复测试是一种系统测试，通过各种方式强制地让系统发生故障，并验证其能适当恢复。若恢复是自动的(由系统自身完成),则对重新初始化、检查点机制、数据恢复和重新启动都要进行正确性评估。若恢复需要人工干预,则应计算平均恢复时间,确定其值是否在可接受的范围之内。

12.6.2 安全测试

安全测试是在IT软件产品的生命周期中,特别是产品开发基本完成到发布阶段,对产品进行检验以验证产品符合安全需求定义和产品质量标准的过程。安全测试验证建立在系统内的保护机制是否能够实际保护系统不受非法入侵。系统的安全必须经受住正面的攻击,但是也必须能够经受住侧面和背后的攻击。

只要有足够的时间和资源,好的安全测试最终将能够入侵系统。系统设计人员的作用是使攻破系统所付出的代价大于攻破系统之后获取信息的价值。

12.6.3 性能测试

性能测试是通过自动化的测试工具模拟多种正常、峰值以及异常负载条件来对系统的各项性能指标进行测试。负载测试和压力测试都属于性能测试,两者可以结合进行。通过负载测试,确定在各种工作负载下系统的性能,目标是测试当负载逐渐增加时,系统各项性能指标的变化情况。压力测试的目的是使软件面对非正常的情形。本质上,进行压力测试的测试人员会问:"在系统失效之前,能将系统的运行能力提高到什么程度?"压力测试要求以一种非正常的数量、频率或容量的方式执行系统,来获得系统能提供的最大服务级别的测试。

性能测试通常需要硬件和软件工具。也就是说,以严格的方式测量资源(如处理器周期)的利用往往是必要的。当有运行间歇或事件(如中断)发生时,外部工具可以监测到,并可定期监测采样机的状态。通过检测系统,测试人员可以发现导致效率降低和系统故障的情形。

12.6.4 部署测试

在很多情况下,软件必须在多种平台及操作系统环境中运行。配置测试主要是针对硬件而言,其测试过程是测试目标软件在具体硬件配置情况下,出不出现问题,为的是发现硬件配置可能出现的问题。有时也将部署测试称为配置测试,即在软件将要运行其中的每一种环境中测试软件。另外,部署测试检查客户将要使用的所有安装程序,并检查用于向最终用户介绍软件的所有文档。

12.7 调试技巧

调试作为成功测试的后果出现,也就是说,调试是在测试发现错误之后排除错误的过程。虽然调试应该而且可以是一个有序过程,但是,目前它在很大程度上仍然是一项技巧。软件工程师在评估测试结果时,往往仅面对着软件错误的症状,也就是说,软件错误的外部表现和它的内在原因之间可能并没有明显的联系。调试就是把症状和原因联系起来的尚未被人深入认知的智力过程。

12.7.1 调试过程

调试并不是测试,但总是发生在测试之后。执行测试用例,对测试结果进行评估,而且期望的表现与实际表现不一致时,调试过程就开始了。在很多情况下,这种不一致的数据是隐藏在背后的某种原因所表现出来的症状。调试试图找到隐藏在症状背后的原因,从而使错误得到修正。

调试过程通常得到以下两种结果之一。

(1) 发现问题的原因并将其改正。

(2) 未能找到问题的原因。

在后一种情况下,调试人员可以假设一个原因,设计一个或多个测试用例来帮助验证这个假设,重复此过程直到改正错误。

调试是软件开发过程中最艰巨的脑力劳动。调试工作如此困难,可能心理方面的原因多于技术方面的原因,但是,软件错误的下述特征也是相当重要的原因。

(1) 症状和产生症状的原因可能在程序中相距甚远,也就是说,症状可能出现在程序的一个部分,而实际的原因可能在与之相距很远的另一部分。紧耦合的程序结构更加剧了这种情况。

(2) 当改正了另一个错误之后,症状可能暂时消失了。

(3) 症状可能实际上并不是由错误引起的(如舍入误差)。

(4) 症状可能是由不易跟踪的人为错误引起的。

(5) 症状可能是由定时问题而不是由处理问题引起的。

(6) 可能很难重新产生完全一样的输入条件(如输入顺序不确定的实时应用系统)。

(7) 症状可能时有时无,这种情况在硬件和软件紧密地耦合在一起的嵌入式系统中特别常见。

(8) 症状可能是由分布在许多任务中的原因引起的,这些任务运行在不同的处理机上。

在调试过程中会遇到从恼人的小错误(如不正确的输出格式)到灾难性的大错误(如系统失效导致严重的经济损失)等各种不同的错误。错误的后果越严重,查找错误原因的压力也越大。通常,这种压力会导致软件开发人员在改正一个错误的同时引入两个甚至更多个错误。

12.7.2 调试策略

不论使用什么方法,调试的目标是查找造成软件错误或缺陷的原因并改正。通过系统评估、直觉和运气相结合可以实现这个目标。一般来说,有以下 3 种调试方法可以采用。这 3 种调试方法都可以手工执行,但现代的调试工具可以使调试过程更有效。

1. 蛮干法

蛮干法可能是查找软件错误原因最常用但最低效的方法。在所有其他方法都失败的情况下,才使用这种方法。利用“让计算机自己找错误”的思想,进行内存转储,实施运行时跟踪,以及在程序中添加一些输出语句。希望在所产生的大量信息里可以找到错误原因的线索。尽管产生的大量信息可能最终带来成功,但更多的情况下,这样做只是浪费精力和时间,它将率先耗尽我们的想法。

2. 回溯法

回溯法是比较常用的调试方法，可以成功地应用于小程序中。具体的做法是，从发现症状的地方开始，向后追踪源代码，直到发现错误的原因。遗憾的是，随着源代码行数的增加，潜在的回溯路径的数量可能会变得难以控制。

3. 原因排除法

对分查找法、归纳法和演绎法都属于原因排除法。

对分查找法的基本思路是，如果已经知道每个变量在程序内若干个关键点的正确值，则可以用赋值语句或输入语句在程序中点附近"注入"这些变量的正确值，然后运行程序并检查所得到的输出。如果输出结果是正确的，则错误原因在程序的前半部分；反之，错误原因在程序的后半部分。对错误原因所在的那部分再重复使用这个方法，直到把出错范围缩小到容易诊断的程度为止。

归纳法是从个别现象推断出一般性结论的思维方法。使用这种方法调试程序时，首先把和错误有关的数据组织起来进行分析，以便发现可能的错误原因。然后导出对错误原因的一个或多个假设，并利用已有的数据来证明或排除这些假设。当然，如果已有的数据尚不足以证明或排除这些假设，则需设计并执行一些新的测试用例，以获得更多的数据。

演绎法是从一般原理或前提出发，经过排除和精化的过程推导出结论。采用这种方法调试程序时，首先设想出所有可能的出错原因，然后试图用测试来排除每一个假设的原因。如果测试表明某个假设的原因可能是真的原因，则对数据进行细化以准确定位错误。

上述3种调试途径都可以使用调试工具辅助完成，但是工具并不能代替对全部设计文档和源程序的仔细分析与评估。

如果用遍了各种调试方法和调试工具却仍然找不出错误原因，则应该向同行求助。把遇到的问题向同行陈述并一起分析讨论，往往能开阔思路，较快地找出错误原因。

一旦找到错误就必须改正它，但是，改正一个错误可能引入更多的其他错误，以至于"得不偿失"。因此，在动手改正错误之前，软件工程师应该仔细考虑下述3个问题。

(1) 是否同样的错误也在程序其他地方存在？在许多情况下，程序错误是由错误的逻辑思维模式造成的，而这种逻辑思维模式也可能用在别的地方。仔细分析这种逻辑模式，有可能发现其他错误。

(2) 将要进行的修改可能会引入的"下一个错误"是什么？在改正错误之前应该仔细研究源程序(最好也研究设计文档)，以评估逻辑和数据结构的耦合程度。如果所要做的修改位于程序的高耦合段中，则修改时必须特别小心谨慎。

(3) 为防止今后出现类似的错误，应该做什么？如果不仅修改了软件产品还改进了开发软件产品的软件过程，则不仅排除了现有程序中的错误，还避免了今后在程序中可能出现的错误。

12.8　本章小结

本章主要介绍了软件测试的策略性方法、传统软件的测试策略、面向对象软件的测试策略、确认测试、系统测试，以及调试技巧。早期的测试是针对单个构件。当单个构件测试完成以后，需要将构件集成为系统。当系统通过高阶测试后，才能满足用户的需求。因此，只有为软件测试建立系统化的测试策略，才能有效发现软件设计和实现过程中存在的错误。

习　题　12

1. 简述验证与确认的区别。
2. 为使软件测试策略成功，应该注意哪些事项？
3. 简述自顶向下集成和自底向上集成的步骤。
4. 从冒烟测试中可以得到什么好处？
5. 基于线程和基于使用的集成测试策略有什么不同？
6. α 测试和 β 测试的区别是什么？
7. 简述调试过程。

第 13 章

面向对象的软件测试

面向对象的软件测试技术是针对使用面向对象技术开发的软件而提出的一种软件测试技术。与传统软件开发技术相比，面向对象开发技术具有新的特点，使用面向对象技术开发的软件具有高质量、高效率、易扩展、易维护等优点，这也给它的测试技术带来了新的挑战。

概念：面向对象(OO)软件的体系结构是包含协作类的一系列分层的子系统。这些系统的每个元素(子系统和类)所执行的功能都有助于满足系统需求。有必要在各种不同的层次上测试面向对象系统，尽力发现当类之间存在协作以及子系统穿越体系结构层通信时可能发生的错误。

人员：面向对象测试由软件工程师和测试专家执行。

重要性：在将程序交付给客户之前，必须运行程序，试图去除所有的错误，使得客户免受糟糕软件产品的折磨。为了发现尽可能多的错误，必须进行系统的测试，并且必须使用严格的技术来设计测试用例。

步骤：面向对象测试在策略上类似传统系统的测试，但在战术上是不同的。面向对象分析和设计模型在结构和内容上类似于对这些模型的评审。一旦代码已经生成，面向对象测试就开始进行"小规模"的类测试。设计一系列测试以检查类操作以及一个类与其他类协作时是否存在错误。当将类集成起来构成子系统时，应用基于线程的测试、基于使用的测试、簇测试以及基于故障的测试方法彻底检查协作类。最后，运用用例(作为分析模型的一部分开发)发现软件确认级的错误。

工作产品：设计并文档化一组测试用例来检查类、协作和行为。定义期望的结果，并记录实际结果。

质量保证措施：测试时应改变观点，努力去"破坏"软件。规范化地设计测试用例，并对测试用例进行周密的评审。

简单地说，测试的目标就是在可行的时间期限内，以可行的工作量发现最大可能数量的错误。虽然这个基本目标对于面向对象软件没有改变，但面向对象程序的本质改变了测试策略和测试战术。可以断定，由于可复用类库规模的增大，更多的复用会缓解对面向对象系统进行繁重测试的需求。然而确切地说，相反的情况的确也是存在的。Binder 在讨论这种情况时说道：每次复用都是一种新的使用环境，重新测试需要谨慎。

为了在面向对象系统中获得高可靠性，似乎需要更多的测试，而不是更少的测试。为了充分测试面向对象的系统，必须做三件事情。

(1) 对测试的定义进行扩展，使其包括应用于面向对象分析和设计模型的错误发现技术。

(2) 单元测试和集成测试策略必须彻底改变。

(3) 测试用例设计必须考虑面向对象软件的独特性质。

13.1 扩展测试的视野

面向对象软件的构造开始于分析和设计模型的创建。由于面向对象软件工程模式的进化特性,这些模型开始于系统需求的不太正式的表示,并进化到更详细的类模型、类关系、系统设计和分配以及对象设计(通过消息传递来合并对象连接模型)。在每一个阶段,都要对模型进行“测试”,尽量在错误传播到下一轮迭代之前发现错误。

可以肯定,面向对象分析和设计模型的评审非常有用,因为相同的语义结构(如类、属性、操作、消息)出现在分析、设计和代码层次。因此,在分析期间所发现的类属性的定义问题会防止副作用的发生。如果问题直到设计或编码阶段(或者是分析的下一轮迭代)还没有发现,副作用就会发生。

例如,在分析的第一轮迭代中,考虑定义了很多属性的一个类。有一个无关的属性被扩展到类中(由于对问题域的错误理解),然后指定了两个操作来处理此属性。对分析模型进行了评审,领域专家指出了这个问题。在这个阶段去除无关的属性,可以在分析阶段避免下面的问题和不必要的工作量。

(1) 可能会生成特殊的子类,以适应不必要的属性或例外。去除无关的属性后,与创建不必要的子类相关的工作就可以避免。

(2) 类定义的错误解释可能导致不正确或多余的类关系。

(3) 为了适应无关的属性,系统的行为可能被赋予不适当的特性。

如果问题没有在分析期间被发现以至于进一步传播,则在设计期间会发生以下问题(早期的评审可以避免这些问题的发生)。

(1) 在系统设计期间,可能会发生将类错误地分配给子系统和任务的情况。

(2) 可能会扩展不必要的设计工作,比如为涉及无关属性的操作创建过程设计。

(3) 消息模型可能不正确(因为会为无关的操作设计消息)。

如果问题没有在设计期间检测出来,以至于传递到编码活动中,那么将大幅增加生成代码的工作量,用于实现不必要的属性、两个不必要的操作、驱动对象间通信的消息以及很多其他相关的问题。另外,类的测试会消耗更多不必要的时间。一旦最终发现了这个问题,一定要对系统进行修改,以处理由变更所引起的潜在副作用。

在开发的后期,面向对象分析(OOA)和面向对象设计(OOD)模型提供了有关系统结构和行为的实质性信息。因此,在代码生成之前,需要对这些模型进行严格的评审。

应该在模型的语法、语义和语用方面对所有的面向对象模型进行正确性、完整性和一致性测试(在这里,术语测试包括技术评审)。

面向对象技术是一种全新的软件开发技术,正逐渐代替被广泛使用的面向过程开发方法。面向对象技术可以使软件具有更好的系统结构,更规范的编程风格,极大地优化了数据使用的安全性,提高了程序代码的重用。

面向对象程序设计的核心是对象。在面向对象程序设计中,对象是现实世界中各种实体的抽象表示,它是数据和代码的组合,有自己的状态和行为。具体来说,对象的状态用数据来表示,称为对象的属性,而对象的行为用代码来实现,称为对象的方法,不同的对象会有不同的属性和方法。

类是定义了具有相同数据类型和相同操作的一组对象的类型，它是对具有相同属性和行为的一组相似对象的抽象。例如，不同种类的汽车尽管在某些具体特征上有所区别，但是它们在主要特征方面是相同的，比如它们都有方向盘、发动机、汽车轮子，并且都能在路上行驶。这样，可以把它们的共同特征抽象出来，形成一个汽车类。类描述了属于该类型的所有对象的特征和行为信息，是生成对象的蓝图和模板。类通过设定该类中每个对象都具有的属性和方法来提供对象的定义，也就是说有关对象的属性、方法和事件是在定义类时被指定的。每一个属于某个类的特定对象称为该类的一个实例。创建了一个类后，可以创建所需的任何数量的对象。对于类和对象的关系有许多比喻，其中最常见的一个是用造房子的图纸和房子来比喻比较贴切。在这样的比喻中，类就是造房子的图纸，而房子本身就是一个对象。很多房子可以根据同样的图纸来建造，而很多对象可以根据同样的类来创建。每个由类创建的对象是这个类的一个实例。

面向对象程序与传统程序的一个主要区别在于：面向过程的程序鼓励过程的自治，但不鼓励过程间交互；面向对象的程序则不鼓励过程的自治，并且将过程（即方法）封装在类中，而类的对象的执行则主要体现在这些过程的交互上。即传统程序执行的路径是在程序开发时定义好的，程序执行的过程是主动的，其流程可以用一个控制流图从头至尾地表示；而面向对象程序中方法的执行通常不是主动的，程序的执行路径也是在运行过程中动态地确定的，因此描述它的行为往往需要动态的模型。与传统的程序相比，面向对象程序主要具有封装性、继承性、多态性等几大特性。

面向对象系统与面向过程系统的测试有着许多类似之处，例如，它们都具有相同的目标，即保证软件系统的正确性，不仅保证代码的正确性，也要保证系统能够完成规定的功能；它们也具有相似的过程，例如测试用例的设计、测试用例的运行、实际结果与预期结果的比较等。虽然传统测试的理论与方法有不少都可用于面向对象的测试中，但毕竟面向对象软件的开发技术和运行方式与传统的软件有着较大的区别。面向对象开发技术与传统的开发技术相比，新增了多态、继承、封装等特点，这些新特点使得开发出来的程序有更好的结构、更规范的编程风格，极大地优化了数据使用的安全性，提高了代码的重用率。然而，面向对象开发方法也影响了软件测试的方法和内容；增加了软件测试的难度；带来了传统软件设计技术所不存在的错误；或者使得传统软件测试中的重点不再显得突出；或者使原来测试经验认为和实践证明的次要方面成为了主要问题。面向对象程序的结构不再是传统的功能模块结构，作为一个整体，原有集成测试所要求的逐步将开发的模块搭建在一起进行测试的方法已成为不可能。面向对象技术在软件工程中的推广使用，使得传统的测试技术和方法受到了极大的冲击。对面向对象技术所引入的新特点，传统的测试技术已经无法有效地对软件进行测试，因此照搬传统的测试方法对于面向对象软件是不适宜的，必须针对面向对象程序的特点，研究新的测试方法和测试策略。

13.2 测试 OOA 和 OOD 模型

不能在传统意义上对分析和设计模型进行测试，因为这些模型是不能运行的。然而，可以使用技术评审检查模型的正确性和一致性。

13.2.1 OOA 和 OOD 模型的正确性

用于表示分析和设计模型的符号和语法是与为项目所选择的特定分析和设计方法连接在一起的。由于语法的正确性是基于符号表示的正确使用来判断的,因此必须对每个模型进行评审以确保维持了正确的建模习惯。

在分析和设计期间,可以根据模型是否符合真实世界的问题域来评估模型的语义正确性。如果模型准确地反映了现实世界(详细程度与模型被评审的开发阶段相适应),则在语义上是正确的。实际上,为了确定模型是否反映了现实世界的需求,应该将其介绍给问题领域的专家,由专家检查类定义以及层次中遗漏和不清楚的地方。要对类关系(实例连接)进行评估,确定这些关系是否准确地反映了现实世界的对象连接。

13.2.2 面向对象模型的一致性

面向对象模型的一致性可以通过这样的方法来判断:"考虑模型中实体之间的关系,不一致的分析模型或设计模型在某一部分中的表示没有正确地反映到模型的其他部分"。

为了评估一致性,应该检查每个类及其与其他类的连接。可以使用类-职责-协作者(class-responsibility-collaborator,CRC)模型和对象-关系图来辅助此活动。在前面章节中我们学习了 CRC 模型,CRC 模型由 CRC 索引卡片组成。每张 CRC 卡片都列出了类的名称、职责(操作)和协作者(接收其消息的其他类及完成其职责所依赖的其他类)。协作意味着面向对象系统的类之间的一系列关系(即连接)。对象关系模型提供了类之间连接的图形表示。这些信息都可以从分析模型中获得。

推荐使用下面的步骤对类模型进行评估。

(1) 检查 **CRC** 模型和对象-关系模型。对这两个模型做交叉检查,确保需求模型所蕴含的所有协作都已正确地反映在这两个模型中。

(2) 检查每一张 **CRC** 索引卡片的描述以确定委托职责是协作者定义的一部分。例如,考虑为销售积分结账系统定义的类(称为 CreditSale),这个类的 CRC 索引卡片如图 13.1 所示。

类的名称：credit sale	
类的类程：transaction event	
类的特性：nontangible,atornio,esquential,pemanert,guarded	
职责： is not SVG-cannot display	协作者
读信用卡	信用卡
取得授权	信用权限
取得购物金额	产品票
	销售总账
	审计文件
生成账单	账单

图 13.1 用于评审的 CRC 索引卡片实例

对于这组类和协作，例如，将职责（如读信用卡）委托给已命名的协作者（CreditCard），看看此协作者是否完成了这项职责。也就是说，类CreditCard是否具有读卡操作？在此实例中，回答是肯定的。遍历对象-关系模型，确保所有此类连接都是有效的。

(3) 反转连接，确保每个提供服务的协作者都从合理的地方收到请求。例如，如果CreditCard类收到了来自CreditSale类的请求purchase amount，那么就有问题了。CreditCard不知道购物金额是多少。

(4) 使用步骤(3)中反转后的连接，确定是否真正需要其他类，或者职责在类之间的组织是否合适。

(5) 确定是否可以将广泛请求的多个职责组合为一个职责。例如，读信用卡和取得授权在每一种情形下都会发生，可以将这两个职责组合为验证信用请求（validate credit request）职责，此职责包括取得信用卡号和取得授权。

可以将步骤(1)～(5)反复应用到每个类及需求模型的每一次评估中。

一旦创建了设计模型，就可以进行系统设计和对象设计的评审了。系统设计描述总体的产品体系结构、组成产品的子系统、将子系统分配给处理器的方式、将类分配给子系统的方式以及用户界面的设计。对象模型描述每个类的细节以及实现类之间的协作所必需的消息传送活动。

系统设计评审是这样进行的：检查面向对象分析期间所开发的对象-行为模型，并将所需要的系统行为映射到为完成此行为而设计的子系统上；在系统行为的范畴内也要对并发和任务分配进行评审；对系统的行为状态进行评估以确定并发行为；使用用例进行用户界面设计。

对照对象-关系网检查对象模型，确保所有的设计对象都包括必要的属性和操作，以实现为每个CRC索引卡片所定义的协作。另外，要对操作细节的详细规格说明（即实现操作的算法）进行评审。

13.3 面向对象测试策略

经典的软件测试策略从“小范围”开始，并逐步过渡到“软件整体”。用软件测试的行话来说，就是先从单元测试开始，然后过渡到集成测试，并以确认测试和系统测试结束。在传统的应用中，单元测试关注最小的可编译程序单元-子程序（如构件、模块、子程序、程序）。一旦完成了一个单元的单独测试，就将其集成到程序结构中，并进行一系列的回归测试，以发现模块的接口错误及由于加入新模块所引发的副作用。最后，将系统作为一个整体进行测试，确保发现需求方面的错误。

13.3.1 面向对象测试的层次

取决于单元的构成，面向对象测试采用三层或四层方式。如果把单个操作或方法看作单元，就有四层测试，即操作/方法、类、集成和系统测试。采用这种方法，操作方法测试与过程性软件的单元测试相同。类和集成测试可以被重命名为类内的测试和类间的测试。第二层包括已经通过测试的操作/方法之间的交互测试。面向对象测试主要问题是集成测试，必须考虑已经通过测试的类之间的测试交互。最后，系统测试在端口事件层进行，并且与（或应该与)传统软件的系统测试相同,唯一不同是系统级测试用例的来源。

13.3.2 面向对象环境中的单元测试

考虑面向对象软件时,单元的概念发生了变化。封装是类和对象定义的驱动力,也就是说,每个类和类的每个实例(对象)包装了属性(数据)和操纵这些数据的操作(也称为方法或服务)。最小的可测试单元是封装了的类,而不是单独的模块。由于一个类可以包括很多不同的操作,并且一个特定的操作又可以是很多不同类的一部分,因此,单元测试的含义发生了巨大的变化。

我们已经不可能再独立地测试单一的操作了(独立地测试单一的操作是单元测试的传统观点),而是要作为类的一部分进行操作。例如,考虑在一个类层次中,为超类定义了操作X(),并且很多子类继承了此操作。每个子类都使用操作 X(),但是此操作是在为每个子类所定义的私有属性和操作的环境中应用的。由于使用操作 X()的环境具有微妙的差异,因此,有必要在每个子类的环境中测试操作 X()。这就意味着在真空中测试操作 X()(传统的单元测试方法)在面向对象的环境中是无效的。

面向对象软件的类测试等同于传统软件的单元测试。面向对象软件的类测试与传统软件的单元测试是不同的,传统软件的单元测试倾向于关注模块的算法细节和流经模块接口的数据,而面向对象软件的类测试由封装在类中的操作和类的状态行为驱动。

13.3.3 面向对象环境中的集成测试

由于面向对象软件不具有层次控制结构,因此传统的自顶向下和自底向上的集成策略是没有意义的。另外,由于"组成类的构件之间的直接和非直接地交互",因此每次将一个操作集成到类中通常是不可能的。

面向对象系统的集成测试有两种不同的策略。第一种集成策略是基于线程的测试,将响应系统的一个输入或一个事件所需要的一组类集成到一起。每个线程单独集成和测试,并应用回归测试确保不产生副作用。第二种集成策略是基于使用的测试,通过测试那些很少使用服务器类的类(称为独立类)开始系统的构建。测试完独立类之后,测试使用独立类的下一层类(称为依赖类)。按照这样的顺序逐层测试依赖类,直到整个系统构建完成。与传统集成不同,在可能的情况下,这种策略避免了作为替换操作的驱动模块和桩模块的使用。

簇测试是面向对象软件集成测试中的一个步骤。通过设计试图发现协作错误的测试用例,对一簇协作类(通过检查 CRC 和对象-关系模型来确定)进行测试。

13.3.4 面向对象环境中的确认测试

在确认级或系统级,类连接的细节消失。如传统的确认方法一样,面向对象软件的确认关注用户可见的动作和用户可以辨别的来自系统的输出。为了辅助确认测试的导出,测试人员应该拟定出用例,用例是需求模型的一部分,提供了最有可能发现用户交互需求方面错误的场景。

传统的黑盒测试方法可用于驱动确认测试。另外,测试人员可以选择从对象-行为模型导出测试用例,也可以从创建的事件流图(OOA 的一部分)导出测试用例。

13.4 面向对象测试方法

面向对象体系结构导致封装了协作类的一系列分层子系统的产生。每个系统成分(子系统和类)完成的功能都有助于满足系统需求。有必要在不同的层次上测试面向对象系统,以发现错误。在类相互协作以及子系统穿越体系结构层通信时可能出现这些错误。

面向对象软件的测试用例设计方法还在不断改进,然而,对于面向对象测试用例的设计,Berard 已经提出了总体方法。

(1) 每个测试用例都应该被唯一地标识,并明确地与被测试的类相关联。

(2) 应该叙述测试的目的。

(3) 应该为每一个测试开发测试步骤,并包括以下内容:将要测试类的指定状态列表;作为测试结果要进行检查的消息和操作列表;对类进行测试时可能发生的异常列表;外部条件列表(即软件外部环境的变更,为了正确地进行测试,这种环境必须存在);有助于理解或实现测试的补充信息。

面向对象测试与传统的测试用例设计是不同的,传统的测试用例是通过软件的输入-处理-输出视图或单个模块的算法细节来设计的,而面向对象测试侧重于设计适当的操作序列以检查类的状态。

13.4.1 面向对象概念的测试用例设计含义

经过分析模型和设计模型的演变,类成为测试用例设计的目标。由于操作和属性是封装的,因此,外面测试操作通常是徒劳的。尽管封装是面向对象的重要设计概念,但它可能成为测试的一个小障碍。如 Binder 所述:"测试需要报告对象的具体状态和抽象状态。"然而,封装使获取这些信息有些困难,除非提供内置操作来报告类的属性值,否则,可能很难获得一个对象的状态快照。

继承也为测试用例设计提出了额外的挑战。我们已经注意到,即使已取得复用,每个新的使用环境也需要重新测试。另外,由于增加了所需测试环境的数量,因此多重继承使测试进一步复杂化。若将从超类派生的子类实例用于相同的问题域,则测试子类时,使用超类中生成的测试用例集是可能的。然而,若子类用在一个完全不同的环境中,则超类的测试用例将具有很小的可应用性,因而必须设计新的测试用例集。

13.4.2 传统测试用例设计方法的可应用性

白盒测试方法可以应用于类中定义的操作。基本路径、循环测试或数据流技术有助于确保一个操作中的每条语句都测试到。然而,许多类操作的简洁结构使某些人认为:用于白盒测试的工作投入最好直接用于类层次的测试。

与利用传统的软件工程方法所开发的系统一样,黑盒测试方法也适用于面向对象系统。用例可为黑盒测试和基于状态的测试设计提供有用的输入。

13.4.3 基于故障的测试

在面向对象系统中,基于故障的测试目标是设计测试以使其最有可能发现似乎可能出现的故障(以下称为似然故障)。由于产品或系统必须符合客户需求,因此完成基于故障的测试所需的初步计划是从分析模型开始的。测试人员查找似然故障(即系统的实现中有可能产生错误的方面)。为了确定这些故障是否存在,需要设计测试用例以检查设计或代码。

当然,这些技术的有效性依赖于测试人员如何理解似然故障。若在面向对象系统中真正的故障被理解为"没有道理"的,则这种方法实际上并不比任何随机测试技术好。然而,若分析模型和设计模型可以洞察有可能出错的事物,则基于故障的测试可以花费相当少的工作量而发现大量的错误。

集成测试寻找的是操作调用或信息连接中的似然错误。在这种环境下,可以发现 3 种错误:非预期的结果,使用了错误的操作/消息,以及不正确的调用。为确定函数(操作)调用时的似然故障,必须检查操作的行为。

集成测试适用于属性,同样也适用于操作。对象的"行为"通过赋予属性值来定义。测试应该检查属性以确定不同类型的对象行为是否存在合适的值。

集成测试试图发现用户对象而不是服务对象中的错误,注意到这一点很重要。用传统的术语来说,集成测试的重点是确定调用代码而不是被调用代码中是否存在错误。以操作调用线索,这是找出调用代码的测试需求的一种方式。

13.4.4 基于场景的测试设计

基于故障的测试忽略了两种主要类型的错误:一种是不正确的规格说明;另一种是子系统间的交互。当出现了与不正确的规格说明相关的错误时,产品并不做客户希望的事情,而是有可能做错误的事情或漏掉重要的功能。但是,在这两种情况下,质量(对需求的符合性)均会受到损害。当一个子系统的行为创建的环境(如事件、数据流)使另一个子系统失效时,则出现了与子系统交互相关的错误。

基于场景的测试关心用户做什么,而不是产品做什么。这意味着捕获用户必须完成的任务(通过用例),然后在测试时使用它们及其变体。

场景可以发现交互错误。为了达到这个目标,测试用例必须比基于故障的测试更复杂且更切合实际。基于场景的测试倾向于用单一测试检查多个子系统(用户并不限制自己一次只用一个子系统)。

13.5 类级可应用的测试方法

"小范围"测试是侧重于单个类及该类封装的方法。在面向对象测试期间,随机测试和分割是用于检查类的测试方法。

13.5.1 面向对象类的随机测试

为了简要说明这些方法,考虑一个银行应用,其中 Account 类有如下操作:open()、setup()、deposit()、withdraw()、balance()、summarize()、creditLimit()及 close()。其中,每个操作均可应用于 Account 类,但问题的本质隐含了一些限制(如账号必须在其他操作可应用之前打开,在所有操作完成之后关闭)。即使有了这些限制,仍存在很多种操作:

```
open • setup • deposit • withdraw • close
```

这表示 Account 的最小测试序列。然而，可以在这个序列中发生大量其他行为：

```
open · setup · deposit · [deposit|withdraw|balance|summarize|creditLimit]" ·
withdraw · close
```

可以随机产生一些不同的操作序列，例如：

测试用例 r1：

```
open · setup · deposit · deposit · balance · summarize · withdraw · close
```

测试用例 r2：

```
open · setup · deposit · withdraw · deposit · balance · creditLimit · withdraw · close
```

执行这些序列和其他随机顺序测试，以检查不同类实例的生命历史。

13.5.2　类级的划分测试

与传统软件的等价划分基本相似，划分测试（partition testing）可减小测试特定类所需的测试用例数量。对输入和输出进行分类，设计测试用例以检查每个分类。但划分类别是如何得到的呢？

基于状态的划分就是根据它们改变类状态的能力对类操作进行分类。例如，考虑 Account 类，状态操作包括 deposit()和 withdraw()，而非状态操作包括 balance()、summarize()和 creditLimit()。将改变状态的操作和不改变状态的操作分开，分别进行测试，因此：

测试用例 p1：

```
open · setup · deposit · deposit · withdraw · withdraw · close
```

测试用例 p2：

```
open · setup · deposit · summarize · creditLimit · withdraw · close
```

测试用例 p1 检查改变状态的操作，而测试用例 p2 检查不改变状态的操作（除了那些最小测试序列中的操作）。

也可以应用其他类型的划分测试。基于属性的划分就是根据它们所使用的属性对类操作进行分类。基于类别的划分就是根据每个操作所完成的一般功能对类操作进行分类。

13.6　类间测试用例设计

当开始集成面向对象系统时，测试用例的设计变得更为复杂。在这个阶段必须开始类间协作的测试。为说明“类间测试用例生成”，扩展 13.5 节中讨论的银行例子，让它包括图 13.2 中的类与协作。图中箭头的方向指明消息传递的方向，标注则指明作为消息隐含的协作的结果而调用的操作。

与单个类的测试相类似，类协作测试可以通过运用随机和划分方法、基于场景测试及行为测试来完成。

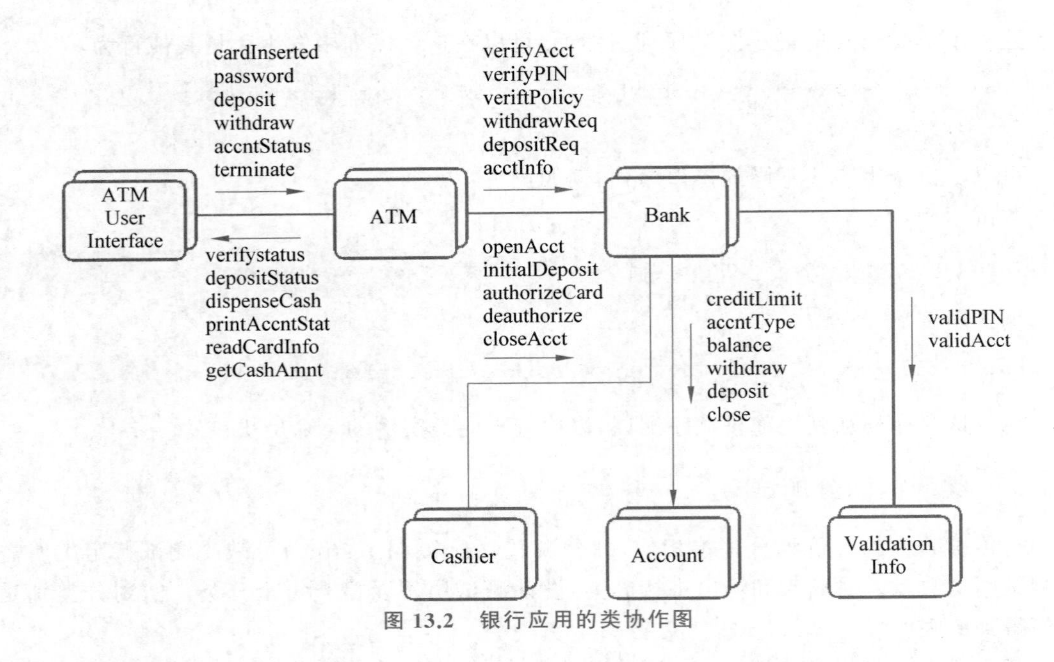

图 13.2 银行应用的类协作图

13.6.1 多类测试

Kirani 和 Tsai 提出了利用如下步骤生成多类随机测试用例的方法。

(1) 对每个客户类,使用类操作列表来生成一系列随机测试序列。这些操作将向其他服务类发送消息。

(2) 对生成的每个消息,确定协作类和服务对象中的相应操作。

(3) 对服务对象中的每个操作(已被来自客户对象的消息调用),确定它传送的消息。

(4) 对每个消息,确定下一层被调用的操作,并将其引入到测试序列中。

为便于说明,考虑 Bank 类相对于 ATM 类的操作序列,如图 13-2 所示。

```
verifyAcct·verifyPIN·[[verifyPolicy*withdrawReq]|depositReqlacctInfoREQ]
```

Bank 类的一个随机测试用例可以如下。

测试用例 r3:

```
verifyAcct·verifyPIN·depositReq
```

为了考虑涉及该测试的协作者,考虑与测试用例 r3 中提到的操作相关的消息。为了执行 verifyAcct()与 verifyPIN(),Bank 类必须与 ValidationInfo 类协作。为了执行 depositReq(),Bank 类必须与 Account 类协作。因此,检查这些协作的新测试用例如下。

测试用例 r4:

```
Test case r4=verifyAcct[Bank:validAcctValidationInfo]·verifyPIN
Bank:validPinValidationInfo]·depositReq[Bank:depositaccount]
```

多个类的划分测试方法与单个类的划分测试方法类似,单个类的划分测试方法如在 13.5.2 节讨论的那样。然而,可以对测试序列进行扩展,以包括那些通过发送给协作类的消息而激活的操作。另一种划分测试方法基于特殊类的接口。参看图 13-2,Bank 类从 ATM

类和 Cashier 类接收消息，因此，可以通过将 Bank 类中的操作划分为服务于 ATM 类的操作和服务于 Cashier 类的操作对其进行测试。基于状态的划分（13.5.2 节）可用于进一步细化上述划分。

13.6.2　从行为模型导出的测试

前面已讨论过用状态图表示类的动态行为模型。类的状态图可用于辅助生成检查类（以及与该类的协作类）的动态行为的测试序列。图 13.3 给出了前面讨论的 Account 类的状态图。根据该图，初始变换经过了 Empty acct 状态和 Setup acct 状态，该类实例的绝大多数行为发生在 Working acct 状态。最终的 Withdrawal 和结束账户操作使得 Account 类分别向 Nonworking acct 状态和 Dead acct 状态发生转换。

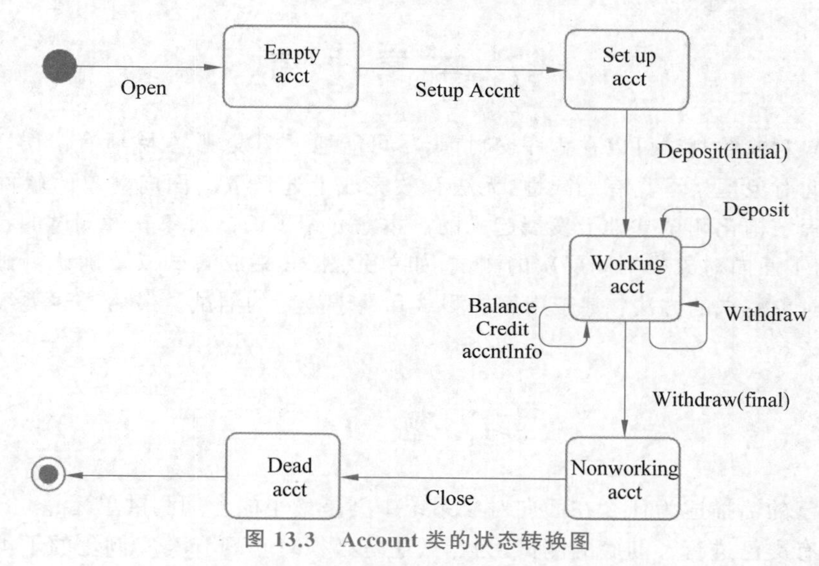

图 13.3　Account 类的状态转换图

将要设计的测试应该覆盖所有的状态，也就是说，操作序列应该使 Account 类能够向所有可允许的状态转换。

测试用例 S1：

```
open • setupAccnt • deposit(initial) • withdraw(final) • close
```

应该注意到，这个序列与 13.5.2 节所讨论的最小测试序列相同。下面将其他测试序列加入最小测试序列中。

测试用例 S2：

```
open • setupAccnt • deposi(initial • deposit • balance • credit • withdraw)
(final) • close
```

测试用例 S3：

```
open • setupAccnt • deposit(initial) • deposit • withdraw • accntInfo • withdraw
(final) • close
```

可以设计更多的测试用例以保证该类的所有行为已被充分检查。在该类的行为与一个或多个类产生协作的情况下,可以用多个状态图来追踪系统的行为流。

可以通过"广度优先"的方式来遍历状态模型。在这里,广度优先意味着一个测试用例检查单个转换,之后在测试新的转换时,仅使用前面已经测试过的转换。

考虑银行系统中的一个CreditCard对象。CreditCard对象的初始状态为undefined(即未提供信用卡号)。在销售过程中一旦读取信用卡,对象就进入了defined状态,即属性cardnumber、expiration date以及银行专用的标识符被定义。当信用卡被发送以请求授权时,它处于submitted状态,当接收到授权时,它处于approved状态。可以通过设计使转换发生的测试用例来测试CreditCard对象从一个状态到另一个状态的转换。对这种测试类型的广度优先方法在检查undefined和defined之前不会检查submitted状态。若这样做了,它就使用了尚未经过测试的转换,从而违反了广度优先准则。

13.7 本章小结

通过面向对象的测试可以在程序交付前,尽可能地试图发现、去除所有错误。传统的测试技术在面向对象框架下具有局限性,无法有效完成上述任务。面向对象的软件测试是在传统面向过程结构化测试基础上发展起来的。本章介绍了面向对象软件测试的特点以及模型,详细介绍了面向对象中不同层次的测试,如单元测试、集成测试以及确认测试。还介绍了几种面向对象测试的方法:基于用例的测试和基于故障的测试。最后详述类级测试以及类间测试方法。

习 题 13

1. 用自己的话描述为什么在面向对象系统中类是最小的合理测试单元。

2. 若现有类已进行了彻底的测试,为什么还是必须对从现有类实例化的子类进行重新测试?可以使用为现有类设计的测试用例吗?

3. 为什么"测试"应该从面向对象分析和设计开始?

4. 为SafeHome导出一组CRC索引卡片,按照13.2.2节讲述的步骤确定是否存在不一致性。

5. 基于线程和基于使用的集成测试策略有什么不同?簇测试如何适应?

6. 将随机测试和划分方法运用到设计SafeHome系统时定义的3个类。产生用于展示操作调用序列的测试用例。

7. 运用多类测试及从SafeHome设计的行为模型中生成的测试。

8. 运用随机测试、划分方法、多类测试及13.5节和13.6节所描述的银行应用的行为模型导出的测试,再另外生成4个测试。

第14章 软件项目管理

软件项目管理

本章的第一部分将总体介绍软件项目管理的定义和一些特点，然后从软件项目管理的5个主要部分：软件项目计划、软件风险管理、软件质量控制、资源配置管理、人员的组织与管理来对软件项目管理进行系统地介绍。软件项目计划是一个软件项目进入系统实施的启动阶段，主要进行的工作包括确定详细的项目实施范围、定义递交的工作成果、评估实施过程中主要的风险、制订项目实施的时间计划、成本和预算计划、人力资源计划等；软件风险管理包括风险识别、风险预测、风险评估和风险控制等；软件质量控制是建立好的软件工程过程模型，监督在项目实施过程中与该模型的一致性，通过控制开发过程的质量以实现最终的软件质量目标；资源配置管理针对开发过程中人员、工具的配置、使用提出管理策略；人员的组织与管理是为了最有效地使用项目参与人员而执行的各项过程，包括针对项目的各利益相关方展开的有效规划、合理配置、积极开发、准确评估和适当激励等方面的管理工作。这几方面都是贯穿、交织于整个软件开发过程中的。

14.1 软件项目管理定义及特点

软件项目管理的提出是在20世纪70年代中期的美国，当时美国国防部专门研究了软件开发不能按时提交，预算超支和质量达不到用户要求的原因，结果发现，70%的项目是因为管理不善引起的，而非技术原因。于是软件开发者开始逐渐重视起软件开发中的各项管理。到了20世纪90年代中期，软件研发项目管理不善的问题仍然存在。据美国软件工程实施现状的调查，软件研发的情况仍然很难预测，大约只有10%的项目能够在预定的费用和进度下交付。1995年，据统计，美国共取消了810亿美元的商业软件项目，其中31%的项目未做完就被取消，53%的软件项目进度通常要延长50%的时间，只有9%的软件项目能够及时交付且费用也控制在预算之内。

软件项目管理就是为了使软件项目能够按照预定的成本、进度、质量顺利完成，而对人员、产品、过程和项目进行分析和管理的活动。软件项目管理先于任何技术活动之前开始，并且贯穿于软件的整个生命周期。

软件项目管理的根本目的是让软件项目尤其是大型项目的整个软件生命周期：分析、设计、编码到测试、维护等，都能在管理者的控制之下，以预定成本按期、按质地完成软件，交付用户使用。而研究软件项目管理为了从已有的成功或失败的案例中总结出能够指导今后开发的通用原则、方法，同时避免前人的失误。软件项目具有以下5个重要的特点。

1. 目标性

软件项目的目标性是指软件项目都有其明确的结果，目标是指通过生产、开发出满足客户要求的产品、系统、服务或成果等，一个项目目标，又可以分为多个小目标，不同目标在不同阶段受制约条件的约束，其重要性不一样，即优先级不一样。项目管理者会采取适当的措施来进行权衡，尽量满足所有的约束条件，但是要优先满足约束力最为苛刻的目标。

2. 独特性

软件项目的独特性是指软件是独一无二的，最显著的特征是软件系统的复杂性，软件是能够在项目中被创造的最抽象产品。而且软件项目相对于其他项目有着其自身独有的特点，第一，相对于其他构造技术，软件开发技术变更得最快。软件技术层出不穷，针对特定软件开发的知识技能很容易过时。第二，软件开发过程不仅仅是制作软件，更多的是学习和研究如何匹配目标。第三，相比其他基于项目的活动，软件开发活动自动化程度较高。不像其他产品，软件不是简单地构造和组装，更多的是设计。

3. 时限性

软件项目的时限性是指每个项目都有明确的开端和结束。当项目的目标都已经达到时，该项目就结束了，或是已经知道、并可以确定项目的目标不可能达到时，该项目就会被中止了。因此，合理地安排项目时间是项目管理中一项关键内容，它的目的是保证按时完成项目、合理分配资源、发挥最佳工作效率。

4. 资源约束性

软件项目的资源约束性是指所有软件项目的执行都有一定的制约，这些是成本、时间和范围。也就是说，项目必须在预算之内按时交付并达到商定的范围，项目管理者要管理项目的成本、时间和范围来满足客户的质量要求。

5. 不确定性

软件项目的不确定性是指软件项目不可能完全在规定的时间内按规定的预算由规定的人员完成。这是因为项目计划和预算本质上是基于对未来的估计和假设进行的预测，在执行过程中与实际情况难免有差异；另外在执行过程中还会遇到各种始料未及的风险和意外，使得项目不能按计划运行。

项目管理的意义就在于控制不确定性，根据软件项目的自身特点，在不断实践中建立并完善软件项目过程体系，用有效的项目管理手段对软件项目的关键活动进行监控，从而保证项目进度的有效性与项目质量的符合性。

14.2 软件项目计划

软件项目计划是一个软件项目进入系统实施的启动阶段，主要进行的工作包括确定详细的项目实施范围、定义递交的工作成果、评估实施过程中主要的风险、制订项目实施的时间计划、成本和预算计划、人力资源计划等。

在软件项目管理过程中一个关键的活动是制订项目计划，它是软件开发工作的第一步。项目计划的目标是为项目负责人提供一个框架，使之能合理地估算软件项目开发所需的资源、经费和开发进度，并控制软件项目开发过程按此计划进行。在制订计划时，必须就需要的人力、项目持续时间及成本做出估算。这种估算大多是参考以前的花费做出的。软件项目计划包括两个任务：研究和估算，即通过研究确定该软件项目的主要功能、性能和系统界面，接下来将从估算软件规模、工作量和成本估算、开发进度计划 3 方面介绍软件项目计划。

14.2.1　软件规模估算

为了估算软件项目的工作量和完成期限，首先需要估算软件规模。因为软件本身的复杂性、历史经验的缺乏、估算工具缺乏以及一些人为错误，导致软件项目的规模估算往往和实际情况相差甚远。因此，估算错误已被列入软件项目失败的四大原因之一，目前已经形成了一些比较系统化和理论化的软件规模估算方法，其中包括：代码行技术，通过对源程序中的文本进行计数以得到软件项目规模的方法。用代码行技术估算软件规模时，当程序较小时常用的单位是代码行数(LOC)，当程序较大时常用的单位是千行代码数(KLOC)；德尔菲(Delphi)估算法，Delphi 法是最流行的专家评估技术，在没有历史数据的情况下，这种方式适用于评定过去与将来，新技术与特定程序之间的差别；功能点估计法，功能点测量是在需求分析阶段基于系统功能的一种规模估计方法。通过研究初始应用需求来确定各种输入、输出、计算和数据库需求的数量和特性；类比估算法，类比估算法适合评估一些与历史项目在应用领域、环境和复杂度相似的项目，通过新项目与历史项目的比较得到规模估计；计划评审技术估算法(Program Evaluation an Review Technique，PERT)，可以估计整个项目在某个时间内完成的概率。

1. 代码行技术估算法

软件项目的代码行估算是进行成本和工作量估算的重要依据之一。代码行估算法是指从过去开发类似产品的经验和历史数据出发，估算出待开发软件的代码行(Line Of Code，LOC)。代码行估算法是一种直观而又自然的软件规模估算方法，它是对软件和软件开发过程的直接度量。

代码行技术的主要优点是：代码是所有软件开发项目都有的“产品”，而且很容易计算代码行数。

代码行技术的缺点是：源程序仅是软件配置的一个成分，用它的规模代表整个软件的规模似乎不太合理；用不同语言实现同一个软件所需要的代码行数并不相同；这种方法不适用于非过程语言。

在代码行估算中，为了保证估算的准确性和客观性，估算值可以由多名有经验的开发人员分别给出，然后计算出所有估算的平均值。此外，估算人员也可以提出一个具有代表性的估算值范围，按照这个范围确定估算值中的最佳的估算值 a、可能的估算值 m 和悲观的估算值 b，并利用如下公式计算出期望值：

$$L=(a+4m+b)/6$$

在估算出代码行数之后还可以进一步度量每行代码的平均成本、代码出错率、软件开发的生产率等。

(1) 每行代码的平均成本：

$$C=S/L$$

C 为每行代码的平均成本，S 为总开销，L 为代码行数。

(2) 代码出错率：

$$EQR=N/KL$$

其中，EQR 表示代码出错率，N 表示软件的错误总数，KL 表示每千行代码。

(3) 生产率：

$$P=KL/PM$$

其中，P 表示生产率，PM 表示软件开发的工作量，其单位是人月；软件开发的生产率代表每人月完成的代码行数。

2. 德尔菲法

德尔菲法是在20世纪40年代由O.赫尔姆和N.达尔克首创，经过T.J.戈尔登和兰德公司进一步发展而成的。德尔菲这一名称起源于古希腊有关太阳神阿波罗的神话。传说中阿波罗具有预见未来的能力。因此，这种预测方法被命名为德尔菲法。1946年，兰德公司首次把这种方法用来进行预测，后来该方法被迅速广泛采用。德尔菲法依据系统的程序，采用匿名发表意见的方式，即专家之间不得互相讨论，不发生横向联系，只能与调查人员联系，通过多轮次调查专家对问卷所提问题的看法，经过反复征询、归纳、修改，最后汇总成专家基本一致的看法，作为预测的结果。这种方法具有广泛的代表性，较为可靠。

德尔菲法的典型特征包括如下。

(1) 吸收专家参与预测，充分利用专家的经验和学识。

(2) 采用匿名或背靠背的方式，能使每一位专家独立自由地做出自己的判断。

(3) 预测过程几轮反馈，使专家的意见逐渐趋同。

德尔菲法的具体实施步骤如下。

(1) 组成专家小组。按照课题所需要的知识范围，确定专家及专家人数的多少，可根据预测课题的大小和涉及面的宽窄而定，一般不超过20人。

(2) 向所有专家提出所要预测的问题及有关要求，并附上有关这个问题的所有背景材料，同时请专家提出还需要什么材料，然后由专家做书面答复。

(3) 各个专家根据他们所收到的材料，提出自己的预测意见，并说明自己是怎样利用这些材料并提出预测值的。

(4) 将各位专家第一次判断意见汇总，列成图表，进行对比，再分发给各位专家，让专家比较自己同他人的不同意见，修改自己的意见和判断。也可以把各位专家的意见加以整理，或请身份更高的其他专家加以评论，然后把这些意见再分送给各位专家，以便其参考后修改自己的意见。

(5) 将所有专家的修改意见收集起来、汇总，再次分发给各位专家，以便做第二次修改。逐轮收集意见并向专家反馈信息是德尔菲法的主要环节，收集意见和信息反馈一般要经过三四轮。在向专家进行反馈的时候，只给出各种意见，但并不说明发表各种意见的专家的具体姓名。这一过程重复进行，直到每一个专家不再改变自己的意见为止。

(6) 对专家的意见进行综合处理。

德尔菲法的优缺点如下。

(1) 能充分发挥各位专家的作用，集思广益，准确性高。

(2) 能把各位专家意见的分歧点表达出来，取各家之长，避各家之短。

德尔菲法的主要缺点是过程比较复杂，花费时间较长。

3. 类比估算法

类比估算法也被称为自上而下的估算，是一种通过比照已完成的类似项目的实际成本，估算出新项目成本的方法。类比估算法适合评估一些与历史项目在应用领域、环境和复杂度方面相似的项目。其约束条件在于必须存在类似的具有可比性的软件开发系统,估算结果的精确度依赖于历史项目数据的完整性、准确度以及现行项目与历史项目的近似程度。

采用这个方法的前提如下。

(1) 对以前项目规模和工作量的计量是正确的。

(2) 至少有一个以前的项目的规模和新项目类似。

(3) 新项目的开发周期、使用的开发方法、开发工具与以前项目的类似。

类比法的基本步骤如下。

(1) 整理出项目功能列表和实现每个功能的编码行数。

(2) 标识出每个功能列表与历史项目的相同点和不同点,特别要注意历史项目做得不够的地方。

(3) 通过步骤(1)和(2)得出各个功能的估计值。

(4) 产生规模估计。

采用类比法往往还要解决可重用代码的估算问题。估计可重用代码量的最好办法就是由程序员或系统分析员详细地考查已存在的代码,估算出新项目可重用的代码中需重新设计的代码百分比、需重新编码或修改的代码百分比以及需重新测试的代码百分比。根据这3个百分比,可用下面的计算公式计算等价新代码行:

等价代码行=[(重新设计%+重新编码%+重新测试%)/3]×已有代码行

比如,有10000行代码,假定30%需要重新设计,50%需要重新编码,70%需要重新测试,那么其等价的代码行可以计算为:

$$[(30\%+50\%+70\%)/3]\times 10000=5000$$

类比法的优缺点:类比法的优点是估计较为准确,缺点是要依赖实际经验,要有类似的项目可供参考。

4. 计划评审技术估算法

PERT(Program Evaluation and Review Technique)即计划评审技术,最早是由美国海军在计划和控制北极星导弹的研制时发展起来的。PERT技术使原先估计的、研制北极星潜艇的时间缩短了两年。简单地说,PERT是利用网络分析制定计划以及对计划予以评价的技术。它能协调整个计划的各道工序,合理安排人力、物力、时间、资金,加速计划的完成。在现代计划的编制和分析手段上,PERT被广泛地使用,是现代化管理的重要手段和方法。

PERT网络是一种类似流程图的箭线图。它描绘出项目包含的各种活动的先后次序,标明每项活动的时间或相关的成本。对于PERT网络,项目管理者必须考虑要做哪些工作,确定时间之间的依赖关系,辨认出潜在的可能出问题的环节,借助PERT还可以方便地比较不同行动方案在进度和成本方面的效果。

构造PERT图,需要明确3个概念:事件、活动和关键路线。

(1) 事件(Events)表示主要活动结束的那一点。

(2) 活动(Activities)表示从一个事件到另一个事件之间的过程。

(3) 关键路线(Critical Path)是PERT网络中花费时间最长的事件和活动的序列。

PERT的基本要求如下。

(1) 完成既定计划所需要的各项任务必须全部以足够清楚的形式表现在由事件与活动构成的网络中。事件代表特定计划在特定时刻完成的进度。活动表示从一个事件进展到下一个事件所必需的时间和资源。应当注意的是,事件和活动的规定必须足够精确,以免在监视计划实施进度时发生困难。

(2) 事件和活动在网络中必须按照一组逻辑法则排序,以便把重要的关键路线确定出来。这些法则包括:后面的事件在其前面的事件全部完成之前不能认为已经完成;不允许出现"循环",就是说,后继事件不可有导回前一事件的活动联系。

(3) 网络中每项活动可以有3个估计时间。就是说,由最熟悉有关活动的人员估算出完成每项任务所需要的最乐观的、最可能的和最悲观的3个时间。用这3个时间估算值来反映活动的"不确定性",在研制计划中和非重复性的计划中引用3个时间估算是鉴于许多任务所具有的随机性质。但是应当指出的是,为了关键路线的计算和报告,这3种时间估算应当简化为一个期望时间和一个统计方差,否则就要用单一时间估算法。

(4) 需要计算关键路线和宽裕时间。关键路线是网络中期望时间最长的活动与事件序列。宽裕时间是完成任一特定路线所要求的总的期望时间与关键路线所要求的总的期望时间之差。这样,对于任一事件来说,宽裕时间就能反映存在于整个网络计划中的多余时间的大小。

14.2.2 软件成本估算

软件成本估算,通常发生在项目早期,在还没有获得充分信息的前提下,对软件项目所需要的工作量和工作进度做出预测,从而产生一组在可接受误差范围内的近似规划,是对构造一个软件系统所需成本的预测。同时,软件成本估算还需要处理软件开发中的产品、人员、技术、组织、过程等复杂因素及其相互影响。因而,简单地将数据放入软件成本估算模型后接受其结果的过程,或是简单考虑后凭主观给出一个估算结果的过程,并不能得到一个好的软件成本估算,估算过程及估算方法的支持对于获得好的软件成本估算结果是非常重要的。

1. 软件开发成本估算的阶段

软件成本估算从20世纪60年代发展至今,在软件开发过程中一直扮演着重要角色。无论是产业界还是学术界,越来越多的人认识到做好软件成本估算是减少软件项目预算超支问题的主要措施之一,不但直接有助于做出合理的投资外包、竞标等商业决定,也有助于确定一些预算或进度方面的参考里程碑,使软件组织或管理者对软件开发过程进行监督,从而更合理地控制和管理软件质量、人员生产率和产品进度。对一个软件项目进行成本估算一般要经过以下两个阶段。

(1) 大小估算阶段。估算软件大小有两种基本策略:一是估算问题大小,如功能点;二是估算解决方案的大小,如源代码行数、模块数。

(2) 工作量和工作进度估算阶段,根据有关软件大小的信息来估算软件开发成本。

2. 软件开发成本估算方法

目前,有3种基本的软件项目成本估算策略:自顶向下、自底向上和差别估算法。自顶向下的方法是对整个项目的总开发时间和总工作量做出估算,然后把它们按阶段、步骤和工作单元进行分配;自底向上的方法是分别估算各工作单元所需的开发时间,然后汇总得出总的工作量和开发时间;差别估算是将开发项目与一个或多个已完成的类似项目进行比较,找出与某个类似项目的若干不同之处,并估算每个不同之处对成本的影响,导出开发项目的总成本。基于这3种基本的估算策略,可以使用多种估算技术和方法来计算成本。

1）专家估算法

专家估算法是依靠一个或多个专家对项目做出估计，它要求专家具有专门知识和丰富的经验，是一种近似的猜测。Delphi 法是最流行的专家评估技术，在没有历史数据的情况下，这种方式适用于评定过去与将来，新技术与特定程序之间的差别，但专家“专”的程度及对项目的理解程度是工作中的难点，尽管 Delphi 技术可以减轻这种偏差，专家评估技术在评定一个新软件实际成本时通常用得不多，但是，这种方式对决定其他模型的输入时特别有用。Delphi 法鼓励参加者就问题相互讨论，要求有多种软件相关经验人的参与，互相说服对方。

2）类推估算法

类推估算法是比较科学的一种传统估算方法，它适合评估一些与历史项目在应用领域、环境和复杂度的相似的项目，通过新项目与历史项目的比较得到规模估计。类推估算法估计结果的精确度取决于历史项目数据的完整性和准确度，因此，用好类推估算法的前提条件之一是组织建立起较好的项目后评价与分析机制，对历史项目的数据分析是可信赖的。

这种方法的基本步骤如下。

① 整理出项目功能列表和实现每个功能的代码行。

② 标识出每个功能列表与历史项目的相同点和不同点，特别要注意历史项目做得不够的地方。

③ 通过步骤①和② 得出各个功能的估计值。

④ 产生规模估计。

3）算式估算法

算式估算法利用经验模型进行成本估算，它通常采用经验公式来预测软件项目计划所需要的成本、工作量和进度数据。目前还没有一种估算模型能够适用于所有的软件类型和开发环境，从这些模型中得到的结果必须慎重使用。

- **Putnam 模型**

Putnam 模型是一种动态多变量模型，它是假定软件开发的整个生存期中工作量的分布，Putnam 模型的基本形式：

$$L = Ck \times k^{\frac{1}{3}} \times tf^{\frac{4}{3}}$$

其中，L 表示源代码行数(以 LOC 计)，k 表示整个开发过程所花费的工作量(以人年计)，tf 表示开发持续时间(以年计)，Ck 表示技术状态常数，它反映“妨碍开发进展的限制”，取值因开发环境而异，如表 14.1 所示。

表 14.1 技术状态常数典型值表

Ck 的典型值	开发环境	开发环境举例
2000	差	没有系统的开发方法，缺乏文档和复审
8000	好	有合适的系统的开发方法，有充分的文档和复审
11000	优	有自动的开发工具和技术

将上述方程加以变换，可以得到估算工作量的公式：

$$k = \frac{L^3}{Ck^3 \times td^4}$$

还可以估算开发时间：

$$td=\frac{L^{3}}{Ck^{3}\times k^{\frac{1}{4}}}$$

- **COCOMO 模型**

这是由 TRW 公司开发，Boehm 提出的结构化成本估算模型，是一种精确的、易于使用的成本估算方法。

COCOMO 模型中用到以下变量。

DSI：源指令条数。不包括注释。1KDSI＝1000DSI。

MM：开发工作量(以人月计)。

TDEV：开发进度(以月计)。

COCOMO 模型中，考虑开发环境，软件开发项目的类型可以分为 3 种。

组织型(organic)：相对较小、较简单的软件项目。开发人员对开发目标理解比较充分，与软件系统相关的工作经验丰富，对软件的使用环境很熟悉，受硬件的约束较小，程序的规模不是很大(＜50000 行)。

嵌入型(embedded)：要求在紧密联系的硬件、软件和操作的限制条件下运行，通常与某种复杂的硬件设备紧密结合在一起。对接口、数据结构和算法的要求高。软件规模任意。如大而复杂的事务处理系统、大型/超大型操作系统、航天用控制系统以及大型指挥系统等。

半独立型(semidetached)：介于上述两种软件之间。规模和复杂度都属于中等或更高。最大可达 30 万行。

基本 COCOMO 模型估算工作量和进度的公式如下。

$$\text{工作量：}MM=r\times KDSI^{c}$$

$$\text{进度：}TDKV=a\times MM^{b}$$

其中，经验常数 r、c、a、b 取决于项目的总体类型。

COCOMO 模型按其详细程度可以分为 3 级：基本 COCOMO 模型，中间 COCOMO 模型，详细 COCOMO 模型。其中基本 COCOMO 模型是一个静态单变量模型，它用一个以已估算出来的原代码行数 LOC 为自变量的经验函数计算软件开发工作量。中级 COCOMO 模型在基本 COCOMO 模型的基础上，再用涉及产品、硬件、人员、项目等方面的影响因素调整工作量的估算。详细 COCOMO 模型包括中间 COCOMO 模型的所有特性，但更进一步考虑了软件工程中每一步骤(如分析、设计)的影响。

通过统计 63 个历史项目的历史数据，得到的计算公式如表 14.2 所示。

表 14.2 COCOMO 模型计算公式

总体类型	工 作 量	进 度
组织型	$MM=10.4\times KDSI^{1.05}$	$TDKV=10.5\ MM^{0.38}$
半独立型	$MM=3.0\times KDSI^{1.12}$	$TDKV=10.5\ MM^{0.35}$
嵌入型	$MM=3.0\times KDSI^{1.20}$	$TDKV=10.5\ MM^{0.32}$

- **COCOMO2 模型**

COCOMO 是构造性成本模型(constructive cost model)的英文缩写，1981 年 Boehm 在

《软件工程经济学》中首次提出了 COCOMO 模型。1997 年 Boehm 等提出的 COCOMO2 模型，是原始的 COCOMO 模型的修订版，它反映了 10 多年来在成本估计方面所积累的经验。

COCOMO2 给出了 3 个层次的软件开发工作量估算模型。

(1) **应用系统组成模型**：这个模型主要用于估算构建原型的工作量，模型名字暗示在构建原型时大量使用已有的构件。

(2) **早期设计模型**：这个模型适用于体系结构设计阶段。

(3) **后体系结构模型**：这个模型适用于完成体系结构设计之后的软件开发阶段。

该模型把软件开发工作量表示成代码行数(KLOC)的非线性函数：

$$E = a \times \text{KLOC}^b \times \prod_{i=0}^{17} f_i$$

其中，E 是开发工作量(以人月为单位)，a 是模型系数，KLOC 是估计的源代码行数(以千行为单位)，b 是模型指数，KLOC 是估计的源代码行数(以千行为单位)。

每个成本因素都根据它的重要程度和对工作量影响的大小被赋予一定数值(称为工作量系数)。这些成本因素对任何一个项目的开发工作量都有影响，即使不使用 COCOMO2 模型估算工作量，也应该重视这些因素。Boehm 把成本因素划分成产品因素、平台因素、人员因素和项目因素 4 类。

与原始的 COCOMO 模型相比，COCOMO2 模型使用的成本因素有下述变化，这些变化反映了在过去十几年中软件行业取得的巨大进步。

(1) 新增加了 4 个成本因素，它们分别是要求的可重用性、需要的文档量、人员连续性(即人员稳定程度)和多地点开发。

(2) 略去了原始模型中的两个成本因素(计算机切换时间和使用现代程序设计实践)。

(3) 某些成本因素(分析员能力、平台经验、语言和工具经验)对生产率的影响增加了，另一些成本因素(程序员能力)的影响减小了。

COCOMO2 还采用了更加精细的 b 分级模型，这个模型使用 5 个分级因素。

(1) **项目先例性**：指出对于开发组织来说该项目的新奇程度。诸如开发类似系统的经验，需要创新体系结构和算法，以及需要并行开发硬件和软件等因素的影响，都体现在这个分级因素中。

(2) **开发灵活性**：反映出为了实现预先确定的外部接口需求及为了及早开发出产品而需要增加的工作量。

(3) **风险排除度**：反映了重大风险已被消除的比例。在多数情况下，这个比例和指定了重要模块接口(即选定了体系结构)的比例密切相关。

(4) **项目组凝聚力**：表明了开发人员相互协作时可能存在的困难。这个因素反映了开发人员在目标和文化背景等方面相一致的程度，以及开发人员组成一个小组工作的经验。

(5) **过程成熟度**：反映了按照能力成熟度模型度量出的项目组织的过程成熟度。

14.2.3　软件进度计划

进度是对执行的活动和里程碑所制订的工作计划日期表。项目进度管理也被称为项目时间管理、工期管理，是指在项目实施过程中，对各阶段的工作进展程度和项目最终完成的期限所进行的管理，是为了确保项目按期完成所需要的管理过程。项目进度管理是保证项目如期完成及合理安排资源供应，节约工程成本的重要措施之一。

1. 活动定义和排序

完成每一个项目，无论项目的规模大小，都必须要完成一系列的具体工作，即活动。活动定义就是要确定 WBS 工作分解结构中各工作包对项目团队的要求是什么，怎样工作才能取得该工作包所要求的成果。活动定义的依据，主要包括工作分解结构、项目范围说明、历史信息以及相应的约束条件等方面的内容。活动的定义是在工作分解结构的基础上，进一步将工作包分解成更小的、更容易控制的、更具体的活动序列，从而确定实现项目目标所需要的全部活动。

活动定义的方法主要包括如下。

(1) 活动分解法是在 WBS 的基础上，将项目工作任务按照一定的层次结构逐步分解而成，以期分解成更小的、更容易控制的和更具体的活动，产生项目的活动清单。

(2) 参照模板法是将已经完成的类似项目的活动清单或者其中的一部分，作为一个新项目活动清单的参考模板，根据新项目的实际情况，在模板上调整项目活动，从而定义出新项目的所有活动。

当完成活动定义后，其输出的结果为活动清单。活动清单包括了整个项目将进行的所有活动，它是工作分解结构的必要扩充。

项目各项活动之间存在相互联系与相互依赖关系，活动排序要根据这些关系对活动进行适当的顺序安排，以便在所有项目约束条件之下获得最高的项目工作执行效率。活动排序前需要具备的条件包括活动清单、产品描述、项目的约束条件、里程碑。活动排序既要考虑工作任务中固有的依赖关系，也要考虑由项目管理人员确定的项目活动之间的关系。在活动排序过程中，需要对活动之间的逻辑关系进行分析和确认，可能会对某些活动进行重新分解和定义，需要更改项目活动清单，甚至工作分解结构。

2. 估算活动资源

估算活动资源的目的是明确完成活动所需的资源的种类、数量和性质，以便做出更准确的成本和持续时间的估算。对每项活动应该在什么时候使用多少资源必须有一些估算，即估计项目活动的资源需求以及能否按时、按量、按质提供，这对项目活动的历时估计具有直接的影响。

在估算资源需求情况时，需要了解在活动进行期间内哪些资源(如人力资源、设备等)可用、何时可用以及可用多久，这些信息通常记录在“资源日历”中。此外，还需要考虑更多的资源属性，如经验和技能水平、来源地等。由于人力资源是软件项目最重要的资源，因此必须很好地了解每个人的可用性和时间限制，如时区、工作时间、休假时间、当地时间、当地节假日等。在估算活动资源时，历史数据(特别是类似项目的活动资源需求情况)有重要的参考价值。

3. 活动历时估计

活动历时估计就是在给定的资源条件下，估计完成每个活动所需花费的时间量，为制订进度计划过程提供主要输入。估算活动持续时间的方法有多种，如专家判断、类比估算、三点估算、参数估算等。

1）专家判断

当实施的项目涉及新技术或不熟悉的领域时，项目管理人员由于不具备专业技能，一般来说很难做出合理的时间估算，这就需要借助特定领域专家的知识和经验。通过借鉴历史信息，专家判断能提供持续时间估算所需的信息，或根据以往类似项目的经验，给出活动持续时间的上限。专家判断也可用于决定是否需要联合使用多种估算方法，以及如何协调各种估算方法之间的差异。

2）类比估算

类比估算是通过与以往类似项目相类比得出估算。为了使这种方法更为可靠和实用，作为类比对象的以往项目不仅在形式上要和新项目相似，而且在实质上也要非常趋同。类比估算是一种粗略的估算方法，有时需要根据项目复杂性方面的已知差异进行调整。在项目详细信息不足时（如在项目初期），经常使用这种技术来估算项目持续时间。

3）三点估算

三点估算源于计划评审技术PERT（Program Evaluation and Review Technique）。三点估算可以尽可能地降低单一估算所产生的误差，它采用3种估算值来界定活动持续时间的近似区间。

① 最可能时间 Tm：根据以往的经验，这项活动最有可能用多少时间完成。

② 最乐观时间 Ta：当一切条件都顺利时该项活动所需时间。

③ 最悲观时间 Tb：在各项不利因素都发生的最不利条件下，该项活动需要的时间。

则活动持续时间的期望值 Te 的计算公式为：

$$Te=(Ta+4\times Tm+Tb)/6$$

4）参数估算

参数估算是一种基于历史数据和项目参数，使用某种数学模型来计算成本或持续时间的估算技术。这种技术是利用历史数据之间的统计关系和其他变量（如活动的工作量），来估算诸如成本和持续时间等活动参数。

最简单的一种参数估算方法就是把需要实施的工作量（或规模）乘以完成单位工作量（或规模）所需的工时，即可计算出活动持续时间。参数估算法需要积累历史数据，根据历史数据运用建模技术建立模型。许多由历史经验数据导出的参数估算模型的形式为：

$$D=a\times E^{b}$$

其中，D 是持续时间，E 是工作量（通常用人月表示），a 和 b 是依赖于项目自然属性的参数。例如，Pubnam 模型：

$$D=2.4\times E^{\frac{1}{3}}$$

基本COCOMO模型：$D=2.5\times E^{b}$，其中 b 是0.32～0.38的参数。

4. 制订项目进度计划

确定项目中所有活动的开始和结束时间。一个项目计划是三维的，需要考虑时间、费用和资源。项目进度计划是监控项目实施的基础，它是项目管理的基准，所以有时也称项目核心计划。进度编制的基本方法包括甘特图法、关键路径法和关键链法等。

1）甘特图法

甘特图（Gantt chart）又叫横道图、条形图（Bar chart）。它通过活动列表和时间刻度形象地表示出任何特定项目的活动顺序与持续时间。甘特图表示方法：横轴表示时间，纵轴表示活动，用横条表示活动的时间跨度，横条的左端表示活动的开始时间，右端表示活动的结束时间。实心横条表示实际进度，空心横条表示计划进度，如图 14.1 所示。

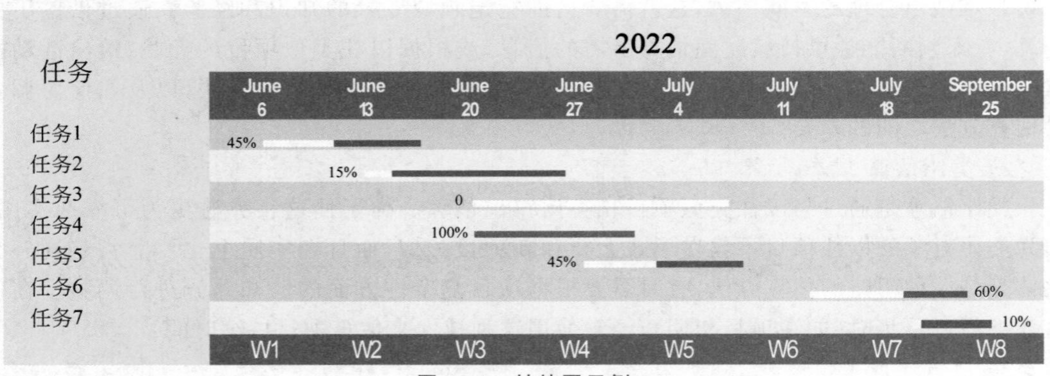

图 14.1 甘特图示例

甘特图法可以方便地查看活动的工期、开始时间和结束时间以及资源的信息，可直观地表明实际进度和计划要求的对比，可用于详细的时间管理，且简单、直观、易于编制。但是甘特图法的活动之间的依赖关系没有表示出来，进度计划的关键部分不明确，难以判断哪些部分应当是关键活动，也不能反映某一项活动的进度变化对整个项目的影响，难以进行定量的计算分析和计划的优化。所以不适合大型且复杂的项目。

2）关键路径法

关键路径法(Critical Path Method，CPM)，它是通过分析项目过程中哪个活动序列进度安排的总时差最少来预测项目工期的网络分析。它用网络图表示各项工作之间的相互关系，找出控制工期的关键路线，在一定工期、成本、资源条件下获得最佳的计划安排，以达到缩短工期、提高工效、降低成本的目的。CPM 中工序时间是确定的，这种方法多用于建筑施工和大型工程的计划安排。它适用于有很多作业而且必须按时完成的项目。关键路径法是一个动态系统，它会随着项目的进展不断更新，该方法采用单一时间估计法，其中时间被视为是一定的或确定的。

关键路径是项目中时间最长的活动顺序，决定着可能的项目最短工期。计算关键路径的长度时，需要将路径上的所有活动的持续时间、提前量(负的)和滞后量(正的)加总在一起。最长路径的总浮动时间最少，通常为零；进度网络图可能有多条关键路径。长度仅次于关键路径的路径称为次关键路径，次关键路径也可能有多条。借助进度计划软件来规划时，为了达成相关方的限制要求，可以自行定义用于确定关键路径的参数。

表 14.3 给出了一系列活动，表中给出了各项活动、持续时间和每个活动的前导活动。

表 14.3 任务的持续时间及其依赖关系

活动	历时	前导活动	活动	历时	前导活动
T1	2	—	T4	4	T1
T2	2	T1	T5	2	T4
T3	3	T1	T6	2	T2、T3、T5

从表中可以看出，任务 T2 依赖于任务 T1，也就是说，T2 必须要在 T1 完成后开始。例如，T1 可能是一个构件设计的活动，而 T2 就是该设计的实现，要想开始实现该设计，应该首先完成这项设计。

求以上的关键路径时，需要先画出对应的网络图，如图 14.2 所示，根据网络图来计算其关键路径。列出所有可能的路径，比较其长度：

① 路径 T1-T2-T6 长度为 2＋2＋2 ＝ 6。

② 路径 T1-T3-T6 长度为 2＋3＋2 ＝ 7。

③ 路径 T1-T4-T5-T6 长度为 2＋4＋2＋2 ＝ 9。

故关键路径为 T1-T4-T5-T6，长度为 9。

由关键路径计算出其最早时间和最晚时间即可得出结果。

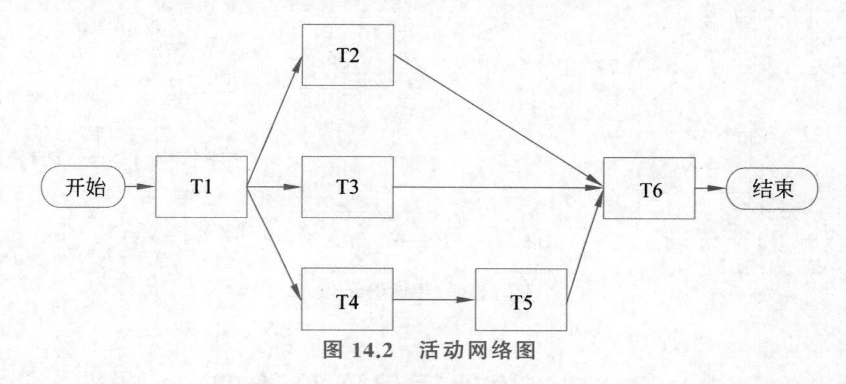

图 14.2 活动网络图

在分派项目工作的时候，管理者也要使用活动网络图，这样可以使原本并不直观、明显的活动之间的依赖关系一下子变得清晰可见。还可以修改系统设计以缩短关键路径。这样整个项目进度就可以缩短，因为等待活动完成的时间缩短了。

初始的项目进度难免会不正确。在项目开发中，应该将实际花费的时间与估计值进行比较，比较的结果可以用于修正项目后期开发的进度。当确切的图已知时，应该评审活动图。然后可以重新组织后续的项目活动以缩短关键路径的长度。

3）关键链法

关键链法（critical chain method，CCM）是由美国管理学专家艾利·高德拉特（Eli Goldratt）提出的一种项目管理方法。该方法自 1997 年提出后，在实际应用中取得很大成功。关键链法建立在关键路径法基础之上，它对关键路径法做了以下几方面的改进。

① 关键路径法是在不考虑任何资源限制的情况下，在给定活动持续时间和逻辑关系的条件下，分析项目的关键路径，而关键链法考虑了资源限制对项目活动逻辑关系及关键路径的影响。

② 关键链法引入了缓冲和缓冲管理来应对项目的不确定性。

③ 关键链法考虑了人的心理行为因素和工作习惯对进度的影响，因为人是项目实施的主体，是项目最关键的资源。

关键链法是一种根据有限的资源来调整项目进度计划的进度网络分析技术。首先，根据持续时间估算和给定的依赖关系绘制项目进度网络图。然后，计算关键路径，在确定了关键路径之后，再考虑资源的可用性，制订出资源约束型进度计划，该进度计划中的关键路径常与原先的不同。资源约束型关键路径就是关键链。

关键链法还增加了持续时间缓冲来应对不确定性。项目缓冲(project buffer)用来保证项目不因关键链的延误而延误,汇入缓冲(feeding buffer)用来保护关键链不受非关键链延误的影响。根据相应活动链的持续时间的不确定性,来决定每个缓冲时段的长短。如果一些活动不能在计划时间内完成,缓冲时间就会被占用。在项目实施过程中,要监控缓冲时间被占用的情况以建立一种预警机制,例如当缓冲时间被占用三分之一时,发出预警信号,被占用三分之二时,要立即采取纠正措施。

如图 14.3 所示,假设活动 C 和活动 E 需要同一资源,例如需要同一个人来执行,而一个人一次只能执行一个活动,那么活动 C 和活动 E 就不能并行执行。因此,在考虑资源约束的情况下,A-D-E-C-F 就构成了项目的关键链。

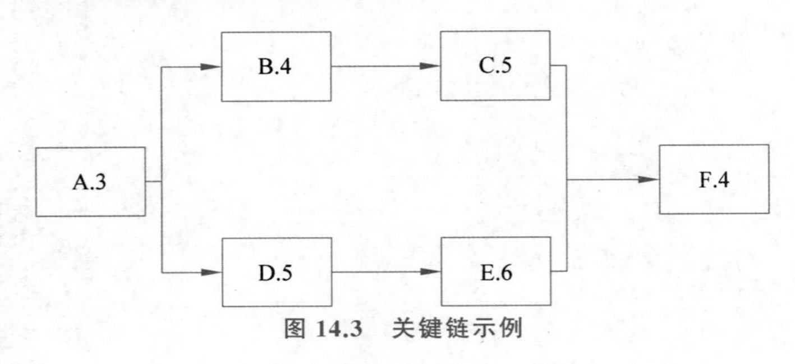

图 14.3 关键链示例

14.3 软件项目风险管理

风险是遭受损失的一种可能性,是关系到未来的事件。这个定义包含两层含义:第一,风险会造成损失。如产品质量的降低,费用的增加或进度的推迟等。第二,风险发生是一种不确定性随机现象,可用概率表示其发生的可能程度。风险发生的概率越高,造成的损失越大,就越是高风险,否则就是中等风险或低风险。

14.3.1 风险的属性和分类

一般来说,风险具有以下属性:风险事件、风险发生的原因、风险发生的概率、风险的影响、风险发生的频率、与其他风险相比较的重要程度、风险防范策略和应对策略、风险责任人等。

常用的风险分类方法如下。

(1) 需求风险:软件项目在初期确定的需求往往都是模糊的、不确定的,并且随着项目的进展,需求还可能不断变化,这些问题如果没有得到及时的解决,就会对项目的成功造成巨大的潜在威胁。常见的与需求相关的风险有:需求不够明确、不准确;缺少有效的需求变更管理措施;用户对产品的需求无限制地膨胀;用户不能经常性地参加需求分析和阶段性评审;用户与项目团队之间没有建立直接、快速的通信渠道等。

(2) 过程和标准方面的风险。规范的软件过程和软件工程标准是取得软件项目成功的重要保障。常见的有关过程和标准的风险有:组织没有建立适用于本组织的软件过程规范或标准;没有管理机制保证项目团队按照软件工程标准来工作;流程的重组和标准的改变使开发人员不适应，甚至有抵触情绪；没有采用配置管理来跟踪和控制软件工程中的各种变更等。

(3) 组织和人员管理风险。IT 行业的人员流动性大，个性较强，难于管理。一旦项目组织和人员发生变动，往往会关系到整个项目的成败。组织和人员管理方面的常见风险有：采用了不符合项目特征的组织结构和管理模式；人员离职或因特殊原因而不能参加项目工作；人员之间的沟通和协调产生障碍；人员之间产生冲突；因绩效评估、奖惩等方面的不当措施而挫伤员工的工作积极性；将项目的一部分外包给其他开发商，但与承包商之间缺乏良好的合作和沟通，等等。

(4) 技术风险。软件项目所涉及的技术往往十分复杂，同时由于软件技术飞速发展，在项目中经常需要适当采用一些新技术，以更好地实现项目的目标。因此软件项目中经常隐含着技术风险，例如，团队对项目中的技术和工具缺少充分理解；缺少应用领域的经验和背景知识；采用了错误的技术和方法；需要对技术进行更新，但对新技术不熟悉；所采用的新技术不够成熟，等等。

14.3.2　软件项目风险管理过程

风险管理是指项目管理组织对项目可能遇到的风险进行规划、识别、估计、评价、应对、预留、监控的动态过程，是以科学的管理方法实现最大安全保障的实践活动的总称。

1. 风险规划

风险规划(risk planning)就是制定项目风险管理的一整套计划，主要包括定义项目组及其成员风险管理的行动方案和方式，选择适合的风险管理方法，确定风险判断的依据，指定风险管理的角色和职责，概括风险识别和评估的结果并制定相应的风险应对策略等。制定风险规划的依据如下。

(1) 项目计划中所包含或涉及的有关内容，如项目目标、项目规模、项目利益相关者情况、项目复杂程度、所需资源、项目进度、约束条件及假设前提等。

(2) 项目组织及个人的风险管理经验及实践。

(3) 决策者、责任方及授权情况。

(4) 项目干系人对项目风险的敏感程度及可承受能力。

(5) 可获取的数据及管理系统情况：丰富的数据和运行良好的计算机辅助管理系统，将有助于风险识别、评估、定量化及对应策略的制定。

2. 风险识别

风险识别就是确定风险来源和发生条件，对风险特征进行描述，并形成文档的过程。风险识别的输入包括风险管理计划、项目计划、WBS、历史项目数据、项目约束和假设、公司目标等。

风险识别通常至少需要确定风险的 3 个相互关联的要素。

(1) 风险来源，如进度、成本、技术、人员等。

(2) 风险事件，即给项目带来消极影响的事件。

(3) 风险征兆，即风险事件的外在表现，如苗头和前兆等。

风险识别的主要方法有核对表法、德尔菲方法、头脑风暴法等。

1）核对表法

在风险检查表中列出项目中常见的风险的检查条目。项目相关人员通过核对风险检查表，判断哪些风险会出现在项目中。可根据项目经验对风险检查表进行修订和补充。该方法可以使管理者集中识别常见类型的风险。

2）德尔菲法

德尔菲方法又称专家调查法，本质上是一种匿名反馈的函询法。它起源于20世纪40年代末，最初由美国兰德公司应用于技术预测。把需要做风险识别的软件项目的情况分别匿名征求若干专家的意见，然后把这些意见进行综合、归纳和统计，再匿名反馈给各位专家，再次征求意见，再集中，再反馈，直至各专家的意见趋向一致，作为最后的结论。

要使用好该方法需要注意它的3个主要特点。

① 德尔菲法中征求意见是匿名进行的，这有助于排除若干非技术性的干扰因素。

② 德尔菲法要反复进行多轮的咨询、反馈，这有助于逐步去伪存真，得到稳定的结果。

③ 工作小组要对每轮的专家咨询结果进行统计、归纳，这样可以综合不同专家的意见，不断求精，最后形成统一的结论。

3）头脑风暴法

头脑风暴(brain storm)法简单来说就是团队的全体成员自由地提出自己的主张和想法，它是解决问题时常用的一种方法。头脑风暴法可以充分发挥集体智慧，保证群体决策的创造性，提高决策质量。利用头脑风暴法识别项目风险时，要将项目主要参与人员代表召集到一起，然后利用每个成员对项目不同部分的认识，识别项目可能出现的问题。一个有益的做法是询问不同人员所担心的内容。

头脑风暴法的具体做法如下。

① 参加会议的人员轮流发言，无条件接纳任何意见，不加以评论。

② 由一个记录人员记录提出的每一条意见，并写在白板上，可被所有参会人员看到。

③ 在轮流发言过程中，任何一个成员都可以先不发表意见而跳过。

④ 这一过程循环进行，直到所有人员都没有新的意见或限定时间到。

3. 风险评估

风险评估就是对风险发生概率的估计和评价，项目风险后果严重程度的估计和评价，项目风险影响范围的分析和评价，以及对于项目风险发生时间的估计和评价。定性评估是确定风险发生的概率和发生后产生的影响程度，并按照风险的潜在危险性大小对其进行优先级排序；定量评估是针对那些对项目有潜在重大影响而排序在前的风险进行量化分析，从而为风险应对和项目管理决策提供依据。

可以组织包括软件项目团队成员、项目干系人和项目外部的专业人士等在内的人员，采用召开会议或进行访谈等方式，对风险发生概率和影响程度进行分析。每项风险的发生概率和影响程度值可由每个人定性地估计，然后汇总平均，得到一个有代表性的值。风险评估的方法包括决策树法和模拟分析法等。

1）决策树法

决策树是一种形象化的图形分析方法，它把项目所有可供选择的方案、方案之间的关系、方案的后果及发生的概率用树状的图形表示出来，为决策者提供选择最佳方案的依据。决策树结构如图14.4所示。

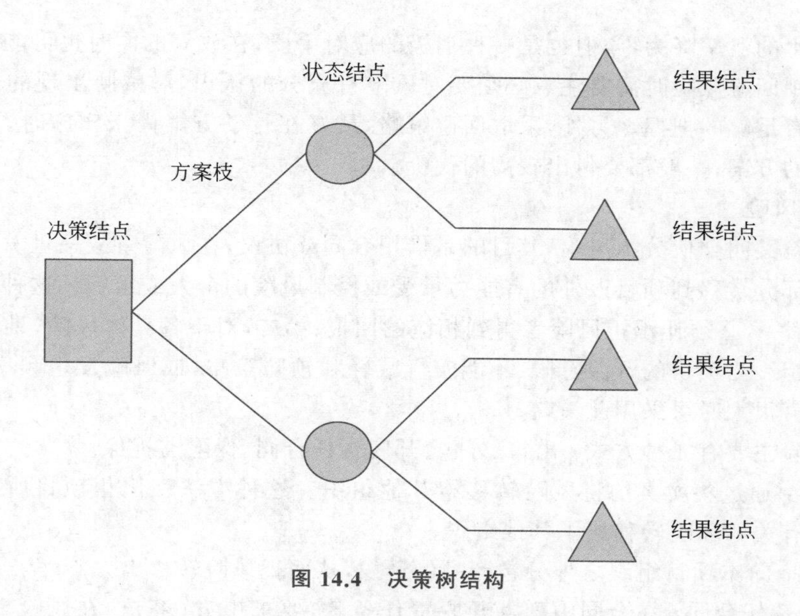

图 14.4 决策树结构

决策结点。从它引出的分支称为方案分支,分支数量与方案数相同。决策结点表明从它引出的方案要进行分析和决策,在分支上要注明方案的名称。状态结点,从它引出的分支称为状态分支或概率分支,分支数量等于状态数量,在每一分支上注明状态名称及其出现的概率。结果结点,将不同方案在各种状态下所取得的结果标注在结果结点的右端。

每个分支都采用**期望损益值**(expected monetary value,EMV)作为其度量指标。决策者可根据各分支的期望损益值中最大者(如求最小,则为最小者)作为选择的依据。期望损益值等于损益值与事件发生的概率的乘积,即 EMV=损益值×发生概率。

2）模拟分析法

模拟分析法是运用概率论及数理统计的方法来预测和研究各种不确定因素对软件项目的影响,分析系统的预期行为和绩效的一种定量分析方法。大多数模拟都以某种形式的蒙特卡洛分析为基础。

蒙特卡洛模拟法是一种最经常使用的模拟分析方法,它是随机地从每个不确定因素中抽取样本,对整个软件项目进行一次计算,重复进行很多次,模拟各式各样的不确定性组合,获得各种组合下的很多个结果。通过统计和处理这些结果数据,找出项目变化的规律。

4. 风险应对

风险应对就是针对风险分析的结果,制定风险应对策略和处置办法的过程,其目标是应对、减少、以致消灭风险事件。风险应对的主要策略有回避风险、转移风险、减少风险、接受风险、风险预留。

1）回避风险

回避风险是指当项目风险发生的可能性太大,不利后果也很严重,又无其他策略可用时,主动放弃或改变会导致风险的行动方案。回避风险包括主动预防风险和完全放弃两种。通过分析找出发生风险的根源,通过消除这些根源来避免相应风险的发生,这就是通过主动预防来回避风险。

回避风险的另一种策略是完全放弃可能导致风险的方案。是最彻底的风险回避方法,可把风险发生的概率降为零，但也是一种消极的应对手段，在放弃的同时也可能会失去发展的机遇。采用回避风险时需要注意必须要对风险有充分的认识，对威胁出现的可能性和后果的严重性有足够的把握。另外，采取回避策略，最好在行动方案尚未实施时，若放弃或改变正在执行的方案，一般都要付出较高的代价。

2）转移风险

转移风险又叫合伙分担风险，其目的是借用合同或协议，在风险事故一旦发生时将损失的全部或一部分转移到项目以外的有能力承受或控制风险的个人或组织。这种策略要遵循两个原则：第一，必须让承担风险者得到相应的回报；第二，对于各具体风险，谁最有能力管理则让谁分担。当项目的资源有限、不能实行减轻和预防策略，或风险发生频率不高、但潜在损失或损害很大时可采用此策略。

转移风险主要有 4 种方式：出售、外包、开脱责任合同、保险与担保。

① 出售：通过买卖契约将风险转移给其他组织。这种方法在出售项目所有权的同时也就把与之有关的风险转移给了其他组织。

② 外包：向本项目组织之外分包产品的开发，从而把风险转移出去。

③ 开脱责任合同：在合同中列入开脱责任条款，要求甲方（客户）在风险事故发生时，不令乙方（项目承担者）承担责任。

④ 保险与担保：保险是转移风险最常用的一种方法。项目承担者只要向保险公司交纳一定数额的保险费，当风险事故发生时就能获得保险公司的补偿，从而将风险转移给保险公司。所谓担保，指为他人的债务、违约或失误负间接责任的一种承诺。在项目管理上是指银行、保险公司或其他非银行机构为项目风险负间接责任的一种承诺。

3）减少风险

在风险发生之前采取一些措施降低风险发生的可能性或减少风险可能造成的损失。例如，为了防止人员流失，提高人员待遇，改善工作环境；为防止程序或数据丢失而进行备份等。减轻风险策略的有效性与风险的可预测性密切相关，对于那些发生概率高，后果也可预测的风险，项目管理者可以在很大程度上加以控制，可以动用项目现有资源降低风险的严重性后果和风险发生的概率。而对于那些发生概率和后果很难预测的风险，项目管理者很难控制，对于这类风险，必须进行深入细致的调查研究，降低其不确定性。

4）接受风险

项目团队有意识地选择由自己来承担风险后果。当项目团队认为自己可以承担风险发生后造成的损失，或采取其他风险应对方案的成本超过风险发生后所造成的损失时，可采取接受风险的策略。

（1）主动接受：在风险识别、分析阶段已对风险有了充分准备，当风险发生时马上执行应急计划。

（2）被动接受：风险发生时再去应对。在风险事件造成的损失数额不大，不对软件项目的整体目标造成较大影响时，项目团队将风险的损失当作软件项目的一种成本来对待。

5）风险预留

风险预留是指事先为项目风险预留一部分后备资源，一旦风险发生，就启动这些资源以应对风险。风险预留一般应用在大型项目中。项目的风险预留主要有风险成本预留、风险进度预留和技术后备措施 3 种。

(1) 风险成本预留：预留的风险成本是在项目经费预算中事先准备的一笔资金，用于补偿差错、疏漏及其他不确定性对项目费用估计精确性的影响。风险成本预留在项目预算中要单独列出，不能分散到具体费用项目下，否则项目管理组很容易失去对支出的控制。项目团队在进行风险成本预留时要根据风险评估的结果来进行，不可盲目地在各个具体费用中预留成本。

(2) 风险进度预留：风险进度预留就是在关键路径上设置一段时差或机动时间。当项目进行过程中出现了一些不利事件引起进度拖延时，项目管理者可以用这些机动时间或者时间差去补偿进度的延迟，从而在总体上保证项目的整体进度。

(3) 技术后备措施：技术后备措施专门用于应对项目的技术风险，它是预留的一段时间或一笔资金。只有当技术风险发生，并需要采取补救行动时，才动用这段时间或这笔资金。

5. 风险监控

风险监控包括对风险发生的监控和对风险管理的监控。对风险发生的监控是对已识别的风险源进行监督和控制，以便及早发现风险事件的征兆，从而将风险事件消灭在萌芽中或采取紧急应急措施以尽量减小损失。对风险管理的监控是在项目实施中监督人们认真执行风险管理的组织措施和技术措施，以消除风险发生的人为诱因。

风险预警，是指对于项目管理过程中有可能出现的风险，采用超前或预先防范的管理方式，一旦有发生风险的征兆，就及时发现并发出预警信号，以便采取矫正行动，从而最大限度地控制不良后果的发生。风险监控的一个良好开端和有效措施是建立一个预警系统，及时觉察计划的偏离。常用的风险监控方法包括阶段性评审与过程审查、风险再评估、挣值分析、技术绩效衡量。

1）阶段性评审与过程审查

阶段性评审与过程审查是通过评审活动来评估、确认前一个阶段的工作及其交付物，评价软件过程的有效性，并提出补充修正措施，调整下一阶段工作的内容和方法。阶段评审和过程审查可以让风险的征兆尽早被发现，从而可以尽早地预防和应对。阶段评审和过程审查可以有效地检验工作方法和工作成果，并通过一步步地确认和修正中间过程的结果来保证项目过程的工作质量和最终交付物的质量，从而大幅度地降低了软件项目的风险。

2）风险再评估

风险监控过程通常要使用本章前面介绍的方法对已经评估的风险进行重新评估，检查其优先次序、发生概率、影响范围和程度等是否发生了变化，如果发生了变化，要考虑怎样调整其应对措施。应该安排定期进行项目风险再评估，每次重新评估的内容和详细程度可根据软件项目的具体情况而定。

3）挣值分析

挣值分析不仅可以用于风险识别，也可用于风险监控，因为挣值分析的结果反映了软件项目在当前检查点上的进度和成本等指标与项目计划的差距。如果存在偏差，则可以对原因和影响进行分析，这有助于对进度和成本风险进行监控。

4）技术绩效衡量

该方法将项目执行期间的技术成果与项目计划中预期的技术成果进行比较，如果出现偏差，则可能会导致风险发生。例如，在某里程碑处未实现计划规定的功能，有可能意味着项目范围的实现存在着风险。

14.4 软件质量管理

软件质量就是软件与用户需求相一致的程度。具体地说，软件质量是软件符合明确叙述的功能和性能需求以及所有专业开发的软件都应具有的隐含特征的程度。用户需求是衡量软件质量的基础，除满足明确定义的需求外，还要满足隐含的需求。

14.4.1 软件质量管理的重要性及其目标

1. 软件质量的重要性

软件质量问题可能导致经济损失甚至灾难性的后果，质量是软件产品和软件组织的生命线，质量问题会增加开发和维护软件产品的成本。

软件的质量形成于软件的整个开发过程中，而不是事后的检查。从 20 世纪 80 年代起，质量管理逐步从单一的关注产品，转移到关注生产好产品的过程上，并且将过程的作用扩大到了组织运行的所有领域。要真正地提高软件质量，必须有一个成熟和稳定的软件过程，在尽可能控制质量成本的基础上保证项目质量。质量成本是为了达到产品或服务的质量而付出的所有努力的总成本，主要包括如下 3 部分。

(1) **预防成本**：为防止将缺陷引入软件而进行的预防工作所消耗的费用。

(2) **评价成本**：检查软件是否包含缺陷的工作所消耗的费用。

(3) **失效成本**：修复缺陷工作所消耗的成本。

PAF(prevention / appraisal / failure)成本模型如表 14.4 所示。

表 14.4 PAF 成本模型

预　防	评审	失　效	预　防	评审	失　效
培训	审查	废品	咨询	度量	缺陷分析
计划	测试	返工	获得资格	验证	服务
过程研究和改进	审计	修复		分析	退货
供应商调查	监控	回归测试		确认	投诉处理和解决

从表 14.4 中可以看出，在项目早期预防和检测缺陷比在项目晚期检测和排除缺陷更有效、更节省成本。

2. 软件项目质量管理的目标

软件项目质量管理的目标无疑是保证软件产品的质量。但是，对于一个具体的软件项目来说，保证软件产品的质量并不意味着追求“完美的质量”。对于绝大多数普通软件来说，没有必要付出巨大代价追求“零缺陷”，如果由于追求完美质量而造成严重的成本超支和进度拖延，而获得的质量提升为用户所带来的效益又极为有限，就得不偿失了。在软件项目中，对于软件的各种质量属性并不是放在同等重要的位置上，项目组织应该把关注点放在那些用户最关心的，对软件整体质量影响最大的质量属性，这些质量属性称为“质量要素”。

软件项目质量管理的目标是在项目整体目标的约束之下，使软件质量满足用户需求。

14.4.2 软件质量管理活动

1. 制订质量管理计划

质量管理计划就是为了实现项目的质量目标，对项目的质量管理工作所做的全面规划。软件项目质量管理计划一般应满足以下要求：确定项目应达到的质量目标和所有特性的要求；确定项目中的质量活动和质量控制程序；确定项目采用的控制手段及合适的验证手段和方法；确定和准备质量记录。

质量管理计划一般包括以下主要内容：质量要素分析；质量目标；人员与职责；过程检查计划；技术评审计划；软件测试计划；缺陷跟踪工具。

2. 评审

评审相当于软件开发过程的"过滤器"，在软件开发的一些时间点上对中间产品进行评审，发现和排除错误，防止错误被遗留到后续阶段。因此评审对于保证软件质量和降低开发成本都极为重要。评审可以在软件项目的任何阶段执行，不必等到软件可运行之后，因此可以尽早发现和消除缺陷，提高软件质量，并降低开发成本。评审包括技术评审、同行评审、代码评审等。

1）技术评审

技术评审(Technical Review，TR)就是对工作成果进行审查和分析，发现其中的缺陷，并帮助开发人员及时消除缺陷。技术评审的主要对象包括需求和设计规格说明、代码、测试计划、用户手册等。技术评审以会议形式进行，一般有如下约束。

(1) 评审会议通常由3～5人参加。

(2) 会议之前评审人员要做准备，但每人的准备时间不超过2小时。

(3) 评审会议的时间不超过2小时。

一次技术评审只关注软件的某一特定部分(如需求或设计规格说明的一部分)。缩小评审焦点可提高发现错误的可能性。

正式技术评审流程如下。

(1) 评审组长把待评审的材料分发给每个评审者，评审者(包括评审组长)审查材料，记下相关的要点，为评审会议做准备。

(2) 开评审会议。评审会议由评审组长、评审者、评审对象的开发者参加。其中的一个评审者充当记录员，负责记录会议中发现的所有问题。

(3) 由开发小组对提交的评审对象进行讲解。同时评审者可对开发者提问，提出建议和要求，展开讨论。

(4) 在讨论中如果发现了问题和错误，由记录员记录下来。

决定做出后，所有参加会议的人员签字，确认会议结果。技术评审会议后，要完成一个"评审总结报告"，其内容包括：评审对象是什么？谁参加了评审？评审的结论是什么？有哪些重要发现？评审会议上所记录的问题列表通常作为评审总结报告的附件。开发者修改工作成果，消除已发现的缺陷。由指定的审查人员跟踪每个缺陷的状态，直到工作成果合格为止。

2）同行评审

同行评审是一种特殊类型的技术评审。由于工作产品开发人员具有同等背景和能力的人员对工作产品进行技术评审,因此非常有利于发现工作产品中的问题。

3) 代码评审

编码阶段的一种技术评审,由一组人员对程序进行阅读和静态分析,可以很有效地检查程序代码中的缺陷。评审内容:程序是否符合编码规范,程序结构是否合理,算法和程序逻辑是否正确,程序性能怎样等。很多程序逻辑错误很难通过测试发现。

3. 软件测试

软件测试是通过执行软件来发现缺陷,它是控制软件质量的重要手段和关键活动。软件测试要在有了软件编码后才能执行,但测试的计划和设计应在项目前期就开始。测试计划确定了测试的内容和目标,明确了测试范围,制定了测试策略和用例设计方法,安排人力和设备资源等。测试设计就是利用各种测试用例设计方法,编写测试用例,并准备测试数据,开发辅助测试工具和编写自动化测试脚本。

在测试执行阶段,要执行测试用例,发现和记录软件缺陷。测试执行完毕后,还要对测试的结果进行分析总结,撰写测试报告,给出结论。

4. 软件过程检查

过程检查就是检查软件项目的工作过程和工作成果是否符合既定的规范。在软件项目中,如果工作过程和工作成果不合规范,很可能会导致质量问题。例如,代码和文档的版本及其命名不符合版本控制规范,重要的变更不遵循变更控制流程,都有可能造成开发工作的混乱,进而导致产品质量下降。

工作过程和工作成果符合既定规范,也并不意味着产品质量一定能得到保证。因此过程检查只是保证质量的一个必要条件,而不是充分条件,它还需要与技术评审、软件测试、缺陷跟踪、过程改进等各方面措施互相配合,共同促进软件质量的提高。对过程检查要事先做出规划,确定主要检查项、检查时间(或频度)、负责人等。过程检查计划一般包含在软件项目质量管理计划中。

5. 软件过程改进

软件过程(software process)是指开发和维护软件产品的活动、技术、实践的集合。软件过程描述了为了开发和维护用户所需的软件,什么人、在什么时候、做什么事以及怎样做。软件开发的过程观认为,软件是由一组软件过程生产的,因此软件质量和生产率在很大程度上是由软件过程的质量和有效性决定的,而软件过程可以被定义、控制、度量和不断改进。

所谓软件过程改进是指根据实践中对软件过程的使用情况,对软件过程中的偏差和不足之处进行不断优化。软件过程改进是面向整个软件组织的。一个成熟的软件组织应该对其软件过程进行定义,形成一套规范的、可重用的软件过程,称为“组织级过程资产”。

14.4.3 软件质量缺陷管理

软件缺陷是指软件对其期望属性的偏离,它包含 3 个层面的信息。

(1) 失效(failure):指软件系统在运行时其行为偏离了用户的需求,即缺陷的外部表现。

(2) 错误(fault):指存在于软件内部的问题,如设计错误、编码错误等,即缺陷的内部原因。

(3) 差错(error):指人在理解和解决问题的思维和行为过程中所出现的问题,即缺陷的产生根源。一个差错可导致多个错误,一个错误又可导致多个失效。

软件缺陷原因的分析不能只停留在"错误"这一层面上,而要深入到"差错"层面,才能防止一个缺陷(以及类似缺陷)的重复发生。因此软件缺陷的根本原因往往与过程及人员问题相关,缺陷预防总是伴随着软件过程的改进。软件缺陷原因分析过程一般包括选择缺陷数据、分析缺陷数据、识别公共原因并提出改进措施3个步骤。采用该方法的软件组织通常是在软件项目的每个开发阶段结束后,或者定期(如每个月末)进行缺陷原因分析,提出改进措施,从而促进组织的过程改进。

1. 缺陷跟踪

缺陷跟踪是指从缺陷被发现开始到被改正为止的整个跟踪流程。缺陷跟踪一般需要软件工具支持,常用的工具有Bugzilla、ClearQuest、JIRA、TrackRecord等。

Bugzilla是Mozilla公司提供的一个开源的缺陷跟踪工具,在全世界拥有大量用户。它能够为软件组织建立一个完善的缺陷跟踪体系,包括报告缺陷、查询缺陷记录并产生报表、处理解决缺陷、管理员系统初始化和设置等。

2. 缺陷移除和预防

为了提高软件质量,必须在软件开发的各阶段尽量多地移除缺陷,并通过缺陷预防尽量少地引入缺陷。如表14.5所示,展示了不同阶段缺陷的移除方式。

表14.5　不同阶段缺陷的移除方式

开发阶段	缺陷引入活动	缺陷移除活动
需求	需求说明过程及需求规格说明开发	需求分析和评审
高层设计	设计工作	高层设计审查
详细设计	设计工作	详细设计审查
实现	编码	代码审查
测试	不正确的缺陷修复	测试

早期开发阶段的缺陷移除一般来说代价较低。缺陷的发现距离被引入的时间越近,移除缺陷所需的工作量就越少。有研究者对来自IBM Santa Teresa实验室的数据进行了分析,发现软件生命周期的3个主要阶段,即设计、编码和用户使用(维护阶段)的缺陷移除代价的比例为1:20:82。

14.5　软件配置管理

软件配置管理(Software Configuration Management,SCM)是指一套管理软件开发和维护过程中所产生的各种中间软件产品的方法和规则,它是一组管理变更的活动。

14.5.1　软件配置管理的意义

软件项目中可能遇到如下的问题:找不到某个文件的历史版本;开发人员使用错误的程序版本;开发人员未经授权修改代码或文档;人员流动,交接工作不彻底;无法重新编译软件的某个历史版本;因协同开发,或者异地开发,版本变更混乱导致整个项目失败等。软件项目进行中面临着持续不断的变化，变化可能导致混乱，而软件配置管理就是用于控制变化。

软件配置管理的主要功能如下。

(1) **版本控制**：采用相应的流程和工具，对软件开发过程中产生的各种文件的版本进行管理，是软件配置管理的核心内容。

(2) **变更管理**：为防止开发人员对软件的随意变更而进行的管理上的审核过程，包括变更请求、变更评估、变更批准/拒绝、变更实现。

(3) **其他**：配置审计、配置状态统计等。

14.5.2 软件配置管理活动

1. 建立软件配置管理环境

在企业级建立工具集和建立规范，在项目级识别和标志配置项和建立配置库。

1）企业级的工作

企业的配置管理工具应该统一购买、安装、设置和维护以节约资源，提高工作效率。不要每个项目都搞一套工具。情况差别很大的项目可以考虑使用不同的工具，但要尽量减少工具的种类。

在企业级建立标准的软件配置管理规范，如变更控制流程、版本编号规则、缺陷跟踪流程、分支策略等。一个软件项目可使用标准的软件配置管理规范，如果有特殊需要，可对其进行剪裁，或重新制定规范。重新制定的项目规范，如果今后有很多类似的项目，可把其上升为企业级标准规范。

2）项目级的工作

将软件项目中需要进行控制的工作产品定义为软件配置项(SCI)。配置项分为以下两类。

(1) **基本配置项**：软件开发者在项目开发过程中所创建的基本工作单元。

(2) **集成配置项**：集成配置项是基本配置项或其他集成配置项的集合。

配置管理库，简称配置库，是配置管理环境的核心，使用配置管理工具建立。配置库存储配置项(SCI)、修改请求、变化记录等，并提供对库中所存储文件的版本控制。为不同的人员(如开发人员、测试人员、集成人员、项目管理者)分配不同的访问配置库的权限。配置库中的配置项每经历一次改变将形成一个新的版本并被分配相应的版本标志。配置库中通常以增量方式存储配置项的各个版本，以减少空间消耗并增强版本处理的灵活性。例如，一个配置项最初从开发者的工作空间提交到配置库，形成最初版本，如 1.0，此后每修改和提交一次版本就会变化，如 1.1，1.2，……，配置库采用增量方式存储每个版本，以节省空间。可以在任何时候得到配置项的任何版本。

2. 版本控制

版本控制是指对软件开发过程中各种程序代码、配置文件及说明文档等文件变更的管理。

1）配置库的检入检出机制

配置库的检入检出和版本控制机制可以解决团队软件开发中的两个重要问题：访问控制保证具有相应权限的人员才能修改配置项；并行控制保证不同人员同时对某配置项进行

的修改不会互相覆盖。

2）防止版本覆盖

防止版本覆盖主要有两种方法：串行和并行。

串行是指程序员在修改文件之前，版本控制工具将文件加锁，其他人不能对它进行修改。该程序员修改完毕，将文件再载入配置库中时，版本控制工具再将其解锁，其他人才能进行修改。这种方式效率较低，应尽量减小加锁范围。

并行是指不同的程序员可同时修改某一文件，修改完成后，在某一合适的时刻进行合并，该方法在效率上要优于第一种方法。

3）适时更新工作空间

开发人员在自己的工作空间中工作的时候，配置库中可能已有了很大的变化，其他开发人员已向配置库提交了很多代码。这样，自己的工作空间中的代码就有过时的风险，使得自己开发的代码不能与其他人最新的代码共同工作。因此开发人员需要适时地更新(update)自己的工作空间。

在开始一个新任务的时候，如开发一个新功能模块，修改一处代码等。这时的更新建立了关于这个任务的初始工作环境。不要在一开始的时候就落伍，在完成任务的过程中，可能需要更新，特别是在任务持续时间较长的情况下。要跟上时代的步伐在任务完成后，即将提交的时候，最好做一次更新，并测试一下，以保证自己新写的代码可以与别人的代码一起工作。保证提交有基本的质量。

4）记录源代码整体版本

在软件项目周期的不同时期会产生不同的版本，且在同一时期也会有不同的版本。因此需要记录软件的整体版本，明确软件的每个版本都包含哪些特定版本的源程序文件。

记录源代码整体版本的方法如下。

(1) 在软件开发过程中，当某一版本形成时，复制其所有源代码。一些版本控制工具提供的复制命令即可完成这一任务。

(2) 记录某个整体版本，只需要记录这个版本是由哪些文件的具体哪个版本组成的。因此可以在相关文件的特定版本上打个标签，标签的名字就是整体版本的名字。

在谈论源代码版本管理的时候，基线(baseline)的含义是，被明显地标志和记录下来的源代码整体版本。基线具有质量状态：刚刚标记出来的时候，其质量未知(initial)；编译链接和打包通过后，其质量是通过构造的(build)；如果通过了一定程度的测试，其质量是通过测试的(tested)；如果通过了详尽测试，可以发布，其质量是可发布的(released)。当基线由一个较低的质量状态达到了一个更高的质量状态时，就产生了一个基线提升(baseline promotion)。Subversion 可以用版本属性来表示基线的质量状态。ClearCase UCM 明确地支持基线提升，不仅有相应的命令，也可以在图形界面中操作和查看。

5）保存安装包

在发布软件之前，或在对软件进行系统测试或验收测试之前，需要生成安装包。安装包同样需要保存，并标上相应的版本号，将来在需要该安装包时，可以迅速准确地得到它，不必从源代码开始重新编译、打包，这样可以节省时间。而且用户或系统测试人员发现的软件BUG，有可能是由安装包的生成过程造成的，保存了安装包，可以快速地定位 BUG 的原因。

6）项目外资源的版本控制

除项目中所产生的源代码、文档、数据等配置项外，项目所使用的一些外部资源也应纳入版本控制。把外部资源纳入版本控制并不意味着一定要把它们放入配置库。以二进制形式存在的软件包一般不适合放进配置库，特别是当它很大的时候。可以保存在共享目录里，加上适当的描述说明和适当的存取权限。在项目中，要记录清楚使用了哪些外部资源、什么版本。可以用文本文件或表格的形式记录，并放入配置库中。

3. 系统集成

系统集成(system integration)，简称集成，就是把软件产品的各个组成部分组合在一起，使产品作为一个整体是可以运行的。集成要对软件进行编译、链接和打包，并要对软件产品进行粗略测试(rough test)，也称冒烟测试(smoke test)，证明其基本可运行，值得送交测试人员进行详细测试。系统集成的一般步骤如下。

(1) 确保开发人员都提交了相关的源代码。为了更严格地进行控制，可以预先制定一个列表，规定本次要集成哪些工作，在集成开始前检查一遍是不是所有规定的模块都已提交，列表之外的改动有没有被提交。在必要的时候(比如产品即将发布前)，每次提交都必须得到授权。

(2) 冻结或者标识将要集成的源代码。必须明确集成了哪些内容，即集成了哪些文件，以及文件的哪些版本。为此需要冻结源代码，在集成前禁止开发人员向版本库提交，或者用打标签的方式把当前的整体版本标示出来。

(3) 取出要集成的源代码。最好存放在一个全新的工作空间，不包含一些杂项，如一些编译的中间文件和结果文件，尚未提交的本地修改等。

(4) 编译、链接和打安装包。这一过程通常称为构建(build)。如果遇到了问题，需要修改源代码，回到第(1)步。

(5) 安装并粗略测试。如果发现问题，修改了源代码后，回到第(1)步。

(6) 标志和储存集成成果。集成成果有两个：一个是源代码的整体版本(基线)，一个是生成的安装包。通常还要生成一个“发布说明”，说明本次集成了哪些功能和修改。

(7) 通知相关人员本次集成完成。即发布集成成果。

集成过程中，编译链接通过后，要做粗略测试，或称冒烟测试。测试不宜太多太细，否则会降低集成的频率，延缓基线的产生，阻塞后续的开发和测试工作。粗略测试的目的是排除那些严重的、对后续工作有严重影响的错误。把所有可能出现的严重问题按照严重程度排序，选择前面的若干问题，作为检测对象。针对这些问题编写测试用例，如果能自动执行这些测试用例，则可以显著提高集成的效率，提高集成的测试强度，有利于频繁地集成。

4. 配置审计和配置状态报告

配置审计的目的是验证配置项的特性是否满足特定标准和规范。属于“过程检查活动”。通常在软件开发每个阶段结束后，或产品发行之前，都要进行配置审计，它是正式技术复审的一种补充。不要把配置审计误解为“对配置库中的每个配置项都检查一遍”。不要在配置审计上花太多的时间。

配置审计的对象是项目的主要配置项，如果主要配置项符合规范，就可以认为配置管理符合既定的规范。反之，如果质量人员在审计时发现主要配置项比较混乱，那么应当告知当事人及时更正。记录和报告配置项变更处理过程的相关信息。这些信息包括一个已批准的配置识别清单，变更请求当前的处理状态，以及批准的变更的实现情况。对于大型项目的开发，配置状态报告非常重要，它促进了人员之间的通信，有利于人员之间协调一致地工作。

配置状态报告所记录的数据，有时需要经过统计分析而得到综合数据，例如每月或每周产生的变更请求数、处理的缺陷数，当前未处理的缺陷数，当前处在某一状态的变更数，等等。统计分析结果可以用分布图、趋势图等形式直观地显示出来。这些综合数据对软件项目管理有着重要意义。

14.5.3 软件配置管理工具

软件配置管理工具的主要功能有版本控制、变更管理、配置审核、状态统计（查询和报告）、问题跟踪（跟踪缺陷和变更）、访问控制和安全控制。常用的配置管理工具有ClearCase & ClearQuest、CVS、Subversion（SVN）、PVCS、Harvest、Visual SourceSafe（VSS）等。

CVS（concurrent versions system，并发版本系统）是一个被广泛应用的配置管理工具。UNIX和Linux的发行版一般都带有CVS服务器，Eclipse内建有CVS客户端。CVS是自由软件，可免费获取其安装包和源代码。CVS提供了多种途径帮助开发团队成员之间的版本同步和开发通信，辅助解决版本冲突，提高协同开发的效率。

CVS基于“修改-合并”的并发控制，在客户端check out后，有文件的一份独立拷贝。开发者在自己的工作目录中修改文件。若有版本冲突，则与其他开发者的修改合并，然后提交check in。可以记录不同版本之间的差别。

CVS常用操作有创建仓库、导入项目/模块、检出项目/模块、修改并提交（检入）文件、更新文件、取回文件的某个历史版本、文件比较等。

14.6 人员的组织与管理

对于软件项目人员的管理，美国项目管理协会（PMI）的《项目管理知识体系指南》（PMBOK）对“项目人力资源管理”有如下定义：为最有效地使用项目参与人员而执行的各项过程，包括针对项目的各利益相关方展开的有效规划、合理配置、积极开发、准确评估和适当激励等方面的管理工作。软件项目团队管理的定义：软件项目团队管理就是采用科学的方法，对项目组织结构和项目全体参与人员进行管理，在项目团队中开展一系列科学规划、开发培训、合理调配、适当激励等方面的管理工作，使项目组织各方面的主观能动性得到充分发挥，同时促进高效的团队协作，以利于实现项目的目标。

软件项目人员的组织和管理的主要内容包括如下。

（1）项目组织的规划：确定项目中的角色、职责和组织结构。

（2）团队人员获取：获得项目所需的人力资源（个人或集体）。

（3）团队建设：提高团队成员个人为项目做出贡献的能力；提高团队作为集体发挥作用的能力。

（4）团队日常工作管理：跟踪团队成员工作绩效，解决问题和冲突，协调变更事宜。

（5）沟通管理：对在项目干系人之间传递项目信息的内容、方法和过程进行综合管理。保证项目干系人及时得到所需的项目信息。

14.6.1 人员组织过程

1. 项目组织的规划

通过项目组织的规划，确定项目团队的角色，明确汇报关系（组织结构），分配人员职责，制定人员配置管理计划。项目团队中的不同角色要形成一种相互配合、相互制约的关系，共同促进项目目标的实现。软件项目团队中常见的角色包括项目经理、系统分析人员、架构师、开发人员、测试人员、质量保证人员、项目管理和支持人员、市场人员、用户支持人员等。不同类型的软件项目所包含的角色是有区别的。

2. 团队人员获取

根据项目团队的角色和职责、项目组织结构图和人员配置管理计划，获取完成项目工作所需的人力资源。

获取团队人员的方法有以下3种。预分派是指在某些情况下，一些成员已预先分派到项目中工作，例如在竞标过程中承诺分配特定人员到项目中，或项目的成功依赖于特定人员的专有技能；谈判是指大多数人员的获取需要经过谈判。例如，项目经理需要与职能部门经理或其他部门负责人谈判，以获得所需要的人员，在谈判时，项目的影响力会起作用。招募是指当企业缺少完成项目所需的内部人才时，就需要从外部获得所需服务，包括招聘和分包。

在录取和任用项目团队人员时，除考虑人员的专业技能外，最好能结合人员的性格特征和兴趣，做到"知人善任"。

3. 团队建设和日常管理

项目团队建设是指提高团队成员的技能，以加强其完成项目活动的能力；提高团队成员的信任感和凝聚力，以促进团队协作。项目团队日常管理是通过观察团队的行为、管理冲突、解决问题，以及评估团队成员的绩效，来促进项目的进展。团队建设和日常管理涉及人际关系和人的情感、动机等因素，所以不仅需要制度上的保障，还需要项目管理者的"情商"，进行"人性化管理"。

通过对团队成员的培训，可以提高项目团队的综合素质、工作技能和技术水平。同时有助于提高项目成员的工作满意度，降低项目人员的流动比例和人力资源管理成本。针对项目的一次性和约束性（主要是时间和成本的制约）的特点，对于团队成员的培训主要采取短期性的、片段式的、针对性强、见效快的培训。

通过一些措施加强团队的实际存在感。例如，定期召开会议（包括项目启动会、项目评审会等）；可创建一个团队空间，在其中可以张贴项目组织结构图、项目进度图表等，大家可以一起工作和讨论问题。可以组织一些正式或非正式的团队建设活动，增进团队成员的友谊，确立良好人际关系。

14.6.2 项目组织形式

1. 民主制程序员组

民主制程序员组的一个重要特点是，小组成员完全平等，享有充分民主，通过协商做出技术决策。

小组成员之间的通信是平行的，如果小组内有 n 个成员，则可能的通信信道共有 $n(n-$

1)/2 条。程序设计小组的人数不能太多，否则组员间彼此通信的时间将多于程序设计时间。一般说来，程序设计小组的规模应该比较小，以 2～8 名成员为宜。小组规模小，不仅可以减少通信问题，而且还有其他好处。例如，容易确定小组的质量标准，而且用民主方式确定的标准更容易被大家遵守；组员间关系密切，能够互相学习等。

通常采用非正式的组织方式，也就是说，虽然名义上有一个组长，但是其和组内其他成员完成同样的任务。主要优点是，组员们对发现程序错误持积极的态度，这种态度有助于更快速地发现错误，从而导致高质量的代码。另一个优点是，组员们享有充分民主，小组有高度凝聚力，组内学术空气浓厚，有利于攻克技术难关。因此，当有技术难题需要解决时，也就是说，当所要开发的软件的技术难度较高时，采用民主制程序员组是适宜的。如果组内多数成员是经验丰富技术熟练的程序员，那么上述非正式的组织方式可能会非常成功。

2. 主程序员组

IBM 在 20 世纪 70 年代初期开始采用主程序员组的组织方式，用这种组织方式主要出于下述几点考虑。

(1) 软件开发人员多数比较缺乏经验。

(2) 程序设计过程中有许多事务性的工作，例如，大量信息的存储和更新。

(3) 多渠道通信很费时间，将降低程序员的生产率。

主程序员组以经验多、技术好、能力强的程序员为主程序员，同时，利用人和计算机在事务性工作方面给主程序员提供充分支持，而且所有通信都通过一两个人进行。这种组织方式类似于外科手术小组的组织：主刀大夫对手术全面负责，并且完成制定手术方案、开刀等关键工作，同时又有麻醉师、护士长等技术熟练的专门人员协助和配合他的工作。此外，必要时手术组还要请其他领域的专家(如心脏科医生或妇产科医生)协助。上述比喻突出了主程序员组的两个重要特性。

(1) 专业化：该组每名成员仅完成自己受过专业训练的那些工作。

(2) 层次性。主刀大夫指挥每名组员工作，并对手术全面负责。

典型的主程序员组由主程序员、后备程序员、编程秘书以及 1～3 名程序员组成。在必要的时候，该组还有其他领域的专家协助。主程序员组的结构主程序员组核心人员的分工为：

(1) 主程序员既是成功的管理人员又是经验丰富、技术好、能力强的高级程序员，负责体系结构设计和关键部分(或复杂部分)的详细设计，并且负责指导其他程序员完成详细设计和编码工作。程序员之间没有通信渠道，所有接口问题都由主程序员处理。主程序员对每行代码的质量负责，因此，其还要对组内其他成员的工作成果进行复查。

(2) 后备程序员也应该技术熟练而且富于经验，其协助主程序员工作并且在必要时(如主程序员生病、出差或“跳槽”)接替主程序员的工作。因此，后备程序员必须在各方面都和主程序员一样优秀，并且对本项目的了解也应该和主程序员一样深入。平时，后备程序员的工作主要是，设计测试方案、分析测试结果及独立于设计过程的其他工作。

(3) 编程秘书负责完成与项目有关的全部事务性工作，例如，维护项目资料库和项目文档，编译、链接、执行源程序和测试用例。

主程序员组的组织方式说起来有不少优点，但是，它在许多方面却是不切实际的。首先，主程序员应该是高级程序员和优秀管理者的结合体。承担主程序员工作需要同时具备这两方面的才能，但是，在现实社会中这样的人才并不多见。通常，既缺乏成功的管理者也缺乏技术熟练的程序员。

其次，后备程序员更难找。人们期望后备程序员像主程序员一样优秀，但是，后备程序员必须坐在“替补席”上，拿着较低的工资等待随时接替主程序员的工作。几乎没有一个高级程序员或高级管理人员愿意接受这样的工作。

再次，编程秘书也很难找到。专业的软件技术人员一般都厌烦日常的事务性工作，但是，人们却期望编程秘书整天只干这类工作。

3. 现代程序员组

民主制程序员组的一个主要优点，是小组成员都对发现程序错误持积极、主动的态度。但是，使用主程序员组的组织方式时，主程序员对每行代码的质量负责，因此，其必须参与所有代码审查工作。由于主程序员同时又是负责对小组成员进行评价的管理员，其参与代码审查工作就会把所发现的程序错误与小组成员的工作业绩联系起来，从而造成小组成员出现不愿意发现错误的心理。

解决上述问题的方法是，取消主程序员的大部分行政管理工作。前面已经指出，很难找到既是高度熟练的程序员又是成功的管理员的人，取消主程序员的行政管理工作，不仅解决了小组成员不愿意发现程序错误的心理问题，也使得寻找主程序员的人选不再那么困难。于是，实际的“主程序员”应该由两个人共同担任：一个技术负责人，负责小组的技术活动；一个行政负责人，负责所有非技术性事务的管理决策。技术组长自然要参与全部代码审查工作，因为其要对代码的各方面质量负责；相反，行政组长不可以参与代码审查工作，因为其职责是对程序员的业绩进行评价。行政组长应该在常规调度会议上了解每名组员的技术能力和工作业绩。

在开始工作之前明确划分技术组长和行政组长的管理权限是很重要的。但是，即使已经做了明确分工，也会出现职责不清的矛盾。例如，考虑年度休假问题，行政组长有权批准某个程序员休年假的申请，因为这是一个非技术性问题，但是技术组长可能马上否决了这个申请，因为项目接近预定的项目结束日期，目前人手非常紧张。解决这类问题的办法是求助于更高层的管理人员，对行政组长和技术组长都认为是属于自己职责范围内的事务，制定一个处理方案。

由于程序员组成员人数不宜过多，当软件项目规模较大时，应该把程序员分成若干个小组。产品开发作为一个整体是在项目经理的指导下进行的，程序员向自己的组长汇报工作，而组长则向项目经理汇报工作。当产品规模更大时，可以适当增加中间管理层次。

把民主制程序员组和主程序员组的优点结合起来的另一种方法，是在合适的地方采用分散做决定的方法。这样做有利于形成畅通的通信渠道，以便充分发挥每个程序员的积极性和主动性，集思广益攻克技术难关。这种组织方式对于适合采用民主方法的那类问题非常有效。尽管这种组织方式适当地发扬了民主，但是上下级之间的箭头仍然是向下的，也就是说，是在集中指导下发扬民主。

14.7 本章小结

软件项目管理是以软件项目为对象的系统管理方法，它运用相关的知识、技术和工具，对软件项目周期中的各阶段工作进行计划、组织、指导和控制，以实现项目目标。

在软件项目管理过程中一个关键的活动是制定项目计划，项目计划也称目规划，其目的是为项目的开发和管理工作制定合理的行动纲领，使所有人员按照该计划有条不紊地开展工作。软件质量管理是指软件开发机构为保证软件项目需求所要实施的质量活动，软件质量问题可能导致经济损失甚至灾难性的后果。良好的软件配置管理是对软件的修改进行标注、组织和控制，尽量减少错误数量，提高生产率。良好的团队协作可发挥出集体力量，在软件的高层设计中，在产品和项目的许多决策中，发挥集体智慧都是极为重要的。

习 题 14

1. 软件项目生命周期可以划分为哪几个阶段？
2. 在项目管理中，如何实现有效沟通？
3. 简述德尔菲法的实行流程。
4. 图 14.5 是某软件项目的活动网络图，圆框中的数字代表活动所需的周数，要求：

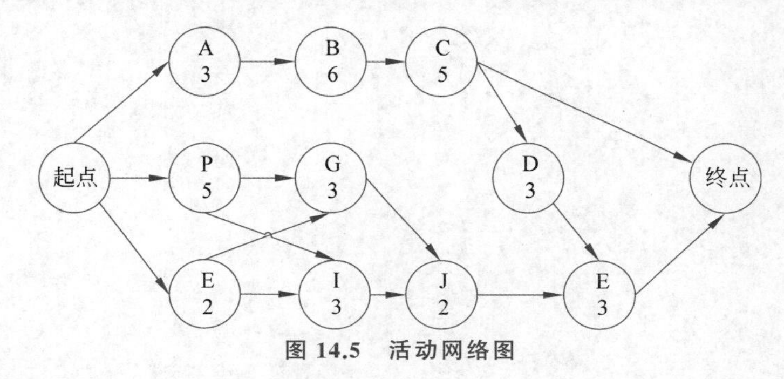

图 14.5 活动网络图

(1) 找出关键路径和完成项目的最短时间。

(2) 标出每项活动的最早起止时间和最迟起止时间。

(3) 假设活动 G 的持续时间因故延长至 10 周，试问完成该项目的最短时间有何变化？关键路径有何变化？说明了什么？

5. 什么是基线？简述基线在现代软件管理中的作用。
6. 软件成本估算的一般方法有哪些？
7. 图 14.5 是某软件项目的 PERT 图。

(1) 找出关键路径和完成项目的最早时间。

(2) 标出每项活动的最早起止时间与最迟起止时间。

8. 将上题的内容改用 Gantt 图来表示。

参 考 文 献

[1] 张晓龙，顾进广，刘茂福. 现代软件工程[M]. 北京：清华大学出版社，2011.

[2] 杨冠宝，高海慧. 码出高效：Java 开发手册[M]. 北京：电子工业出版社，2018.

[3] 杨冠宝. 阿里巴巴 Java 开发手册[M]. 2 版. 北京：电子工业出版社，2020.

[4] 张凯，吴志祥，万春璐，等. 软件设计模式简明教程——Java 版[M]. 北京：电子工业出版社，2020.

[5] 黄文奇，许如初. 近世计算理论导引——NP 难度问题的背景、前景及其求解算法研究[M]. 北京：科学出版社，2004.

[6] 全国计算机专业技术资格考试办公室. 软件设计师 2013 至 2018 年试题分析与解答[M]. 北京：清华大学出版社，2019.